UnityによるARゲーム開発

作りながら学ぶオーグメンテッドリアリティ入門

Micheal Lanham 著
高橋 憲一 + あんどうやすし + 江川 崇 + 安藤 幸央 訳

本書で使用するシステム名、製品名は、いずれも各社の商標、または登録商標です。
なお、本文中では™、®、©マークは省略している場合もあります。

Augmented Reality Game Development

Create your own augmented reality games from scratch with Unity 5

Micheal Lanham

BIRMINGHAM - MUMBAI

Copyright ©2017 Packt Publishing. First published in the English language under
the title Augmented Reality Game Development (9781787122888).
Japanese-language edition copyright ©2017 by O'Reilly Japan, Inc. All rights
reserved.
This translation is published and sold by permission of Packt Publishing Ltd., the
owner of all rights to publish and sell the same.

本書は、株式会社オライリー・ジャパンがPackt Publishing Ltd.の許諾に基づき
翻訳したものです。日本語版についての権利は、株式会社オライリー・ジャパン
が保有します。

日本語版の内容について、株式会社オライリー・ジャパンは最大限の努力をもっ
て正確を期していますが、本書の内容に基づく運用結果について責任を負いかね
ますので、ご了承ください。

訳者まえがき

　ちょうど1年前、『UnityによるVRアプリケーション開発』の本（以下VR本）の校正中にPokémon GOがリリースされて大きな話題となりました。この流れは近年どちらかというとVRのほうに傾倒していた私に、忘れかけていたARへの想いを呼び起こしてくれました。そんな中、偶然にもVR本の原著と同じ出版社であるPackt PublishingからAugmented Reality Game Developmentというタイトルの本が出ることを知り、「この本を訳したい」という気持ちが沸々と湧いたことをきっかけに、このまえがきを書く次第となりました。

　私はかつてセカイカメラという、正に本書で扱っている位置情報ベースのARアプリの開発に携わっていました。一時は大きな話題を集めたこともあったのですが、当時のiPhoneやAndroid端末のハードウェア性能では実現できなかったことも多々あったことを覚えています。しかしここ数年で、MicrosoftのHoloLensをはじめ、GoogleのTangoや、本書翻訳中に発表されたAppleのARKitにより、単にオーバーレイするだけではない環境を認識して現実と絡み合うAR（HoloLensはMRと呼んでいるようですが）をモバイルデバイスで実現できるようになってきました。ハードウェアとソフトウェアの進化により、当時思い描いたARのセカイが誰でも実現可能になる環境が整いつつあります。究極的には軽量な眼鏡のようなARデバイスが理想ですが、スマートフォンのARは現時点で多くの人が持っているデバイスで実現できるというのが大きなポイントだと思います。日本語翻訳版では位置情報ベースの仕組みから一歩先に進めて、TangoとARKitを使った開発について巻末付録として追記しました。この本を読んだ方の手で新たなARアプリが誕生することを願っています。

　最後にひとつ、ARアプリの開発に夢中になるあまり、歩きスマホで事故など起こさないよう注意をお願いします。

謝辞

　この本の翻訳に協力してくれた友人諸氏に感謝します。昨年のVR本に続き、「今度はARの本を訳してみたいんだけど…」という私の気まぐれな声がけに、あんどうやすし、江川崇、安藤幸央（敬称略）の3名が共同翻訳者として再度結集してくれました。レビュアーには前回も協力してくれた足立昌彦氏、荒木佑一氏の二人に加えて、現在中学生の赤池飛雄さんにもレビューをしていただきました。さらに主にWindows環境でのサンプルコードの動作検証には、これまで何度かVRアプリ開発のハンズオンのチューターとして手伝ってくれている鈴木久貴

氏にも協力していただきました。そしてオライリー・ジャパンの宮川さんには、VR本のときと同様（もしかしたらそれ以上）のお手間と心配をかけながらここまでおつきあいいただきました。

　最後に、再び本を手がけると言い出した私の健康を気づかってくれた妻と、部屋にこもる私を絶妙なタイミングで気分転換に誘い出してくれた愛犬ジョーディへの感謝を述べさせてください。素晴らしい友人と素晴らしい家族がなければ、この本は完成しなかったでしょう。

最初のエアタグが生まれた新宿五丁目で古いAR空間に思いを馳せながら....

2017年7月吉日

訳者代表　**高橋 憲一**

まえがき

　2016年の初めの時点では、世界の大部分の人は拡張現実と位置情報ベースのゲームのことをほとんど知りませんでした。しかしご存知のとおり、その年の後半にPokémon GOがリリースされたことによってすべてが変わりました。一夜にしてそのジャンルはゲーム開発のトレンドになったのです。おそらく皆さんがこの本を読んでいる理由は、Pokémon GOをプレイしたことがあり、ARと位置情報ベースのゲームに興味があるからでしょう。

　この本ではPokémon GOのような位置情報ベースのARゲームを作る方法を詳しく解説していきます。位置情報ベースのARゲームは端末の負荷が高く、地図情報を扱うことからモンスターを発生させることまですべてを実現するために複数のサービスを必要とします。しかし、本書で開発するゲームは無料で提供されているサービスを使うことにより予算ゼロで仕上げます。いくつかのライセンスの制限により開発したゲームを商用でリリースすることはおそらくできませんが、そのために必要なほとんどの概念を得られるのは間違いありません。その過程で、皆さんはUnityというすばらしいツールの使い方を学び、そしてゲーム開発の領域におけるたくさんの概念を得るでしょう。

本書の構成

　各章の概要は以下のとおりです。

1章 はじめに

　位置情報ベースのARゲームのジャンルと本書で扱う架空のゲームであるFoody GOのコンセプトを紹介します。そしてUnityを使ったモバイル向け開発環境で必要なソフトウェアのダウンロードとセットアップの手順を説明します。

2章 プレイヤーの位置のマッピング

　GIS、GPS、および地図作成の基本概念を紹介します。そしてそれらの概念がゲームの中でリアルタイムに地図を生成し、プレイヤーの位置をプロットするためにどのように適用されるかを示します。

3章 アバターの作成

前の章で作成したものを土台として、自分の位置を示すシンプルなマーカーをアニメーションしながら動くキャラクター（アバター）に作り変えます。これによりプレイヤーがモバイル端末を持ちながら移動すると、その動きに合わせてプレイヤーのアバターがマップを動き回るところを見ることができます。

4章 獲物の生成

Foody GOの目的が実験用のモンスターの捕獲であることを説明します。この章では、どのようにして地図上でプレイヤーの周囲にモンスターを出現させるかを学びます。

5章 ARでの獲物の捕獲

ゲームに端末のカメラからの映像と組み合わせたARパートや、ボールを投げるための物理学、プレイヤーのスワイプ操作のトラッキング、獲物のリアクション、新しいゲームシーンなどを導入して、より魅力的にします。

6章 捕まえた物の保管

プレイヤーが捕まえた獲物や便利なアイテムを保持するためのバッグを開発します。そして永続的な記録と持ち物一覧のシーンを追加します。

7章 ARの世界の構築

リアルタイムなデータサービスを利用して、プレイヤーの周囲に施設情報を配置します。

8章 ARの世界とのやりとり

プレイヤーが注目した施設とやりとりができるようにします。本書のシンプルなゲームでは、プレイヤーは捕まえたモンスターを施設に売ることができます。

9章 ゲームの仕上げ

デモゲームを完成させるため、そしてもし可能であれば読者がオリジナルの位置情報ベースのARゲームを開発できるようにするために必要となる情報を提供します。本書の目的を考えて、Foody GOのゲームは単なるデモとして作成していきます。

10章 トラブルシューティング

多数のトラブルシューティングのコツと開発上の問題を乗り越える手段を網羅します。どのようなソフトウェア開発の演習でも問題は発生するものです。

付録A TangoによるARビューの実装法

日本語版オリジナルの付録Aでは、GoogleのTango対応デバイスを用いて現実空間を認識してオブジェクトを配置するARビューの実装について解説します。

付録B ARKitによるARビューの実装法

日本語版オリジナルの付録Bでは、AppleのARKitを用いてiOSデバイスで現実空間を認識してオブジェクトを配置するARビューの実装について解説します。

必要条件

この本の演習を進めていくためには最低でもUnity 5.4以上を動かすことのできるパソコンと、Unityで作られたゲームを動かすことができ、GPS信号を受信できるiOSもしくはAndroidの端末が必要です。

Unityが求める要件の詳細はhttps://unity3d.com/jp/unity/system-requirementsを参照してください。

対象読者

この本はPokémon GOのような位置情報ベースのARゲームを自分自身で作りたいと思うすべての人のためのものです。ゲーム開発のスキルやUnityの使用経験は必要ありません。ただしプログラミング言語としてC#、もしくは同等の他の言語（C、C++、Java、JavaScript）を理解していることは必要です。

表記について

本書では、異なる種類の情報を区別する多数の文字スタイルがあります。ここにそのスタイルと意味の例をいくつか示します。

本文中のコード、データベースのテーブル名、フォルダー名、ファイル名、ファイルの拡張子、パス名、ダミーのURL、ユーザーの入力項目、そしてツイッターのハンドル名などは BeautifulSoupのように等幅書体で表記します。

コードのブロックは次のように表記されます。

```
using UnityEngine;
using System.Collections;

public class RandomPosition : MonoBehaviour {
    // Use this for initialization
    void Start () {
    }

    // Update is called once per frame
    void Update () {
    }
}
```

コードブロックの特定の場所に注目してほしいときには、その行やアイテムを太字で示します。

```
public class ButtonExecute : MonoBehaviour {
    public float timeToSelect = 2.0f;
    private float countDown;
    private GameObject currentButton;
    private clicker = new Clicker ();
```

コマンドラインでの入力は次のように表記されます。

```
$ cd platform-tools
$ adb devices
```

新しい用語や**重要な言葉**は太字で示されます。画面で見る言葉、例えばメニューやダイアログボックスに出てくるものは「新しいモジュールをダウンロードするためには、[File] → [Settings] → [Project Name] → [Project Interpreter] と選択します」のように示されます。

ヒントやコツはこのように表示されます。

警告や重要なメモはこのように表示されます。

翻訳者による補足説明はこのように表示されます。

サンプルコードのダウンロード

　日本語版のサンプルコードとプロジェクトで使用する画像などのリソースは、以下から入手できます。

　　https://github.com/oreilly-japan/augmented-reality-game-development-ja

　本書のUnityプロジェクトを章ごとにダウンロードできるように用意しています。ただし、Unity標準アセットは含まれていないので、Unityでプロジェクトを開いたら上記サイトの指示に従って必要なものをインポートしてください。

意見と質問

　本書（日本語翻訳版）の内容については、最大限の努力をもって検証、確認していますが、誤りや不正確な点、誤解や混乱を招くような表現、単純な誤植などに気がつかれることもあるかもしれません。そうした場合、今後の版で改善できるようお知らせいただければ幸いです。将来の改訂に関する提案なども歓迎いたします。連絡先は次のとおりです。

　　株式会社オライリー・ジャパン
　　電子メール japan@oreilly.co.jp

　本書のWebページには次のアドレスでアクセスできます。

　　http://www.oreilly.co.jp/books/9784873118109
　　https://www.packtpub.com/application-development/augmented-reality-game-development（英語）
　　https://github.com/PacktPublishing/Augmented-Reality-Game-Development

　オライリーに関するその他の情報については、次のオライリーのWebサイトを参照してください。

　　http://www.oreilly.co.jp/
　　http://www.oreilly.com/（英語）

目次

訳者まえがき v
まえがき vii

1章　はじめに 1
1.1　リアルワールドアドベンチャーゲーム 1
1.1.1　位置情報 3
1.1.2　拡張現実 3
1.1.3　アドベンチャーゲーム 4
1.1.3.1　Foody GO の紹介 5
1.1.3.2　ソースコード 6
1.2　Unity を使用してモバイル開発を始める 6
1.2.1　Unity のダウンロードとインストール 6
1.2.2　Android 開発用の設定 7
1.2.2.1　Android SDK のインストール 8
1.2.2.2　開発用の Android デバイスと接続 10
1.2.3　iOS 開発のための設定 11
1.3　Unity を始める 11
1.3.1　ゲームプロジェクトの作成 12
1.3.2　ゲームのビルドとデプロイ 17
1.3.2.1　Android 向けビルドとデプロイ 17
1.3.2.2　iOS 向けビルドとデプロイ 19
1.4　まとめ 20

2章　プレイヤーの位置のマッピング 21
2.1　GIS 用語 21
2.1.1　位置情報 22

2.2 GPSの基本 25
- 2.2.1 Googleマップ 27
- 2.2.2 地図を追加 30
  - 2.2.2.1 地図タイルの作成 30
  - 2.2.2.2 タイルの敷き詰め 35
  - 2.2.2.3 コード解説 39
- 2.2.3 サービスの設定 42
  - 2.2.3.1 CUDLRの設定 43
  - 2.2.3.2 CUDLRによるデバッグ 44
- 2.2.4 GPSサービスを設定する 46

2.3 まとめ 48

3章 アバターの作成

3.1 標準のUnityアセットのインポート 49
- 3.1.1 キャラクターの追加 51
- 3.1.2 カメラの切り替え 53
- 3.1.3 クロスプラットフォーム入力 55
- 3.1.4 入力の修正 56
  - 3.1.4.1 GPS Location Service 64
  - 3.1.4.2 Character GPS Compass Controller 69
- 3.1.5 キャラクターの差し替え 74

3.2 まとめ 78

4章 獲物の生成

4.1 新しいモンスターサービスを作成 80
- 4.1.1 地図上での距離を理解 82
- 4.1.2 GPSの精度 88

4.2 モンスターの確認 92
- 4.2.1 座標を3Dワールド空間に射影 96
- 4.2.2 モンスターを地図上に追加 97
- 4.2.3 モンスターをUIの中で追跡 105

4.3 まとめ 108

5章 ARでの獲物の捕獲

5.1 シーン管理 112
5.2 Game Managerの紹介 114
5.3 シーンのロード 117

5.4	タッチ入力の更新	118
5.5	コライダーとリジッドボディの物理	121
5.6	AR捕獲シーンの構築	127
5.7	シーンの背景にカメラを使う	129
5.8	捕獲ボールの追加	134
5.9	ボールを投げる	136
5.10	衝突のチェック	140
5.11	フィードバックのためのパーティクルエフェクト	145
5.12	モンスターの捕獲	146
5.13	まとめ	150

6章　捕まえた物の保管　153

6.1	インベントリーシステム	154
6.2	ゲームの状態の保存	156
6.3	サービスのセットアップ	158
6.4	コードの確認	161
6.5	MonsterオブジェクトのCRUD操作	166
6.6	Catchシーンの修正	169
6.7	Inventoryシーンの作成	175
6.8	メニューボタンの追加	182
6.9	ゲームの統合	185
6.10	モバイル開発の苦悩	186
6.11	まとめ	187

7章　ARの世界の構築　189

7.1	地図について復習	190
7.2	シングルトン	192
7.3	Google Places APIの紹介	194
7.4	JSONの利用	196
7.5	Google Places APIサービスの設定	199
7.6	マーカーの作成	200
	7.6.1　検索の最適化	204
7.7	まとめ	208

8章　ARの世界とのやりとり　211

8.1	Placesシーン	212
8.2	Google Street Viewの背景	214

- 8.3　Google Places API photosを使用したスライドショー ... 217
- 8.4　販売のためのUIを追加 ... 223
- 8.5　販売のためのゲームメカニクス ... 230
- 8.6　データベースの更新 ... 232
- 8.7　要素をつなぎ合わせる ... 235
- 8.8　まとめ ... 241

9章　ゲームの仕上げ ... 243

- 9.1　開発の残タスク ... 243
- 9.2　省略した開発スキル ... 248
- 9.3　アセットの整理 ... 251
- 9.4　ゲームのリリース ... 257
- 9.5　ロケーションベースのゲーム開発に伴う問題 ... 258
- 9.6　ロケーションベースのマルチプレイヤーゲーム ... 260
- 9.7　マルチプレイヤープラットフォームとしてのFirebase ... 264
- 9.8　その他のロケーションベースゲームのアイデア ... 270
- 9.9　このジャンルの未来 ... 271
- 9.10　まとめ ... 271

10章　トラブルシューティング ... 273

- 10.1　[Console] ウィンドウ ... 273
- 10.2　コンパイラエラーと警告 ... 276
- 10.3　デバッグ ... 277
- 10.4　リモートデバッグ ... 279
- 10.5　高度なデバッグ ... 282
- 10.6　ロギング ... 283
- 10.7　CUDLR ... 286
- 10.8　Unity Analytics ... 288
- 10.9　章別の問題と解決方法 ... 293
- 10.10　まとめ ... 295

付録A　TangoによるARビューの実装法 ... 297

- A.1　Tangoについて ... 297
  - A.1.1　モーショントラッキング（Motion Tracking） ... 298
  - A.1.2　深度認識（Depth Perception） ... 298
  - A.1.3　空間記憶（Area Learning） ... 299
- A.2　Tangoを使ったARシーンの構築 ... 299

A.2.1	Tangoの機能を使用するための前準備	299
A.2.2	Tangoの機能の組込み	300
A.2.3	オクルージョン機能の設定	306
A.2.4	アイスボールの調整	307

付録B　ARKitによるARビューの実装法 ... 309

B.1	ARKitについて	309
	B.1.1　ARKitでできること	310
B.2	ARKitを使ったARシーンの構築	310
	B.2.1　ARKitを使用するための前準備	310
	B.2.2　ARKitの機能の組み込み	311
	B.2.3　光源推定機能の組み込み	316
	B.2.4　アイスボールの調整	317

索引 ... 319

1章 はじめに

　この章ではリアルワールドアドベンチャーゲームについて、それが何なのか、どのように動作してその特徴はどこにあるのかをまず説明します。次にこれからサンプルとして作成していくリアルワールドゲームについて紹介します。そして最後に、Unityを使用してモバイルアプリを開発するための環境設定について簡単に説明します。

　リアルワールドアドベンチャーゲームや拡張現実ゲームの用語についてすでになじみがある人は本章の「1.1.3.1 Foody GOの紹介」まで飛ばして先に進んでもかまいません。その節ではFoody GOのゲームデザインとコンセプトについて説明します。本書では説明に合わせてこのサンプルゲームの開発を進めていきます。

　この章で学ぶ内容は次のとおりです。

- リアルワールドアドベンチャーゲームの定義
- リアルワールドアドベンチャーゲームの核となる要素
- サンプルゲームFoody GOのゲームデザイン
- Unityのインストール
- Unityのモバイルアプリ開発用の設定
- ゲームプロジェクトの作成

1.1　リアルワールドアドベンチャーゲーム

　リアルワールドアドベンチャーゲームというジャンルはPokémon GOのリリースによって近年人気が高まっています。本書を読んでいるということは、おそらく皆さんはこの有名なゲームについて少なくとも名前を聞いたことはあるでしょうし、もしかすると実際に遊んだことがあるかもしれません。このようなジャンルの盛り上がりは一過性のものですぐに廃れてしまうと予想している人も多くいますが、実際にはこのジャンルの人気はすでに何年も続いています。Pokémon GOを開発したNianticが最初のリアルワールドゲームとなるIngressをリリースしたのは2012年11月のことでした。このゲームは当時とてもヒットしましたし、今でも人気があります。ただし、このゲームは特定のゲーム好きしか惹きつけることができませんでした。といってもこれはゲームのジャンルの問題というよりも、ゲームのテーマが複雑すぎて一般の人を呼び込むことができなかったのだと考えたほうがいいでしょう。

今では、Pokémon GOのリリースが大きな社会現象となったのはポケモンシリーズに拡張現実ゲームプラットフォームという新しさが加わったことが理由だと多くの人が考えています。もし現実世界とのやりとりという要素がなければPokémon GOはただの有名なモバイルゲームのひとつでしかなく、あれほどの騒ぎにはならなかったことは間違いないでしょう。

　リアルワールドアドベンチャー、つまり位置情報に基づいた拡張現実ゲームの特徴はなんでしょう？

位置情報

　プレイヤーは地図を使用して自分の周りにある仮想の物体やプレイスとやりとりすることができます。デバイスのGPSを使用してプレイヤーの現実世界での物理的な移動に合わせてプレイヤーのゲーム内での位置を更新することで、プレイヤーは仮想の場所に移動して仮想の物体を探したり、操作したりすることができます。デバイスのGPS情報を地図の表示にどのようにして反映させるかについては「2章 プレイヤーの位置のマッピング」で説明します。

拡張現実（AR）

　プレイヤーはデバイスのカメラを通して現実世界とやりとりします。つまり周辺の現実世界を背景に、仮想的なプレイスや物を見て操作することができます。デバイスのカメラから得られる映像をゲームの背景にすることでユーザー体験を強化する方法については「5章 ARでの獲物の捕獲」で説明します。

アドベンチャーゲーム

　プレイヤーがアバターになり調査任務やパズルを解決することを繰り返し、最終的に何らかのストーリーに基づいたゴールを達成することが求められるというゲームがその典型的な例です。もちろんリアルワールドというジャンルに属する他の有名なゲームもこの定義にある程度は当てはまっているでしょう。あまり厳密とは言えませんが、本書ではアドベンチャーゲームについてこの定義を採用するものとします。本章の「1.1.3.1 FoodyGOの紹介」では本書の説明に合わせて少しずつ開発を進めていくリアルワールドアドベンチャーゲームのゲームデザインとコンセプトを紹介します。

　もちろん成功するゲームを作成するために必要となる要素は他にもたくさんあります。しかし本質的には位置情報に基づいていることと拡張現実の要素があることこそがリアルワールドアドベンチャーというジャンルのアイデンティティです。賢明な読者は大規模多人数ネットワークゲームプレイつまりMMO[*1]の要素が挙げられていないということに気づくかもしれません。MMOゲームプレイはゲームデザイン次第では重要な要素かもしれませんが、このジャンルに必須の要素ではありません。

＊1　訳注：Massively Multiplayer Onlineの略で、多数のプレイヤーが同じ空間を共有してプレイするタイプのオンラインゲームのこと。

1.1.1　位置情報

　プレイヤーの現実世界での位置を追跡してゲーム内の仮想世界と重ね合わせることによって、プレイヤーに独特な没入感を与えることができます。実際、リアルワールドゲームにプレイヤーが没入しすぎた結果、不意の出来事に気づかずに怪我をするという事故が何度も起きているため、多くのリアルワールドアドベンチャーゲームではプレイを開始する前にプレイヤーに対して過度に没入しないよう警告文が表示されます。

　ゲームの仮想世界の上に現実世界の情報を重ね合わせることはこれまでのモバイルゲームにとっては新しい挑戦です。仮想のアイテムが配置された地図を使ったインタフェースを開発するには優れたGISスキルが必要ですが、ほとんどの開発者はGPSやGISのコンセプトについても、Unityで地図を描画する方法についても、まったく知らないか、仮に知っていてもそれほど詳しくはありません。地図を描画することはリアルワールドゲームのコンセプトの中でも中心的なもので、これから開発するサンプルゲームの大部分はその処理が土台になります。地図に関係するトピックにはいくつかの章を費やします。地図や位置情報に関係する章の一覧は以下のとおりです。

- 「2章 プレイヤーの位置のマッピング」では初めにGPSとGISに関する基本的な内容を説明し、その後でUnityの3Dシーンに地図のテクスチャーを読み込む方法を説明します。
- 「3章 アバターの作成」ではプレイヤーキャラクターとしてアバターを導入し、モバイルデバイスとプレイヤーの実際の動きによってアバターを制御する方法を紹介します。
- 「4章 獲物の生成」では仮想のアイテムを導入して地図上に配置し、プレイヤーがそれらのアイテムを見つけ出せるようにします。
- 「7章 ARの世界の構築」ではプレイヤーの現実世界での位置を元にして仮想世界での位置を決定することに焦点を当てます。
- 「8章 ARの世界とのやりとり」ではプレイヤーが仮想の施設とやりとりできるようにします。

1.1.2　拡張現実

　ARは1990年ごろに登場しました。この用語はMicrosoft HoloLensのような仮想的な外科手術に使える本格的なデバイスからSnapchatのような単なるモバイルアプリまで幅広い技術を指すために使用されます。つい最近までAR技術は徐々に主流のゲームに取り入れられるつつあるように感じる程度でしたが、新しい技術が登場してリアルワールドアドベンチャーゲームというジャンルが認識されたことで、ゲームの世界でその需要が急激に高まっています。

　先ほども書いたとおり、ARという言葉にはユーザーの視界に仮想環境を重ね合わせることを目的とした幅広い技術とデバイスが含まれます。モバイルデバイスを使用する場合は、デバイスのカメラの映像を背景としてその上に仮想的な環境を描画したものがよくARと呼ばれますが、洗練された画像処理アルゴリズムを使用して独自の機能を提供するARゲームもしくはARアプリケーションもあります。そのような独自の機能として例えば他のグラフィックス要

素やゲームオプションに仮想の注釈を付けるものもあります。Pokémon GOではAR要素はカメラ映像を背景に使うだけにとどめていますが、Snapchatでは画像処理を使用してユーザーにより動的なAR体験を提供しています。いずれにしても、ゲームであれアプリケーションであれ、ARを使用することでより豊かな体験をユーザーに届けることができるようになります。

　リアルワールドアドベンチャーというジャンルを理解してもらうために、本書では基本的な方法で簡単なAR体験をユーザーに提供することにします。つまりモバイルデバイスのカメラの映像をゲームの背景として使用します。ゲームからは別の同ジャンルのゲームと同様の体験を得られるでしょう。実際に採用するのはARの基本的な手法だけですが、いくつかの章の中でそれ以外のさまざまな手法やそのコツについても触れます。以降の章で学ぶARの要素それぞれについて簡単に説明します。

- 「5章 ARでの獲物の捕獲」ではモバイルデバイスのカメラをゲームの背景として取り込みます。
- 「9章 ゲームの仕上げ」ではARゲームの体験をさらに向上させるアイデアについて検討します。
- 「10章 トラブルシューティング」では期待どおりに動作しないという不測の事態に備えます。この章では潜在的にどのような問題が存在するかを理解して、それに対応するためのヒントを学びます。

1.1.3　アドベンチャーゲーム

　アドベンチャーゲームではゲームを完了するために必要な謎を調査したり問題を解決したりするという一連のクエストをこなしていくことでストーリーが進行していくというのが一般的ですが、今のところリアルワールドアドベンチャーゲームでは問題の解決やクエストの達成よりも世界を探索することに重点が置かれています。現在の多くのリアルワールドゲームはどちらかといえば一般的なアドベンチャーゲームではなくロールプレイングゲーム（RPG）と考えたほうがいいかもしれません。とはいえ、いずれは一般的なアドベンチャーゲームをより発展させたものや、もしかするとそれ以外にもリアルワールド要素が追加されたリアルタイム戦略ゲームやシューティングゲーム、シミュレーションゲーム、教育ゲーム、スポーツゲーム、パズルゲームなどが現れるかもしれません。

　本書ではサンプルゲームの作成を通して、このような新しいコンセプトのすべてをどのように統合すればいいのかを学びます。リアルワールドジャンルの他の有名なゲームと同じように、このゲームも比較的緩い定義においてアドベンチャーゲームと呼べるようなものになります。アバターやキャラクターの持ち物リスト、パーティクル効果などの一般的なゲーム要素の多くについてもいくつかの章で説明します。これらを扱う章の簡単な紹介は以下のとおりです。

- 「3章 アバターの作成」では3Dリグを設定してアニメーションするようにしたキャラク

ターをマップ上に追加する方法を紹介します。
- 「4章 獲物の生成」では主にGISと地図に関係するさまざまなコンセプトを紹介し、さらにオブジェクトアニメーションについて一部の節で説明します。
- 「5章 ARでの獲物の捕獲」ではテクスチャーや剛体物理、プレイヤーの入力処理、キャラクターのAI、GUIメニュー、パーティクル効果など、ゲームに関係するAR以外のさまざまなコンセプトを紹介します。
- 「6章 捕まえた物の保管」ではGUIの開発を進め、キャラクターのアイテムリストをモバイルデバイス上で永続化します。
- 「8章 ARの世界とのやりとり」ではGUIの要素とパーティクル効果を追加し、ビジュアルエフェクトシェーダーを導入します。
- 「9章 ゲームの仕上げ」ではサンプルゲームの機能を今後どのように拡張できるか、リアルワールドゲームとして他にどのようなアイデアが考えられるかなどについて検討します。

1.1.3.1　Foody GOの紹介

　何であれ先進的なコンセプトを新しく学ぶのにもっとも良い方法は、間違いなくその技術を使用して実際に何かを作ってみることでしょう。**Foody GO**は本書全体を通して少しずつ作成を進めていくサンプルのリアルワールドアドベンチャーゲームです。ゲームのテーマは食べ物で、プレイヤーは実験動物であるクッキングモンスターを見つけて捕獲します。モンスターを捕獲すると、プレイヤーは地元にあるレストランにそのモンスターを持っていき販売して、アイテムやパワー、もしくは名声を得ます。

　もちろんサンプルゲームは位置情報に基づく拡張現実という要素に重点を置きますが、他にも次の一覧にあるような技術を使用した機能も導入します。

- プレイヤーマッピング
- カメラを使用した拡張現実
- リグを使用してアニメーションする3Dアバター
- アニメーションするオブジェクト
- 単純なAI
- パーティクル効果
- GUIメニューとコントロール
- 永続化データベースストレージ
- ビジュアルシェーダー効果

　先に挙げた技術は、詳しく説明するにはそれぞれ一冊の本が必要になるようなものがほとんどです。本書ではあまり詳しくは説明しませんが、簡単に触れるだけであってもこれらの要素をどのようにしてひとつにまとめ上げてリアルワールドアドベンチャーゲームを作成すればいいかを理解しておくことは有意義でしょう。

1.1.3.2　ソースコード

　本書のソースコードはすべてWebサイトからダウンロードできます。ソースコードは章ごとに分割されていて、プロジェクトが少しずつ拡張されていく様子を確認できます。それぞれの章ごとに終了時点の状態のプロジェクトが提供されているので、知識のある読者は理解している部分を飛ばして本書の先のほうを進めることができます。章が進むごとに内容が高度になるので、初心者はすべてのサンプルを順番に進めていくといいでしょう。

1.2　Unityを使用してモバイル開発を始める

　これで前提となる知識とコースの構成の説明が終わりました。それではUnityでのモバイル開発環境の導入を始めましょう。Unityを使用してAndroidやiOSで動作するゲームを開発した経験のある読者は本章の以降の部分を飛ばして「2章　プレイヤーの位置のマッピング」まで進んでもかまいません。

　このインストールガイドはクロスプラットフォーム対応を想定していますので、Windows環境でもMac環境でもうまくいくはずです。簡潔さを優先してスクリーンショットはWindowsプラットフォームのものだけを載せています。

1.2.1　Unityのダウンロードとインストール

　すでにUnityをインストールしていたとしても、モバイル開発環境をインストールしていなければ、この節の手順に従ってください。省略してはいけない重要な手順がいくつかあります。

　以下の手順に従い、Unityをインストールします。

1. 好きなブラウザで、https://unity3d.com/ を開きます。
2. そのサイトから最新の安定版Unityのインストーラーをダウンロードします。
3. Unityインストーラーを実行し、[Next] をクリックして図1-1のようにライセンスに同意し、さらに [Next] をクリックします。

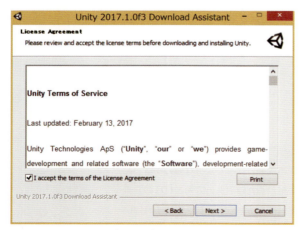

図1-1　ライセンス同意ダイアログ

4. コンポーネント選択ダイアログで、AndroidまたはiOSのいずれか希望するモバイルプラットフォームが選択されていることを確認してください。あまり考えずにすべての機能を選択するユーザーも多いのですが、なるべく必要なものだけを選択してインストールしたほうがよいでしょう。Unityのすべての機能をインストールするにはおよそ14GBの容量が必要で、複数のバージョンをインストールしようとしたときにあっという間に容量が足りなくなってしまいます。

  図1-2ではAndroidとiOSの両方を選択していますが、実際には必要なプラットフォームだけを選択してください。

図1-2　必要なコンポーネントだけを選択

5. Unityのデフォルトインストールパスを選択し、［Next］をクリックしてインストールしてください。

一部のコンポーネントだけを選択していたとしても、インストールには数分かかります。コーヒーでも飲みながら終了を待ちましょう。

1.2.2　Android開発用の設定

Androidデバイスを使用してゲームの動作を確認する予定であれば、この節の手順に従って準備してください。Androidでアプリケーションを開発したことのあるユーザーはこの節は復習のために簡単に目を通すだけにするか、読み飛ばして「1.3 Unityを始める」まで進んでかまいません。

1.2.2.1　Android SDKのインストール

以下の手順に従って開発用のコンピューターにAndroid SDKをインストールしてください。すでにSDKがインストールされている場合も、手順に沿ってパスやコンポーネントの設定が正しいかどうかを確認してください。

1. **Java Development Kit**（JDK）がまだインストールされていなければ、以下からダウンロードしてインストールしてください。

    http://www.oracle.com/technetwork/java/javase/downloads/index.html

JDKまたはSDKなどの開発キットをインストールした場所は常にメモしておいてください。

2. 以下からAndroid Studioの最新版をダウンロードしてください。

    https://developer.android.com/studio/index.html

3. Android Studioのダウンロードが完了したら以下の指示に従ってインストールを開始してください。

    https://developer.android.com/studio/index.html

4. Android Studioをインストールする際、図1-3のようにAndroid SDKも忘れずにインストールしてください。

図1-3　Android SDKコンポーネントのインストール

5. インストールする場所は読者にとって覚えやすく使いやすいパスに変更してください（図1-4）。

図1-4 後で見つけやすいインストール位置を選択

6. インストールが完了したらAndroid Studioを開きます。起動した直後のダイアログの場合は［Configure］→［SDK Manager］を選択してAndroid SDK Managerを開きます。すでにプロジェクトを開いた後のウィンドウの場合はメニューから［Tools］→［Android］→［SDK Manager］を選択してAndroid SDK Managerを開きます（**図1-5**）。

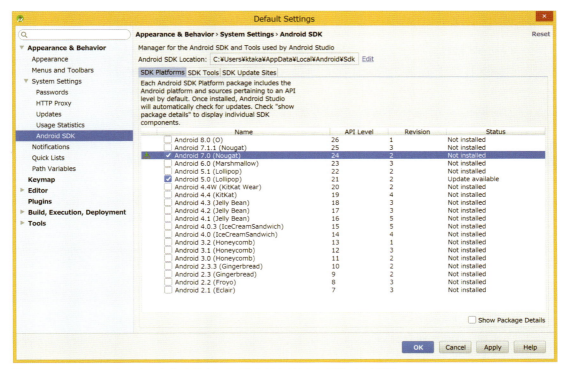

図1-5 Android SDKのインストールパスを設定して、デバイスに対応したAPIレベルを選択

7. Android SDKパネルで、手順5で使用したものと同じパスを設定し、さらに開発に使用するAndroidデバイスに対応するAndroid APIのレベルを持つSDKをインストール対象として選択して、［Apply］をクリックします。開発用デバイスのAndroidバージョンは［設定］→［端末情報］→［Androidバージョン］で確認できます。このAPIのインストールには数分かかることがあります。先ほどと同じく、コーヒーや他の飲み物を用意しておくといいでしょう。
8. APIのインストールが完了したら、Android Studioを閉じてください。

1.2.2.2 開発用のAndroidデバイスと接続

　本書で作成したサンプルの結果を確認するもっとも良い方法は、物理的なデバイスをコンピューターに接続して確認することです。実機ではなくAndroidエミュレーターでGPSとカメラをエミュレートすることも可能ですが、その方法は本書では説明しません。以下の手順に従って、開発機にデバイスを接続してください。

1. 以下のドキュメントに従って開発用Androidデバイスにドライバーをインストールします。

    https://developer.android.com/studio/run/oem-usb.html#InstallingDriver

2. AndroidデバイスでUSBデバッグを有効にします。

    - **Android 4.2以上** —— デフォルトの状態では開発者用オプション画面はユーザーから隠されています。表示するには［設定］→［端末情報］に移動して、［ビルド番号］を7回タップしてください。そうすると開発者オプションを有効化したことを知らせるメッセージが表示されます。その後、前の画面に移動して下部にある［開発者向けオプション］を選択し、USBデバッグを有効にしてください。
    - **上記未満のバージョン** ——［設定］→［アプリケーション］→［開発者向けオプション］に移動して、USBデバッグを有効にしてください。

3. デバイスをコンピューターに接続すると、デバイス上にUSBデバッグを有効化する許可を求めるダイアログが表示されます。［OK］を選択してドライバーが接続されるまで数秒待ってください。

4. コンピューター上でコマンドウィンドウまたはコンソールウィンドウを開き、先ほどAndroid SDKをインストールしたフォルダー（この例ならC:\Users\ktaka\AppData\Local\Android\sdk1）に移動します。

5. 以下のコマンドを実行します。

    ```
    $ cd platform-tools
    $ adb devices
    ```

6. リスト上に開発用デバイスが表示されているはずです。何らかの理由でリストにデバ

イスが表示されていない場合は「10章 トラブルシューティング」を参照してください。
図1-6のコンソールウィンドウにはコマンド実行結果の例が表示されています。

```
C:¥Users¥ktaka¥AppData¥Local¥Android¥sdk1>cd platform-tools

C:¥Users¥ktaka¥AppData¥Local¥Android¥sdk1¥platform-tools>adb devices
List of devices attached
H3AKCV001634EC6 device
```

図1-6　コマンド実行例

これでAndroidデバイス側の設定はすべて完了しました。Unity上で設定する項目がいくつか残っていますが、それについては次の節でプロジェクトのセットアップを行いながら説明します。

1.2.3　iOS開発のための設定

本書の内容は開発プラットフォームから独立したものに保つため、ここで手順を追った説明はしません。Unityサイト上に次のようなiOS向けのすばらしいセットアップガイドがあります。

> https://unity3d.com/learn/tutorials/topics/mobile-touch/building-your-unity-game-ios-device-testing

上記のガイドに従ってiOSセットアップが終わったら再び本書に戻ってきてください。サンプルゲームのプロジェクトの構築を始めます。

1.3　Unityを始める

Unityはすばらしいゲーム開発プラットフォームで、初心者の学習用としてだけではなく商用ゲームをリリースするためにも利用でき、実際にAndroidまたはiOSのアプリストア上で公開されている有名なゲームの多くでUnityがゲームエンジンとして選択されています。Unityがゲーム開発プラットフォームとしてこれほどまでに高く評価されているのはどうしてでしょう？　その理由を次のリストに簡単にまとめました。

無料で始められる
　ゲームを開発するために利用できる無料の素材やコードが大量にあります。本書でもそのような無料素材を多く使用しています。

圧倒的に利用が簡単
　Unityであれば1行もコードを書かずに完璧なゲームを開発することでさえ可能です。もちろん、本書ではスクリプティングやコードの書き方についてもある程度学ぶことができます。

完璧なクロスプラットフォーム対応

Unityを使用すればどのような環境向けのアプリケーションでも開発できます。もちろんモバイルなど特定の環境では機能に制限がある場合もありますが、それでもまったく動作しないということはありません。

すばらしいコミュニティ

Unityには自分の経験を共有して他人を助けようとする熱狂的な開発者の集まりがあります。コミュニティによって作成されたさまざまなすばらしいリソースについてもこれから紹介していきます。

アセットストア

初めてのゲーム開発であろうと、7つめの商用ゲーム開発であろうと、Unityアセットストアは非常に役に立ちます。後ほどその使い方と、避けるべき事柄について説明します。

1.3.1　ゲームプロジェクトの作成

それではサンプルゲームプロジェクト、Foody GOの開発を始めましょう。せっかくなのでここで実際に始めたばかりのプロジェクトをビルドして開発用のモバイルデバイスにデプロイしてみます。

1. Unityを起動して新しいプロジェクトを開始し、FoodyGOと名付けます。3Dが有効に、Unity Analyticsは無効になっていることを確認してください。プロジェクトはもちろんわかりやすい名前のフォルダー、例えば図1-7のようにGamesフォルダーに保存するといいでしょう。

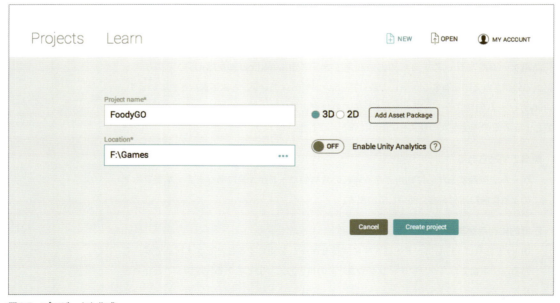

図1-7　プロジェクト作成

2. ［Create project］ボタンをクリックしてUnityが開くのを待ちます。
3. （左上の）［Hierarchy］ウィンドウにUntitledという名前のシーンがあり、その下にMain CameraとDirectional Lightがあります（図1-8）。

図1-8 初期状態のUntitledシーン

4. まずはシーンの名前を変更して保存しましょう。［File］→［Save Scene as...］を実行してください。
5. 保存ダイアログが開き、シーンを保存する場所を選択できます。デフォルトのAssetsフォルダーを選び、シーンの名前をSplashとし、［保存］をクリックします。
6. これでシーンのタイトルがSplashに変わります。プロジェクトのAssetsフォルダーにもSplashシーンオブジェクトが新しく追加されていることを確認しましょう。
7. それではUnityエディターを、モバイルゲームを実行するのに適したレイアウトに変更しましょう。メニューから［Window］→［Layouts］→［Tall］を選択します。次に［Game］タブが選択されている状態でタブをマウスドラッグしてメインウィンドウから切り離します。その後でウィンドウをリサイズして［Scene］ウィンドウと［Game］ウィンドウをおおよそ同じ幅にします。
8. メニューから［Window］→［Layouts］→［Save Layout］を開いてレイアウトを保存します。レイアウトの名前をTall_SidebySideとして、［Save］をクリックしてください。これで後で簡単にこのレイアウトを再現できます。
9. ［Hierarchy］ウィンドウか［Scene］ウィンドウのどちらかでMain Cameraをダブルクリックして選択します。［Scene］ウィンドウ内でどのようにMain Cameraオブジェクトに焦点が当たるかを確認し、さらに［Inspector］ウィンドウですべてのプロパティが表示されていることを確かめてください。Unityエディターウィンドウは図1-9のような見た目になっているはずです。

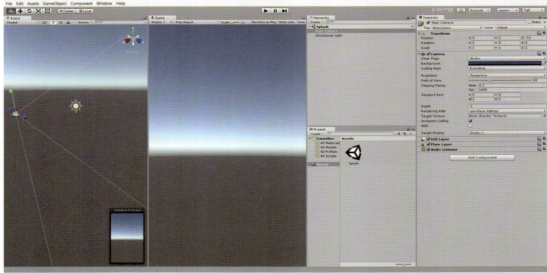

図1-9 モバイル開発用のエディターレイアウト

10. 先に進む前に、中心的に使うことになるUnity内のウィンドウをそれぞれ確認しておきましょう。

    - [Scene] ウィンドウ——このウィンドウではシーン内のゲームオブジェクトを表示して、操作することができます。
    - [Game] ウィンドウ——メインカメラによって描画されるプレイヤーの視界を確認できます。
    - [Hierarchy] ウィンドウ——シーン内のゲームオブジェクトをツリー形式で表示します。ほとんどの場合、このウィンドウでシーン内のアイテムの選択や追加を行います。
    - [Project] ウィンドウ——このウィンドウでプロジェクトのアセットを確認して簡単にアクセスできます。現時点ではプロジェクトに登録されているアセットはほとんどありませんが、続く章ですぐにいくつかアセットを新しく追加します。
    - [Inspector] ウィンドウ——ゲームオブジェクトの設定を確認して変更できます。

11. Unityエディターの上の真ん中にある [Play] ボタンをクリックしてください。ゲームが実行を開始します。ただし、まだカメラとライトしか存在しないので何も起こりません。まずは簡単なスプラッシュ画面を追加してみましょう。

12. [Hierarchy] ウィンドウでシーンを選択します。メニューから [GameObject] → [UI] → [Panel] を選択して、シーンにCanvasとPanelを追加します。

13. [Hierarchy] ウィンドウでPanelオブジェクトをダブルクリックすると、[Scene] ウィンドウがこのパネルにフォーカスします。[Scene] ウィンドウの上部にあるボタンをク

リックして［2D］ビューに変更してください。これで図1-10のような見た目になります。

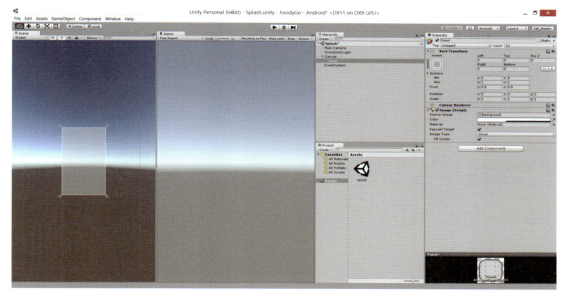

図1-10 ［Scene］ウィンドウのUIにフォーカスが当たったエディターウィンドウ

14. ［Scene］ウィンドウに表示されているこのパネルは2次元のUI要素で、プレイヤーにテキストやその他のコンテンツを表示できます。デフォルトでは、パネルをシーンに追加するとカメラのメインビューの中心に配置されます。半透明のパネルが［Game］ウィンドウ全体を覆って見えるのはそのためです。スプラッシュスクリーンの背景は半透明にはしたくないので色を変更してみましょう。

15. ［Hierarchy］ウィンドウでPanelを選択し、［Inspector］ウィンドウの［Color］プロパティの横にある白い四角をクリックすると図1-11のようなColor設定ダイアログが開きます。

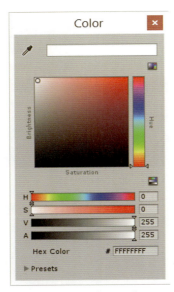

図1-11 Color設定ダイアログ

16. ［Hex Color］フィールドにFFFFFFFFと入力し、ダイアログを閉じます。［Game］ウィンドウの背景が不透明な白色に変わることがわかるでしょう。

17. メニューから［GameObject］→［UI］→［Text］を選択します。［Inspector］ウィンドウで、［Text］プロパティを**図1-12**と同じ内容になるように変更します。

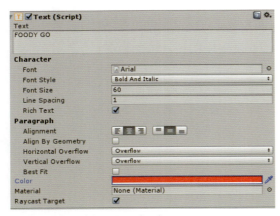

図1-12 Textオブジェクトのプロパティ

18. ［Play］ボタンをクリックしてゲームを実行すると、ゲームのスプラッシュスクリーンが表示されます。たいしたことはまだ起こりませんが、心配しないでください。後ほどこの画面を綺麗に彩っていきます。しかしまずはこのゲームをデバイスにデプロイしてみましょう。

1.3.2 ゲームのビルドとデプロイ

これでゲームの基礎になる部分と簡単なスプラッシュ画面が完成しました。それではこれをデバイスにデプロイしてみましょう。ゲーム開発の進捗を確認する方法はUnityエディターの外でゲームを実行してみる以外にありません。開発に使用するプラットフォーム向けの手順を以下から選び、ビルドとデプロイを完了させましょう。

1.3.2.1　Android向けビルドとデプロイ

前節のインストール手順に従って進めたのであれば、ゲームをAndroidにデプロイするのは非常に簡単です。デプロイする際に何か問題が起きたときは「10章 トラブルシューティング」を参照してください。それでは次の手順に従ってAndroidデバイス向けにビルドしてデプロイしましょう。

1. メニューから、Windowsの場合は［Edit］→［Preferences...］、Macの場合は［Unity］→［Preferences...］を選択すると、プレファレンスダイアログが開きます。
2. ［External Tools］タブを選択します。［Android SDK Path］と［Java JDK Path］をインストール時にメモをしたインストールパスに入力または変更します。完了したらダイアログを閉じてください。図1-13はこれらのパスをどこに入力すればいいかを示しています。

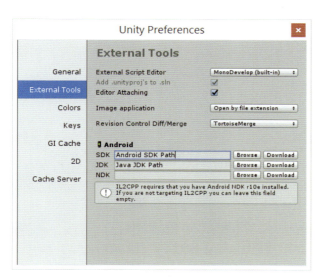

図1-13　Android SDKとJava JDKのパスを設定

3. メニューから［Edit］→［Project Settings］→［Player］を選択します。Androidのアイコンのタブを選択して［Settings for Android］パネルが見える状態にして、その下側にある［Other Settings］を押して開きます。図1-14のように［Bundle Identifier］を`com.packt.FoodyGO`に設定します。

図 1-14 Bundle Identifier の設定

4. AndroidデバイスがUSBで接続されていることを確認してください。確認方法がわからない場合は「1.2.2.2 開発用のAndroidデバイスと接続」を参照してください。

5. メニューから［File］→［Build Settings...］を選択して［Build Settings］ダイアログを開きます。［Build Settings］ダイアログで［Add Open Scenes］ボタンをクリックしてSplashシーンを追加します。ビルド対象のプラットフォームのリストからAndroidを選択していることを確認してください（図1-15）。準備がすべて完了したら［Build and Run］ボタンをクリックします。

図 1-15 ［Build Settings］ダイアログ

6. プロジェクトのルートフォルダーが選択された状態でファイル保存ダイアログが開きます。ダイアログボックスが開いている間にBuildという名前のフォルダーを作成してください。作成したばかりのBuildフォルダーを選択して、ビルドしたものをFoodyGOという名前で保存します。最後に［Save］をクリックするとビルドが始まります。

7. このプロジェクトで初めてのビルドなので、Unityはプロジェクトのアセットと他のモジュールをすべて再インポートする必要があり、この処理には数分かかります。二度め以降のビルドであればもう少し短い時間で済みますが、もし出力するプラットフォームを変更するとまたすべてをインポートし直すことになります。

8. ビルドの完了を待ってデバイスを開いてください。最初にUnityのスプラッシュ画面、その後で先ほど作成したスプラッシュ画面が表示されるでしょう。おめでとうございます、これで開発デバイスにゲームをデプロイできました。

1.3.2.2　iOS向けビルドとデプロイ

前節の「1.2.3 iOS開発のための設定」に沿って進めていれば、すでにビルドしたゲームをデバイスにデプロイできるようになっているはずです。もう一度そのページのビルドとデプロイ手順に従うだけでゲームをデバイスにデプロイできます。この章のサンプルプロジェクトをダウンロードして開発用iOSデバイスにデプロイしましょう。

iOS向けビルドで必要な設定

次章以降で位置情報とカメラ画像を取得する機能を実装します。そのためにiOS向けビルドで必要な設定をしておきましょう。

1. メニューから [File] → [Build Settings...] を選択して [Build Settings] ダイアログを開き、[Platform] でiOSを選択して [Player Settings...] を押します。
2. [Inspector] ウィンドウで、[Other Settings] の [Configuration] の中にある [Location Usage Description] に、位置情報を取得する目的を示す文字列を入力します。
3. 同様に [Camera Usage Description] に、カメラを使用する目的を示す文字列を入力します。

入力する文字列は図1-16を参考にしてください。

図1-16　iOSのPlayer Settings

これにより、アプリの初回起動時に位置情報取得の許可を問うダイアログと、カメラを使用する画面に遷移するときにカメラ使用の許可を問うダイアログが表示され、機能の使用が可能になります。

1.4　まとめ

　この章ではまず初めにリアルワールドアドベンチャーゲームというジャンルについて、それがどういうもので、なぜこれほど人気があるのかを説明しました。その次に、このジャンルを構成する主な要素と、それぞれの要素が本書のどこでどのように触れられているかについて説明しました。それからリアルワールドアドベンチャーゲームのサンプルとして開発していくFoody GOというゲームを紹介しました。その開発の準備としてUnityのインストールや、開発用モバイルデバイス用のビルド、デプロイ、テストを行うために必要な環境をインストールし、最後にFoody GOゲームプロジェクトを作成して簡単なスプラッシュ画面を追加しました。

　次の章ではFoody GOゲームプロジェクトの開発を進めて地図を追加します。実際にゲームに地図を追加する前に、まずはGPSとGISの基礎的なことをいくつか学びます。

2章 プレイヤーの位置のマッピング

リアルワールドゲームのほとんどは、地図による位置情報を利用しています。仮想世界に配置されたゲームプレイヤーと現実世界における位置を統合することにより、ゲーム内の仮想世界が現実の世界に広がり、プレイヤーは新しい視点と感覚で世界を探索することができます。

この章では、Unityで開発するゲームと地図を統合するための、最初の手順を紹介します。実際にUnityで作業する前に、GISとGPSの基本について説明します。この説明で、複雑な話題に入る前に簡単な定義と背景を知っておくことができます。その後、Unityの作業に戻り、Foody GOプロジェクトに位置情報を利用した地図、基本キャラクター、自由視点カメラを追加します。難しい内容を扱っていますが、できるだけわかりやすいようにし、コードの細かい部分には立ち入りません。もちろん、GISの基礎知識を持つ高度な読者向けには、既存の解説に加えて、コードを説明する機会もあります。

この章で紹介する内容を簡単に説明します。

- GIS用語と基本原則
- GPS用語と原則
- Googleマップ
- 素材の読み込み方
- サービスの設定
- CUDLRを使ったデバッグ方法

2.1　GIS用語

GIS（Geographic Information System）とは地理情報システム、つまり地理的データを集め、保存し、分析し、操作し、地図情報として提供するシステムのことです。このGISの定義は一般的ですが、最近ではアプリケーション、ハードウェア、ツール、科学技術、地図サービスのすべてを意味するようになりました。例えば、Googleマップは、GISが使われているもっともよく知られた例です。本書の中では、GISという用語を地理データと位置情報を変換する理論とその具体的な技術という意味でも使用します。

2.1.1　位置情報

　人類は何千年ものあいだ地図を作り続け、世界中を地図に記してきました。ごく最近になってコンピューターが開発されたことで、動的に変化する地図を効率良く作ることができ、GISとして使用することができるようになりました。動的に表示される地図は、伝統的な手描きの紙の地図とは異なり、道路、関心のある場所、公園、境界、風景、川などを表すことができる空間データのレイヤーで表現されています。一般のGoogleマップ利用者は、表示されるレイヤーを細かく制御することはできませんが、状況に応じて必要な情報が表示されます。道路地図を構成する際の典型的なレイヤーを図2-1に示します。

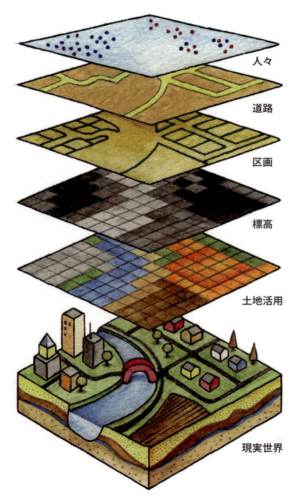

図2-1　道路地図のレイヤー（http://bit.ly/2iri2vr）

GoogleマップやBingマップ、その他のGISシステムでは通常さまざまな拡大率で地図を表示するために、それらの地図を、静止画像のタイルに分割します。GISサーバーはこれらの分割されたタイル画像を利用者に提供します。このタイル分割する方法は動作速度的には効果的ですが[*1]、形状、線、または点を追加する以外に、独自の拡張や、見せ方を変えるような選択の余地はほとんどありません。このタイル表示方式は、静的マッピングと呼ばれます。本書では、見せ方を動的に変化させられるダイナミックマップを提供するGoogle Maps APIを使用して作業を行います。

ダイナミックマップの機能は、地図提供者または開発者向けの拡張機能で、必要に応じて地図データの形式や記号を変えることができます。例えばいくつかの地図では、公園を緑色ではなく青色で表示するように変更することができます。これが動的マップが提供する柔軟性です。この章の後半でGoogle Maps APIをプロジェクト設定に追加する際に、カスタムスタイルとシンボル化のオプションについて解説します。

GISマッピングの基礎を理解したので、さらにいくつかの用語と概念を理解しましょう。以下は、地図の記述や作成に使用する用語の一覧です。

地図の縮尺

地図は皆さんの近所から世界全体のすべてを表すことができます。地図に含まれる範囲がわかるように、多くの場合、縮尺は文字または図として利用者に提示されます。

ズームレベル

ズームレベルは縮尺とは逆の関係を表します。ズームレベルは1から始まります。ズームレベル1の場合、世界の全体像を表し、ズームレベル17は近隣の地図を表します。私たちがこれから作るゲームは、小さい地図尺度を利用し、周囲の目印になる建物を簡単に識別できるようにします。この場合のズームレベルは、17または18に相当します。

座標系

地理的に関心のある点を特定するために、歴史的にさまざまな座標系の表記方法が使用されてきました。多くの人々は緯度と経度の座標を使いますが、それらの人々は他にも多くの異なる座標系があることを認識していないかもしれません。実際、私たちが標準的だと考えている一般的な緯度と経度にも多くの種別があります。本書の中ではGoogleマップを使って作業するため、すべての作業にWGS 84座標系[*2]を使用します。他のGISからデータを読み込もうとすると、変換が必要な場合があることに注意してください。

WGS 84座標系の主要な線を**図 2-2**に示します。

[*1] 訳注:あらかじめ作られた地図画像を分割するだけのため。
[*2] 訳注:世界測地系。

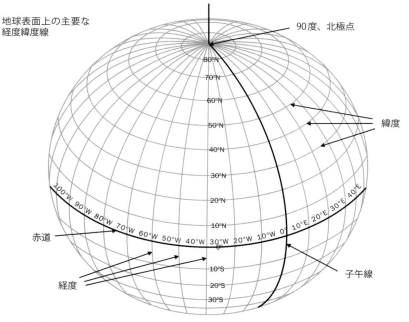

図 2-2　WGS 84 座標系 (http://bit.ly/2iOoPNG)

西経は子午線から逆向きに測定されます。赤道より南の緯度は逆向きに測定されます。

地図投影

　地図における基本的な問題のひとつは、球形の 3 次元の世界を 2 次元で表現することです。初期の地図製作者は、地球の形を円筒状の紙に投影して輪郭をなぞることでこの問題を解決しました。紙はその後で広げられ、地球を 2 次元で見ることができました。私たちは今でも地球を描画するために同様の方法を利用しています。この 2 次元表現は極の近くで歪んでいますが、地図が必要なほとんどの場面で標準的な表現方法になっています。さまざまな用途の数だけ地球投影図の種類があるといっても過言ではありません。ガル＝ピーターズ図法のように、極付近での歪みを緩和する方法も編み出されています[*1]。Google マップでは、標準的な Google Web メルカトル法または Web メルカトル法だけを使用しています。図 2-3 は、右側がガル＝ピーターズ投影を使用した世界地図で、左側が Web メルカトル投影を使用した世界地図です。

　＊1　訳注：面積比、方位、赤道からの距離を正確に表す方式。

図2-3　左側はWebメルカトル投影を使用、右側はガル＝ピーターズ投影を使用

2.2　GPSの基本

　GPSはGlobal Positioning System（地球測位システム）の頭字語で、地球の周りを1時間に2周する24個から32個の衛星のネットワークです。これらの衛星は軌道上を周回しながら、地上のGPSデバイスに向けてビーコンとして時間と符号化された地理的な信号を発信します。GPSデバイスは、これらの信号を使用し、地球上の任意の位置で三角測量を行います。デバイスがより多くの衛星から信号を受信するほど、その測位は正確になります。GPS三角測量と精度の詳細については、「4章 獲物の生成」で紹介します。

　図2-4は、ネットワーク上の可視衛星からの信号を取得するGPSデバイスです。

図2-4 可視衛星を追跡するGPSデバイス

以下は、デバイス上のGPSを話題にしたり使用したりするときに使われる用語の一覧です。

データム（測地系）

衛星信号から有効な座標に変換する際の座標系を定義するために使用される用語です。すべてのGPSデバイスは標準的なWGS 84座標系を使用しています。私たちが利用する地図でもWGS 84が使われているので都合が良いです。プロ仕様のGPS専用デバイスは、高度な利用者の要求に応じていくつかの異なるデータ形式に対応する場合もあります。

緯度／経度

標準では、GPSデバイスはWGS 84座標系の緯度と経度の座標情報を返します。ゲーム開発をする私たちにとって、デバイスの場所を表示するためにわざわざ数式を使用して変換する必要がなく、簡単に取り扱えます。

高度

海面をゼロとしたときのデバイスの高さ位置、海抜を表します。現在、私たちのゲームで利用するモバイルGPSデバイスのほとんどは、高度を取得することができません。したがって、ゲーム内で高度の情報を扱うことはできませんが、今後、高度がサポートされることを願っています。

精度

これはデバイスから通知され、位置を決定する際の誤差の範囲を表します。デバイスが信号を取得する衛星が多くなればなるほど、位置の精度が向上します[*1]が、各デバイスの精度と、公衆GPS網で利用できる精度には限界があります。現在、一般的なスマートフォンでは、しばしば5〜8メートルの精度で測位します。しかし、古いスマートフォン

[*1] 訳注：軍用GPSではなく、一般に使えるGPSでも、信号を取得する衛星数のが多くなれば精度が向上します。

の中には精度が最大75メートルのものもあります。後に紹介する章でゲームプレイヤーが仮想オブジェクトと対話できるようにする際に、時間をとってGPSの精度について説明します。

2.2.1　Googleマップ

前述のとおり、地図サービスとしてGoogleマップを使用します。現時点のゲームでは、GoogleマップのStatic Mapsを使用します。したがって、API開発者キーを必要とせず、その使用について心配する必要はありません[*1]。

Static MapsのAPIを使用するためには、一般的なRESTサービスを呼び出すのと同じように、GETリクエストで多数の文字列パラメーターを持つURLを呼び出します。そうすると**Google Maps API**では、リクエストに対応するひとつの画像が返されます。Google Maps API Static Maps RESTサービスへのリクエストの例を次に示します。

> https://maps.googleapis.com/maps/api/staticmap?center=37.62761,-122.42588&zoom=17&format=png&sensor=false&size=640x480&maptype=roadmap

上記のリクエストにより、図2-5の地図画像が表示されます。

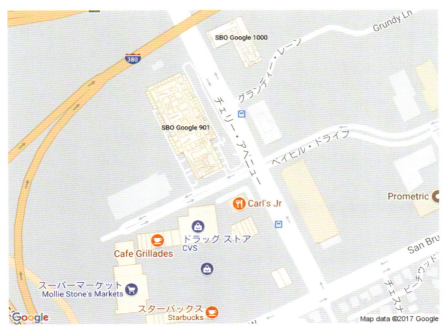

図2-5　Google Maps APIから返される画像

---

*1 訳注：ちょっと試すだけであればAPIキーは必要ありませんが、アプリやサービスを開発する際にはStatic MapsもAPIキーが必要です。取得方法は簡単です。https://developers.google.com/maps/documentation/static-maps/get-api-key?hl=ja

リンクをクリックするか、そのURLをコピーして普段利用しているWebブラウザに貼り付けて、テストしてみてください。地図画像をリクエストするときに指定する必要がある要素を理解できるように、そのURLをそれぞれのパラメーターの構成要素に分解しましょう。

https://maps.googleapis.com/maps/api/staticmap

これは、GoogleマップStatic MapsサービスのベースとなるURLです。パラメーターなしでこのURLを呼び出すとエラーが発生します。それぞれのパラメーターとクエリの構文をもう少し詳しく見ていきましょう。

?

疑問符「?」はクエリパラメーターの開始を示します。

center=37.62761,-122.42588

リクエストする地図の中心の座標の緯度と経度を表します。

&

アンパサンド記号「&」は、新しいクエリパラメーターの開始を示します。

zoom=17

表示したい地図のズームレベルまたは縮尺を表します。GISの基本を思い出してください。ズームレベルが高いほど地図の縮尺が小さくなります。

format=png

取得する画像の形式です。私たちの用途にはPNG形式が適しています。

sensor=false

ここではGPSを使用して場所を取得しなかったことを示しています。後ほどモバイルデバイスのGPSを統合した場合は、ここは`true`に設定されます。

size=640x480

リクエストされた画像の画素サイズを表します。

maptype=roadmap

地図の種類をリクエストします。指定できる地図には次の4種類があります。
- `roadmap` ── 道、交通機関、風景、川、興味のある場所を示す地図です。
- `satellite` ── 実際の衛星画像を示す地図です。
- `terrain` ── 標高表示と`roadmap`での表示内容が混在した地図です。
- `hybrid` ── 衛星地図と`roadmap`での表示内容の組み合わせです。

幸いなことに、本章で用意しているスクリプトを実行すれば、これらのURLをわざわざ生成する必要はありません。ただ、ゲームをカスタマイズしたり、何か問題に遭遇したりした場合

に備えて、地図の各パラメーターでどのようなリクエストが行われているのかを理解しておくと、のちのち役立ちます。

　本章の初めの地図描画の説明のところで、GIS地図は常にレイヤー（層）で構築されていると説明しました。Googleマップのすばらしい点は、描画リクエストのさまざまなパラメーターで、地図のレイヤーの描画スタイルを動的に変えることができる点です。これにより、ゲームの雰囲気に合わせて地図の見た目を大きく変更することができます。https://googlemaps.github.io/js-samples/styledmaps/wizard/ で利用できるGoogleマップのスタイルウィザード[*1]は、数分で使いこなせます。

　私たちのゲームでは、シンプルなスタイルをいくつか設定し、ゲームの見た目を暗くしました。図2-6は、Googleマップのスタイルウィザードに表示されるスタイル選択画面です。

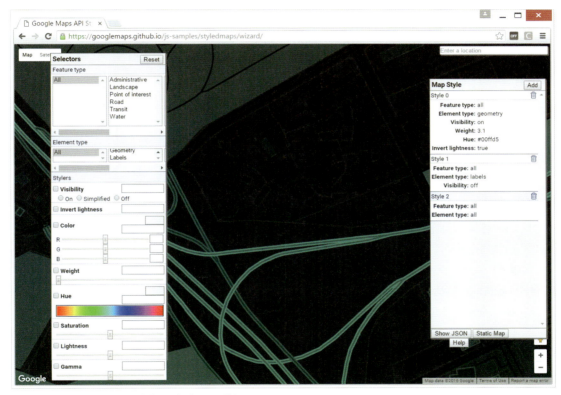

図2-6　スタイルウィザードで定義されたゲームの見た目

　今のところウィザードからスタイルを抽出し、それのパラメーター使って独自のマップスタイルを設定することはありません。好奇心旺盛な読者は、スタイルウィザードの右側のパネルにあるStaticマップボタンをクリックすると、そのスタイルのパラメーターをすばやく確認できます。

　[*1]　訳注：選択肢に答えていくだけで設定できるウィザード画面タイプのスタイル設定ツール。

本書で紹介しているStyled Maps（https://googlemaps.github.io/js-samples/styledmaps/wizard/）は、より簡単な操作感を持つ新ツール（https://mapstyle.withgoogle.com/）に移行しています。同様の画面を表示させるには［Select theme］メニューから［Dark］または［Aubergine］を選択してください。

2.2.2　地図を追加

GISとGPSの地図の扱いについて簡単に紹介した後、Unityに戻ってゲームに地図を追加しましょう。地図を構築するときにGIS用語のいくつかを再度紹介します。前の章で中断したところから続けましょう。

2.2.2.1　地図タイルの作成

ゲームに追加する地図を取得するには、こちらの手順に従ってください。

1. Unityを起動して、前の章で作成したFoodyGOプロジェクトを読み込みます。この章から読み始めた場合は、サポートサイトから`Chapter_1_End`をダウンロードしてプロジェクトファイルを読み込むこともできます。UnityでFoodyGOフォルダーを開き、プロジェクトを読み込みます。

2. Unityで開いたら、`Splash`シーンがロードされます。シーンが読み込まれていない場合でも新しい地図のシーンを作成するので問題ありません。メニューから［File］→［New Scene］の順に選択します。

3. ここまでの操作で、Unityにメインカメラとディレクショナルライト（平行光源）だけの空のシーンが新しく作成されます。忘れる前に、この新しいシーンを保存しておきましょう。メニューから［File］→［Save Scene as ...］の順に選択します。［Save Scene］ダイアログで、ファイル名に`Map`という名前を入力し、［Save］をクリックします。

4. ［Hierarchy］ウィンドウで地図のシーンを選択します。次に、メニューから［GameObject］→［Create Empty］の順に操作してシーンに空の`GameObject`を新しく作成します。この新しいゲームオブジェクトを選択し、［Inspector］ウィンドウでそのプロパティを表示します。

5. ［Inspector］ウィンドウで、名前入力フォームを編集して`GameObject`の名前を`Map_Tiles`に変更します。［Position］が0になっていない場合は、［Transform］コンポーネントの歯車アイコンを選択し、ドロップダウンメニューから［Reset Position］を選択して、オブジェクトのトランスフォーム位置をリセットします。

図2-7は、ドロップダウンメニューから選択する方法を説明しています。

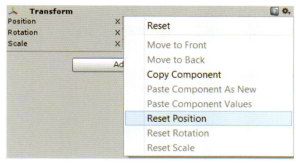

図2-7 ゲームオブジェクトの位置をリセット

1. GISの値変換を単純化するために、ゲームオブジェクトのトランスフォームの値をゼロにリセットします。Map_Tilesゲームオブジェクトは、**図2-8**のように無変換または恒等変換の値が設定されます。

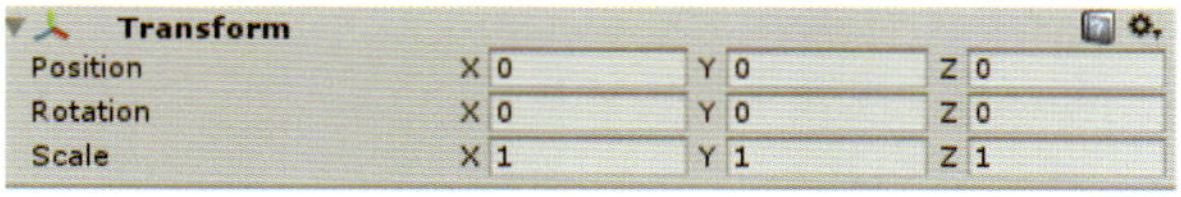

図2-8 無変換のゲームオブジェクト

2. Map_Tilesゲームオブジェクトを選択した状態で、右クリック（Macの場合はcontrolキーを押しながらクリック）し、コンテキストメニューを開いて［3D Object］→［Plane］を選択します（**図2-9**）。

図2-9 ゲームオブジェクトのコンテキストメニュー

3. Planeゲームオブジェクトを選択し、[Inspector]ウィンドウで`Map_Tile`に名前を変更します。オブジェクトの[Transform]の[Position]がゼロであることを確認します。

4. [Hierarchy]ウィンドウの`Map_Tile`平面をダブルクリックして、オブジェクトが[Scene]ウィンドウの中心に見えるようにします。オブジェクトが表示されていない場合は、シーンウィンドウで2Dボタンがオフになっていることを確認してください。

5. [Inspector]ウィンドウで、[Transform]コンポーネントのプロパティを編集し、XとZの拡大率(Scale)を10に編集します。スケールを編集する際に、平面の寸法がどのように引き延ばされているかに注目してください。

6. マップをレンダリングする`Map_Tile`オブジェクトにスクリプトを追加する必要があります。この時点では、新たなスクリプトの作成は避け、インポートされたアセットからスクリプトを追加するだけにします。もちろん本書の後半ではスクリプトを新しく作成します。必要なスクリプトは`resources`フォルダーにダウンロードされたコードの中にあります。メニューから[Assets]→[Import Package]→[Custom Package...]の順に選択して、パッケージのインポートダイアログを開きます。

7. このダイアログで、ダウンロードした`resources`フォルダーに移動し、`Chapter2.unitypackage`アセットを選択して[開く]を押してインポートします。

8. 進捗ダイアログが表示され、アセットの読み込み中の様子が表示されます。アセットを読み込むと[Import Unity Package]ダイアログに切り換わります。ダイアログ内のすべての項目が選択され、インポートできることを確認してから、[Import]をクリックします。インポートされるスクリプトを含む[Import Unity Package]ダイアログは図2-10のようになります。

図2-10 インポートする本章のアセット

9. アセットをインポートすると、[Project]ウィンドウのAssetsの下に新しいフォルダーが作成されます。この新しいフォルダーとその内容をざっと見回して、プロジェクトのアセットがどのように整理されているのかを理解しておいてください。フォルダーの内容とインポートした内容の対応関係がわかるでしょう。

10. [Hierarchy]ウィンドウで`Map_Tile`オブジェクトを選択します。[Inspector]ウィンドウの下部にある[Add Component]ボタンをクリックします。コンテキストメニューが開き、コンポーネントのリストが表示されます。そうしたら[Mapping]→[GoogleMapTile]の順に選択します。これにより、Googleマップスクリプトコンポーネントが`Map_Tile`ゲームオブジェクトに追加されます。

  Google Map Tileは、Unityアセットストアで無料で提供されているGoogle Maps for Unityからインスピレーションを得て作られたもので、ゲームで使用される、より高度な機能のためにいくつかの変更が追加されています。

11. [Inspector]ウィンドウで、図2-11と一致するように[Google Map Tile (Script)]コンポーネントを設定します。

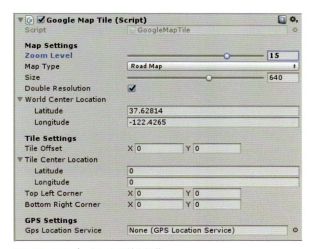

図2-11　コンポーネントの値を編集

12. ここまでの手順に従っていれば、おそらくこれらのマッピングパラメーターの意味は理解できるでしょう。今のところ、ズームレベル15を使用して、これまで作ったものがどのように動作するかをテストします。これらの位置座標はサンフランシスコにあるGoogle社屋の座標です。もちろん後ほどデバイスのGPSと連携し、ローカル座標を使用します。

13. [Play]ボタンを押します。数秒後、画面の表示は図2-12のようになります。

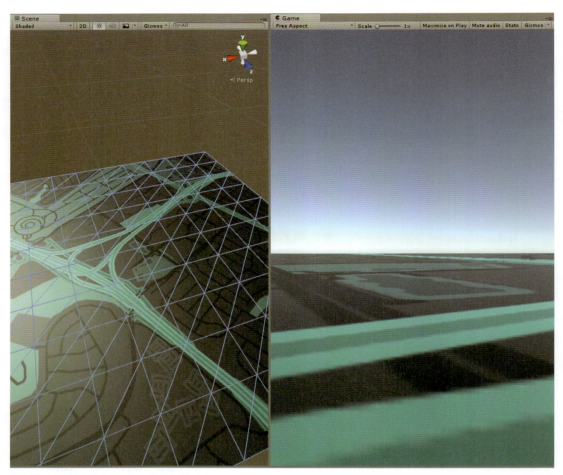

図2-12 Unity内で動作しているGoogleマップ

14. モバイルデバイスでゲームをテストするには、前に示したデプロイメントの手順に従ってください。ゲームをデプロイする正確な方法が不明な場合は、「1章 はじめに」を参照してください。

ゲームを皆さんのデバイスにインストールすると仮定して、その手順の概要を簡単に示します。

1. デバイスがUnity開発マシンにUSBケーブルで接続されていることを確認してください。
2. ［File］→［Save Scene］の順に選択してシーンを保存します。
3. メニューから［File］→［Save Project］の順に選択してプロジェクトを保存します。ビルドする前に常にゲームを保存するのは良い習慣であることを覚えておきましょう。Unityでビルドした際にエディターがクラッシュすることがあります。

4. メニュー項目から［File］→［Build Settings…］を選択します。［Build Settings］ダイアログを開きます。
5. まだ必要ないので、Splashシーンのチェックを外してください。Mapシーンをビルドに追加するには、［Add Open Scenes］ボタンをクリックします。
6. AndroidまたはiOSのいずれか適切な開発プラットフォームを選択します。
7. ［Build And Run］ボタンをクリックして、ビルドとデプロイメントプロセスを開始します。
8. 上書きを確認するメッセージが表示されたら、以前と同じ場所を選択し、上書き保存します。
9. ゲームのビルドが完了してデバイスにデプロイされるのを待ちます。
10. デバイスにゲームがロードされたら、マップを見てみます。この時点で、ゲームの機能はほとんど何もありませんが、実際に地図がデバイス上で機能していることがわかります。

　まず初めに気づくのは、地図画像が明るいことです。この明るさは、照明と平面に最初から設定されているデフォルトの素材によるものです。幸いにも、このビジュアルスタイルは私たちが後で設定するものであるため、ここでは追加された明るさの設定をそのまま残します。

　次に、前出のスタイルウィザードでサーバー上でレンダリングした画像よりも、地図のピクセルが粗いことがわかります。これは地図画像を平面に合わせて拡大した結果です。解決策はもちろん画像のサイズを大きくして解像度を高めることですが、残念ながらGoogleマップから得られる最大画像サイズは約1200×1200ピクセルです。今回はすでに2倍の解像度で扱っているので、より綺麗で鮮明な地図を得るためには、別の解決策を見つける必要があります。次の節でこの問題を解決します。

2.2.2.2　タイルの敷き詰め

　地図の詳細度と細かい線のために、私たちは一般的に可能なかぎり最高の解像度で地図をレンダリングしたいと考えています。残念なことに、高解像度画像をレンダリングすると、パフォーマンスが低下し、エラーが発生しやすくなります。幸運なことに、他の人が複数の画像や画像タイルをつなぎ合わせてマッピングすることでこの解像度の問題を解決したという事例がたくさん存在します。我々もまったく同じアプローチを採用し、地図にひとつのタイルを当てはめるのではなく図2-13のように3×3のグリッド状にタイルを敷き詰めるように拡張します。

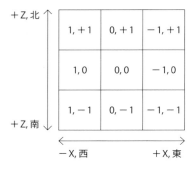

図2-13 3×3のグリッドレイアウトの地図タイル

　この図では、x軸とタイルオフセットが逆向きになっていることに注意してください。つまり、X方向のタイルオフセット1は、3D空間のx軸上で負の方向にオフセットする必要があります。z軸とYタイルのオフセットは同じ向きです。これは、Yタイルオフセットが1に設定されていると、z軸も正の値に設定されることを意味します。今回のゲームではプレイヤーが地面に近い位置にいるので、ゲーム内では3×3のグリッドしか必要としません。より高い位置にカメラを配置したゲームを作成したり、遠くまで表示したりしたい場合は、タイルレイアウトを5×5、7×7、9×9など必要なサイズに拡張します。

　それでは作業を開始して、地図をひとつのタイルから3×3のグリッドタイルに拡張しましょう。次の手順に従って、Unityで地図タイルレイアウトを作成します。

1. [Hierarchy] ウィンドウで Map_Tile ゲームオブジェクトを選択します。[Inspector] ウィンドウで、オブジェクトのプロパティを編集して次の値に設定します。
   - [Transform] → [Scale] → [X] : 3
   - [Transform] → [Scale] → [Z] : 3
   - [Google Map Tile (Script)] → [Zoom Level] : 17

2. [Project] ウィンドウの Assets/FoodyGO フォルダーを選択してマウスを右クリックして（Macの場合はcontrolキーを押しながらクリックして）コンテキストメニューを開き、[Create] → [Folder] を選択して、FoodyGOフォルダーの下に新しいフォルダーを作成します。強調表示された編集ウィンドウ内のフォルダーの名前を Prefabs に変更します。

3. Map_Tileオブジェクトのプレハブを作成します。プレハブはゲームオブジェクトのコピーやテンプレートと考えることができます。プレハブを作成するには、Map_Tile ゲームオブジェクトを選択して、先ほど作成した新しい Prefabs フォルダーにドラッグします。Map_Tile という名前のフォルダーに新しいプレハブが表示されます。プレハブが作成された後、Map_Tile ゲームオブジェクトが [Hierarchy] ウィンドウで青色に変わったことに気づくでしょう。青色の強調表示は、ゲームオブジェクトがプレハブにバインドされていることを示します。

4. ［Hierarchy］ウィンドウに戻り、再びMap_Tileオブジェクトを選択し、Map_Tile_0_0という名前に変更します。この変更はこのタイルが中心、つまり0,0にあるタイルだと示すためです。
5. ［Hierarchy］ウィンドウでMap_Tile_0_0ゲームオブジェクトを選択し、Ctrl+D（Macではcommand＋D）を入力して地図タイルを複製します。これを8回実行して、図2-14のように8つの地図タイルを追加します。

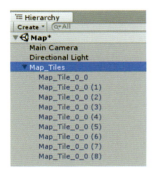

図2-14 Map_Tilesゲームオブジェクトを親に持つコピーされた地図タイル

6. コピーされた地図タイルの名前を変更し、［Inspector］ウィンドウ内の各プロパティ値を**表2-1**のように設定します。

表2-1 地図タイルと設定値の一覧

ゲームオブジェクト	プロパティ	値
Map_Tile_0_0 (1)	Name:	Map_Tile_0_1
	Transform.Position.X:	0
	Transform.Position.Z:	30
	GoogleMapTile.TileOffset.X:	0
	GoogleMapTile.TileOffset.Y:	1
Map_Tile_0_0 (2)	Name:	Map_Tile_0_-1
	Transform.Position.X:	0
	Transform.Position.Z:	-30
	GoogleMapTile.TileOffset.X:	0
	GoogleMapTile.TileOffset.Y:	-1
Map_Tile_0_0 (3)	Name:	Map_Tile_1_0
	Transform.Position.X:	-30
	Transform.Position.Z:	0
	GoogleMapTile.TileOffset.X:	1
	GoogleMapTile.TileOffset.Y:	0
Map_Tile_0_0 (4)	Name:	Map_Tile_-1_0
	Transform.Position.X:	30
	Transform.Position.Z:	0
	GoogleMapTile.TileOffset.X:	-1
	GoogleMapTile.TileOffset.Y:	0

ゲームオブジェクト	プロパティ	値
Map_Tile_0_0 (5)	Name:	Map_Tile_1_1
	Transform.Position.X:	-30
	Transform.Position.Z:	30
	GoogleMapTile.TileOffset.X:	1
	GoogleMapTile.TileOffset.Y:	1
Map_Tile_0_0 (6)	Name:	Map_Tile_-1_-1
	Transform.Position.X:	
	Transform.Position.Z:	30
	GoogleMapTile.TileOffset.X:	-30
	GoogleMapTile.TileOffset.Y:	-1
		-1
Map_Tile_0_0 (7)	Name:	Map_Tile_-1_1
	Transform.Position.X:	30
	Transform.Position.Z:	30
	GoogleMapTile.TileOffset.X:	-1
	GoogleMapTile.TileOffset.Y:	1
Map_Tile_0_0 (8)	Name:	Map_Tile_1_-1
	Transform.Position.X:	-30
	Transform.Position.Z:	-30
	GoogleMapTile.TileOffset.X:	1
	GoogleMapTile.TileOffset.Y:	-1

7. [Play] ボタンを押してゲームを実行します。ゲームが実行されている間に [Hierarchy] ウィンドウで Map_Tile_0_0 を選択し、Fと打ち込んで [Scene] ウィンドウの中心に選択したオブジェクトを表示させます。マップ上の粗いピクセルがどれほど劇的に改善されたかに注目してください。図2-15のように表示されるはずです。

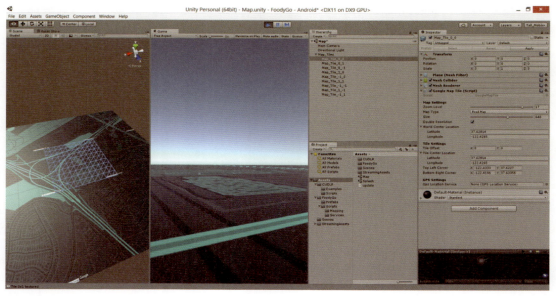

図2-15　タイル分割したマップを表示するプレイモードでのゲーム実行画面

2.2.2.3　コード解説

すばらしい！これでゲーム内に見栄えのいい地図ができました。もちろん地図の構築は繰り返しが多く面倒だったと思いますが、丁寧にやればそれほど時間はかからなかったはずです。これらの地図タイルを整列させるには多くの計算が必要だと思っているかもしれませんが、幸いなことにすべてGoogleMapTileスクリプトが行ってくれます。それではこの機会を利用し一旦Unityから離れ、**MonoDevelop**でGoogleMapTileスクリプトの内容を見てみましょう。

Unityの［Hierarchy］ウィンドウでMap_Tile_0_0を選択します。［Inspector］ウィンドウに移動し、［Google Map Tile (Script)］コンポーネントの歯車アイコンをクリックしてコンテキストメニューを開きます。メニューから［Edit Script］を選択します。プログレスバーが表示され、数秒後にMonoDevelopが開きます。

MonoDevelopは、Unityのデフォルトスクリプトエディターです。Windowsで開発している場合は、Visual Studio Communityなども優れた選択肢となるでしょう。もうひとつ、Visual Studio Codeもすばらしい選択肢です。Visual Studio CodeはWindows、Mac、Linuxで動く軽量のエディターです。使用するスクリプトエディターは、Windowsの場合は［Edit］→［Preferences...］メニュー、Macの場合は［Unity］→［Preferences...］メニューで表示されるダイアログで［External Tools］選択し、［External Script Editor］の項目で設定します。

MonoDevelopでGoogleMapTileスクリプトを見ていきます。本書の最初に前提条件で述べたとおり、C#の基本的な知識はすでに持っているはずなので、スクリプトの内容をあまり怖がる必要はないでしょう。また、Unityスクリプトの初心者でも問題はありません。スクリプトの書き方については後ほど詳しく説明します。ここではコードの地図タイルの仕組みがわかる部分をいくつか説明します。

コードをスクロールダウンし、メソッドIEnumerator _RefreshMapTile ()のところを確認してください。このメソッドの最初の数行をより詳細に見てみましょう。

```
IEnumerator _RefreshMapTile ()
{
    // タイル中心の緯度／経度を取得
    tileCenterLocation.Latitude =
        GoogleMapUtils.adjustLatByPixels(worldCenterLocation.Latitude,
        (int)(size * 1 * TileOffset.y), zoomLevel);
    tileCenterLocation.Longitude =
        GoogleMapUtils.adjustLonByPixels(worldCenterLocation.Longitude,
        (int)(size * 1 * TileOffset.x), zoomLevel);
```

コメントに記載されているように、この2行のコードは地図座標でのタイル中心の緯度と経度を取得します。それにはタイル画像サイズ（size）を取得し、緯度を得るためにTileOffset.yを掛け合わせ、経度を得るためにTileOffset.xを掛け合わせます。その

乗算の結果とzoomLevelをGoogleMapUtilsヘルパー関数に渡すと、地図タイルのために調整された緯度と経度がそれぞれ計算されます。簡単ですよね？ もちろん、大部分の処理は距離を変換するための標準的なGIS数値計算用の関数であるGoogleMapUtilsの関数で行われます。興味のある方は、GoogleMapUtilsコードの中身を見てください。けれどもまずは_RefreshMapTileメソッドを見ていきます。

下記に示す内容が見つかるまで、コードをスクロールします。

```
// 地図タイルをリクエストするクエリ文字列パラメーターを作成する
queryString += "center=" +
    WWW.UnEscapeURL (string.Format ("{0},{1}",
    tileCenterLocation.Latitude, tileCenterLocation.Longitude));
queryString += "&zoom=" + zoomLevel.ToString ();
queryString += "&size=" +
    WWW.UnEscapeURL (string.Format ("{0}x{0}", size));
queryString += "&scale=" + (doubleResolution ? "2" : "1");
queryString += "&maptype=" + mapType.ToString ().ToLower ();
queryString += "&format=" + "png";

// 地図のスタイルを追加する
queryString +=
    "&style=element:geometry|invert_lightness:true|weight:3.1|hue:0x00ffd5";
queryString += "&style=element:labels|visibility:off";
```

コメント文に明記されているように、コードのこの部分は、Google Maps APIに地図画像をリクエストするために渡すクエリパラメーターを生成するものです。これらのパラメーターはURLとして渡すので、特殊文字をエンコードする必要があります。そのエンコードはWWW.UnEscapeURLが行います。最後にさらに2つ地図のスタイルが追加されています。

最後に、_RefreshMapTileメソッドの一番下までスクロールしてください。以下はコードの抜粋です。

```
// 最後に、画像をリクエストする
var req = UnityWebRequest.GetTexture(GOOGLE_MAPS_URL + "?" + queryString);
// サービスが応答するまで待つ
yield return req.Send();
// 最初に古いテクスチャーを破壊する
Destroy(GetComponent<Renderer>().material.mainTexture);
// エラーをチェックする
if (req.error != null)
{
    print(string.Format("Error loading tile {0}x{1}:  exception={2}",
        TileOffset.x, TileOffset.y, req.error));
} else {
    // レンダリング画像がエラーがなければ
    // 戻ってきた画像をタイルテクスチャーとして設定する
    GetComponent<Renderer> ().material.mainTexture =
        ((DownloadHandlerTexture)req.downloadHandler).texture;
    print(string.Format("Tile {0}x{1} textured", TileOffset.x, TileOffset.y));
}
```

最初の行で、UnityWebRequestクラス[*1]を使用して、GOOGLE_MAPS_URLに先ほど生成したqueryStringを追加したURLを持つリクエストを作成します。UnityWebRequestクラスはUnityのヘルパークラスであり、事実上どのURLでも呼び出すことができます。本書の後半では、このクラスを使用して他のサービスへのリクエストを行います。
　次の行にあるyield return req.Send();は、このリクエストが応答するまで待ってから先に進むようにUnityに伝えるものです。これが可能なのはこのメソッドがコルーチンだからです。コルーチンはIEnumeratorを返すメソッドで、スレッドのブロックを防ぐための洗練された方法です。昔ながらのC#の非同期プログラミングをやったことがあれば、きっとコルーチンの美しさに感動するでしょう。前と同じように、スクリプトの作成について触れるときに、コルーチンの詳細についても説明します。
　次に、オブジェクトの現在のテクスチャーに対してDestroyを呼び出します。DestroyはMonoBehaviourクラスのパブリックメソッドで、このメソッドを使用するとオブジェクトとオブジェクトにアタッチされているすべてのコンポーネントを安全に破棄することができます。昔からのWindows C#やWeb系の開発者の場合、このステップにはほとんどなじみがないかもしれません。ゲームの実行中に簡単に動かなくなってしまうことがないように、メモリ管理には注意が必要であることを覚えておいてください。今回の例では、このコード行を削除すると、テクスチャーのメモリリークによってゲームがクラッシュする可能性があります。
　Destroy呼び出しの後、画像タイルを要求している間にエラーが発生していないことを確認するためにエラーチェックを行います。エラーが発生した場合は、単にエラーメッセージを出力します。それ以外の場合は、現在のテクスチャーをダウンロードした新しい画像に交換します。それから［Console］ウィンドウにデバッグメッセージを表示させるためにprintを使います。printメソッドはDebug.log呼び出しと同じですが、MonoBehaviourを継承しているクラスからのみ利用可能です。
　最後に_RefreshMapTileメソッドがいつ呼び出されるのかを知るためにコードを見てみます。次のUpdateメソッドが見つかるまでコードを上にスクロールしてください。

```
// アップデートは1フレームごとに1回呼び出されます
void Update ()
{
    // 新しい位置が取得されたかどうかを確認する
    if (gpsLocationService != null &&
        gpsLocationService.IsServiceStarted &&
        lastGPSUpdate < gpsLocationService.Timestamp)
    {
        lastGPSUpdate = gpsLocationService.Timestamp;
        worldCenterLocation.Latitude = gpsLocationService.Latitude;
        worldCenterLocation.Longitude = gpsLocationService.Longitude;
        print("GoogleMapTile refreshing map texture");
        RefreshMapTile();
```

[*1] 訳注：原書ではWWWクラスを使用していましたが、iOSでの動作に問題があったため、より新しい（Unity 5.4以降に導入）UnityWebRequestを使用するよう変更しました。

```
        }
    }
```

　`Update`はすべての`MonoBehaviour`派生クラスで利用可能な、特別なUnityのメソッドです。コメントに記載されているように、`Update`メソッドは1フレームごとに呼ばれます。当然のことながら、ほとんどの場合、リクエストがすぐに返ってくることはないので、地図タイルをフレームごとにリフレッシュすることは望ましくありません。代わりに、まず位置情報サービスを使用していることとサービスが開始していることを確認します。次に、`Timestamp`変数をチェックして、位置情報サービスで移動を検出したかどうかを確認します。これらの3つのテストに合格していれば、タイムスタンプを更新して、新しいワールドの中心を取得し、メッセージを出力してから、最後に`RefreshMapTile`を呼び出します。`RefreshMapTile`は`StartCoroutine(_RefreshMapTile())`を呼び出してタイルのリフレッシュを開始します。

　まだGPSサービスに接続を始めていないので、すべての人が外国にいるように見えているかもしれません。心配しないでください。それについては後ですぐに直します。とりあえずこの状態でも地図タイルがどれくらいの頻度で再描画されているかを理解する助けにはなるでしょう。

　この節では、単一の画像ではなく複数の画像タイルをレンダリングすることによって、ゲーム中の地図の解像度を向上させました。我々の用途では地図タイルの画像としてまだかなり大きなタイルサイズを使っています。現在設定しているカメラは、プレイヤーを頭上から見下ろしているので、これはそのままにしておいてかまいません。しかしおわかりのとおり、タイルマップの大きさは簡単な手続きで変えることができます。もっと大きな地図を使うことにするのであれば、地図タイルをいくつもダウンロードする必要があり、プレイヤーのデータ消費が劇的に増えるかもしれないということに注意してください。

2.2.3　サービスの設定

　サービスという用語は、アプリケーションや用途に応じて幅広い定義を持ちます。ここでは、他のゲームオブジェクトに消費され、自己管理クラスとして実行されるコードをサービスと呼びます。サービスは、オブジェクトもしくはその集まりとして実行されるため、`GoogleMapUtils`クラスなどのライブラリやグローバルな静的クラスとは異なります。場合によっては、シングルトンパターンを使用してサービスを実装することもできます。本書では、より簡単なコードで書くことを心がけているため、サービスはゲームオブジェクトとして作成して使用します。

　この章では、プレイヤーの位置情報を得るためのGPS Location Serviceと、デバッグのためのCUDLRという2つのサービスを設定します。まずはCUDLRサービスを開始することから始めましょう。これは位置情報サービスの設定で問題が発生した場合にデバッグするのにも役立ちます。

2.2.3.1　CUDLRの設定

CUDLRはConsole for Unity Debugging and Logging Remotelyの略であり、Unityアセットストアから入手できる無料のアセットです。CUDLRはゲームのプレイ中にデバイスの動作を監視するためだけでなく、簡単なコンソールコマンドをリモートで実行するためにも利用できます。もうひとつの診断ツールであるUnity Remoteという非常に強力なツールもありますが、実行の際に問題が発生することがあり、Unityはサポートされていると言っているにもかかわらず、位置情報サービスにアクセスできないことがよくあります。ゲームの開発を進めていくうちに、ゲームを遠隔で監視して制御する方法があれば、常に役立つことがわかってきます。

CUDLRを使用するには、デバイスと開発マシンが同じローカルWi-Fiネットワーク上に存在する必要があります。モバイルデバイスがローカルWi-Fiネットワークに接続できない場合は、この節は読み飛ばしてください。

CUDLRをインストールしてセットアップするには、次の手順を実行します。

1. メニューから［Window］→［Asset Store］の順に選択してアセットストアのウィンドウを開きます。ウィンドウが開いたら、検索ボックスにcudlrと入力してEnterキーを押します。数秒後、アセットリストが表示されます。
2. CUDLRの画像またはリンクをクリックしてアセットページを読み込みます。ページが読み込まれると、［Download］ボタンが表示されます。そのボタンをクリックしてアセットをプロジェクトにインポートします。
3. アセットは小さいのですぐにダウンロードできます。ダウンロードが完了すると、［Import Unity Package］ダイアログが表示されます。図2-16に示すように、すべてが選択されていることを確認してください。

図2-16　CUDLRアセットのインポート

4. このアセットは初めてプロジェクトにインポートするものなので、ここではすべてをインストールします。開発の後半ではいつでも、Examplesフォルダーなどの不要な部分を除外することができます。インポートの準備ができたら、ダイアログの[Import]ボタンをクリックし、インポートが完了するのを待ちます。

5. シーン内に親となるサービスオブジェクトを作成するには、メニューから[GameObject]→[Create Empty]を選択します。すると[Hierarchy]ウィンドウで新しい空のゲームオブジェクトが作成されるので、名前をServicesに変更します。

6. [Hierarchy]ウィンドウのServicesオブジェクトを右クリック（Macの場合はcontrolキーを押しながらクリック）して、コンテキストウィンドウを開きます。コンテキストメニューから[Create Empty]を選択します。これにより、Servicesオブジェクトの子オブジェクトとしてGameObjectという名前の空のオブジェクトが作成されます。もうひとつ空のゲームオブジェクトを作成するために、この手順を繰り返します。

7. 最初の空のGameObjectを選択し、CUDLRに名前を変更します。次に、2番めの名前を選択してGPSに名前を変更します。実際には後でGPSサービスを追加しますが、ここは効率を重視して進めましょう。

8. [Project]ウィンドウのAssets/CUDLR/Scriptsフォルダーを開きます。[Project]ウィンドウのServerスクリプトを選択し、[Hierarchy]ウィンドウのCUDLRゲームオブジェクトまでドラッグします。これにより、CUDLRサーバーコンポーネントがゲームオブジェクトに追加されます。ここまでで、CUDLRの準備が整いました。

2.2.3.2　CUDLRによるデバッグ

　CUDLRがこれほどまでに便利なツールなのは、ゲームの一部をWebサーバーに変えてしまうからです。そうです、Webサーバーです。バックドア[*1]をインストールしたかのように、ゲームの表示を確認して操ることができます。CUDLRはネットワーク上のどのコンピューターからでもアクセスできるため、ゲームを制御するために物理的な接続もUnityの実行も必要はありません。もちろん、ゲームをローカルのWebサーバーとして実行することは、ゲームやおそらくプレイヤーが扱うデバイスに対するセキュリティ上のリスクになります。したがって、ゲームをリリースする前に、忘れずにCUDLRサービスのゲームオブジェクトを削除して無効にしてください。

　ここに記載されている手順に従って、ゲームで実行中のCUDLRサービスに接続してください。

1. モバイルデバイスを開き、IPアドレスを見つけて、書き留めておいてください。AndroidまたはiOSのIPアドレスを見つけるには、次の手順を実行します。

    - Android ── [設定]→[電話情報]→[電話の状態]の順に操作してIPアドレス欄ま

---

*1　訳注：いつでも侵入できる裏口。

でスクロールダウンします。

- iOS ──［設定］→［Wi-Fi］の順に操作して、現在利用可能なワイヤレスネットワークの一覧を開きます。一覧の中に現在接続しているワイヤレスネットワークを見つけて、ネットワーク名の右側に表示されている青い円で囲まれたiをタップします。［IPアドレス］欄は［DHCP］タブの中の最初にあるはずです。

2. この章で前述した手順を使用して、モバイルデバイスにゲームをビルドしてデプロイします。ゲームが皆さんのデバイスで開いて実行中であることを確認してください。
3. デバイスとコンピューターからUSBケーブルを外します。
4. Webブラウザを開きます。Chromeがお勧めです。アドレスバーにhttp://〈デバイスのIPアドレス〉:55055/と入力します。
5. ブラウザにCUDLRのコンソールウィンドウが表示され、図2-17に非常によく似た内容が出力されます。

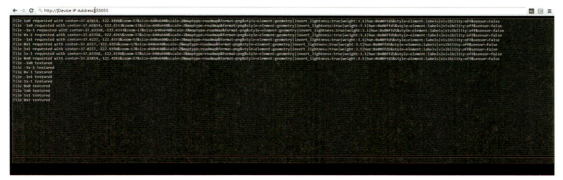

図2-17 CUDLRサービスコントロールを表示中のブラウザ

6. タイルマップがロードされると、9つのリクエストコールと9つのレスポンスコールがウィンドウに記録されます。今ならもしかすると、これらの要求が何をしているのかを少しは読み取ることができるかもしれません。
7. それではコンソールで他に何ができるのでしょうか。コンソール出力の下のテキストボックスにhelpとタイプしてください。利用可能なすべてのコマンドが一覧表示されます。現在はまだ、2つ3つしかコマンドがありませんが、後で追加します。何らかの理由でコンソールが応答しない場合は、ページを更新したり、ゲームがモバイルデバイス上で実行されていることを確認したりしてください。

CUDLRの実行や接続に問題がある場合は、「10章 トラブルシューティング」を参照してください。前述したように、Unityで開発中に問題を診断してデバッグするための他のオプションを紹介しています。しかし、完全に遠隔操作が可能なCUDLRは、実世界での動きやGPSの追跡をテストしなければいけない今回のゲームのテストに最適な手段です。GPSといえば、ついにこの章の最後の節まで来てすべてを一緒に動作させるときが来ました。

2.2.4　GPSサービスを設定する

　実際の位置情報を活用した地図を生成するために必要な最後の要素は、デバイスがどの場所にあるのかを見つけることです。もちろん、前の節で学んだように、デバイスに内蔵されたGPSを使用して、実際にそのデバイスがどの緯度と経度に位置しているのかを判断するのが最善の方法です。タイルマップと同様に、スクリプトを作成せずに簡単に試してみるためにインポートされたスクリプトを使用してサービスを構築します。

　開始する前に、次の項目に目を通し、端末の位置情報サービスが有効になっていることを確認してください。

Android

［設定］→［位置情報］の順に操作して、画面から位置情報サービスがONになっているか確認してください。

iOS

次の手順に従ってください。

1. ［設定］→［プライバシー］→［位置情報サービス］の順に操作します。
2. FoodyGOの項目までスクロールします。
3. 位置情報へのアクセスについて［許可しない］か［このAppの使用中のみ許可］のどちらかを選択します。

次に、以下の手順を実行してGPSサービスのコードをインストールし、ゲームをテストします。

1. ［Hierarchy］ウィンドウのServicesの下のGPSゲームオブジェクトを選択します。
   まだ作成されていない場合は［Hierarchy］ウィンドウのServicesオブジェクトを右クリックして、メニューから［Create Empty］を選択して空のゲームオブジェクトを作成します。作成されたGameObjectの名前をGPSに変更します。
2. ［Inspector］ウィンドウの［Add Component］ボタンをクリックし、コンポーネントリストから［Services］→［GPSLocationService］を選択します。
3. GPSサービスオブジェクトにGPSLocationServiceコンポーネントが追加されます。
4. ［Hierarchy］ウィンドウでMap_Tile_0_0を選択し、Shiftキーを押しながらリストの一番下の地図タイルの（Macの場合も同じ）をクリックして、9つの地図タイルをまとめて選択します。
5. 9つの地図タイル（Map_Tile_0_0～Map_Tile_1_-1）をすべて選択した状態で、［Hierarchy］ウィンドウのGPSサービスオブジェクトを［Inspector］ウィンドウの［Gps Location Service］フィールドにドラッグします（**図2-18**）。

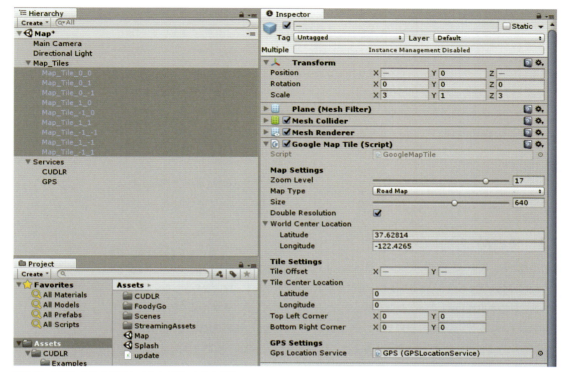

図2-18 同時に複数の地図タイルオブジェクトを編集

6. 今ここで行ったのは、同時に9つの地図タイルをすべて編集し、それぞれにGPSLocationServiceを追加することです。GoogleMapTileスクリプトを調べたときのことを思い出してください。地図タイルは地図の世界の中心座標を見つけるためにGPSLocationServiceを呼び出すことがわかりました。

7. GPSサービスがすべての地図タイルに接続されたので、[Play]を押して、どのように見えるかを確認してみましょう。

8. 何がうまく動かないのかわからなく困っているなら、心配する必要はありません。実際には何も間違っていません。問題はUnityエディターをコンピューター上で実行すると、位置情報サービスやGPSにアクセスできないということです。デバイスにゲームをデプロイする必要があります。

9. これまでと同じように、ゲームをビルド、デプロイ、実行します。ゲームをデプロイすることにはもう慣れているでしょう。

10. 自分の周囲の詳細な地図を見てみましょう。地図はおそらくズレて見えますが、これはカメラの位置によるものです。心配しないでください。このズレは次の章で修正します。地図の内容が変更されない場合は、上記の各手順を再確認してください。手順を確認しても引き続き問題が発生する場合は、「10章 トラブルシューティング」を参照してください。

11. ブラウザに戻り、CUDLRコンソールのページを再読み込みしてください。コンソール出力全体を見てみましょう。作成された地図タイルのリクエストに特に注意してください。これらの中心座標は現在自分がいる座標と一致しているはずです。
12. コンピューターからデバイスを取り外して、家や庭の周りを歩き回りましょう。ネットワークからデバイスが切り離されるほど遠くに行ってはいけませんが、GPSでの場所が更新されるようにしてください。友人にモバイルデバイスを持って歩き回ってもらい、自身はCUDLRコンソールを監視するのもいいでしょう。

それではゲームを楽しんでください。

願わくは、この最後の節の説明が皆さんにとってGIS、マッピング、GPSの概要を理解する手助けになりますように。

2.3 まとめ

この章では、GIS、マッピング、GPSの基本について説明しました。この基礎知識は、UnityでGoogle Maps APIを操作して読み込むときに使用する用語を定義する役に立ちました。次に、ゲームに地図を追加しましたが、画質が足りないことがわかりました。そのため、ゲームマップ用のタイルマップシステムを構築することにしました。その後、少し脇道に逸れ、CUDLRというコンソールデバッグツールを紹介しました。CUDLRは私たちのゲームの基本的な部分をデバッグし、GPSを介してプレイヤーの位置を得る作業を手助けしてくれます。CUDLRとGPS location serviceを使ってプレイヤーの位置情報を得るための機能をゲームに追加することで、この章を完成させることができました。

基本を理解したので、より実践的なゲーム開発に取りかかることができます。次の章では、完全なリグが設定されたキャラクターをシーンに追加し、モバイルタッチ入力、自由視点カメラ、およびデバイスのモーションセンサーにアクセスする方法を怒涛のように紹介します。

3章
アバターの作成

　すべてのゲームには、プレイヤーの存在とゲームの仮想世界との相互作用のポイントとなる要素が必要です。この要素は、レーシングゲームにおける車や迷路ゲームにおける芋虫、FPSにおける武器を持った手、アドベンチャーゲームやロールプレイングゲームにおけるアニメーションキャラクターであると言えます。我々はアニメーションキャラクターを使い、プレイヤーのアバターとゲーム内の位置を示し、第三者視点のカメラを通してキャラクターが動いている様子を見ることができるようになります。これにより、プレイヤーは没入感のあるゲーム体験が得られ、ゲームを楽しんでプレイしてくれるようになるはずです。

　前章では、背景となる知識や専門用語に関する説明に紙面を割きましたが、本章ではUnityを実際に触りながらプレイヤーのアバターを追加していきます。本章全体を通して、新しいゲーム開発のコンセプトを説明します。説明する主なトピックを以下に示します。

- 標準のUnityアセットのインポート
- 3Dアニメーションキャラクター
- 三人称視点コントローラーとカメラのポジショニング
- 自由視点カメラ
- クロスプラットフォーム入力
- キャラクターコントローラーの作成
- コンポーネントスクリプトの更新
- iCloneキャラクターの使用

　前章の終了時の状態から開発を続けますので、UnityでFoodyGOプロジェクトを開き、始めていきましょう。前章を読み飛ばした場合は、サポートサイトから`Chapter_2_End`をダウンロードしてFoodyGOプロジェクトを開いてください。

3.1　標準のUnityアセットのインポート

　ゲーム開発は複雑な作業であり、ハードウェアプラットフォーム、グラフィックスのレンダリング、ゲームアセットの管理に関する十分な知識を必要とします。Unityは、これらの複雑さの大部分を抽象化したクロスプラットフォームのゲームエンジンを構築することで、大幅に

簡単に扱えるようにしています。とはいえ、この世にまったく同じゲームは２つと存在しませんので、Unityではアセットやプラグインをインポートして拡張することもできます。アセットには、スクリプト、シェーダー、3Dモデル、テクスチャー、音声といった多岐にわたるすべてのものが含まれます。アセットを利用してゲームを手軽に拡張できることはUnityの強力な機能であり、この章で詳しく説明したいことです。

標準のUnityアセットのいくつかをゲームプロジェクトにインポートすることから始めていきましょう。Unityは、数多くの標準アセットやリファレンスアセットを提供しており、開発者がゲーム開発に自由に利用することができます。これらの標準アセットを利用することは、手軽に開発を始めるには非常に優れた手段です。しかしながら、ゲームの特定の要素がデザインや見た目の美しさを損ねることのないように、書き直したり置き換えたりしなければなりません。ここでは同様の方法で、標準アセットを使うところから始め、後でいくつかの要素を書き直したり置き換えたりしていきます。

次の手順を実行して、本章で使用する標準アセットをインポートしましょう。

1. Unityでプロジェクトを開き、Mapシーンがロードされていることを確認します。他の章から本章に読み飛ばしてきた場合は、Chapter_2_EndをダウンロードしてUnityのプロジェクトとして開きます。
2. メニューから［Assets］→［Import Package］→［Cameras］を選択します。しばらくすると図3-1のように［Import Unity Package］ダイアログが表示されます。

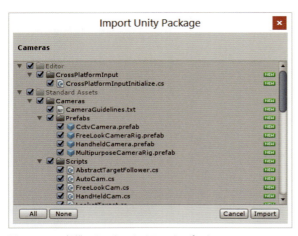

図3-1 Unity標準アセットのカメラのインポート

3. すべての項目が選択されていることを確認し、[Import]ボタンをクリックしてください。アセットパッケージのインポートが完了すると、[Project]ウィンドウのAssetsフォルダーの中に、Standard Assetsという名前の新しいフォルダーが表示されます。このフォルダーを開くと、CrossPlatformInputも追加されていることがわかります。これはUnity標準アセットやその他のアセットでは一般的なことで、注意

が必要です。とはいえ、今は気にしなくていいでしょう。

4. 次に、メニューから［Assets］→［Import Package］→［Characters］を選択し、Charactersアセットをインポートしましょう。しばらくすると、図3-2のように［Import Unity Package］ダイアログが表示されます。

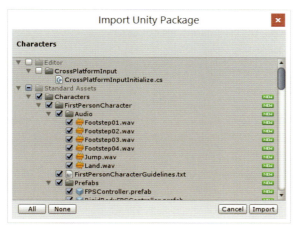

図3-2 Unity標準アセットのキャラクターのインポート

5. 自動的にCrossPlatformInputアセットのチェックが外れている点に注意してください。Unityエディターは、このプロジェクトがすでに標準クロスプラットフォームアセットをインポート済みであることを認識しています。このままダイアログの［Import］ボタンをクリックして、Charactersアセットをインストールします。

6. 最後に、CrossPlatformInputパッケージをインポートするためにメニューから［Assets］→［Import Package］→［CrossPlatformInput］を選択しましょう。すぐに［Import Unity Package］ダイアログが開きます。ここでインポートするものはいくつかのフォントだけです。［Import］ボタンをクリックして、残りのアセットをプロジェクトに読み込んでください。

これで、本章で開発する機能に必要なすべての標準アセットがプロジェクトに読み込まれました。［Project］ウィンドウに新たに読み込まれたさまざまなアセットフォルダーを開いて、どのような新しいアイテムが読み込まれたかを確認してください。アセットは手軽にゲームの機能を追加できる非常に優れた手段ですが、多数の不必要なアイテムも含まれているためプロジェクトの肥大化を招く原因となります。アセットの肥大化に対処する方法については本章の後半で説明します。次の節では、これらの新しいアセットをゲームに追加していきます。

3.1.1　キャラクターの追加

一般的にゲームの開発時には、ゲームの機能テストやデザインと見た目に問題がないことを確認するために、プレースホルダーとなるアセットを配置する方法がとられます。この考え方

に従い、標準アセットのキャラクターであるEthanを使ってプレイヤーの動きをプロトタイピングします。その後に、プロトタイプのアセットをより見た目が良い別のキャラクターに置き換えていきます。

次の手順で、サンプルのキャラクターのEthanをゲームシーンに追加します。

1. [Project]ウィンドウから、Assets/Standard Assets/Characters/Third Person Character/Prefabsフォルダーを開き、ThirdPersonControllerを選択します。このプレハブを[Hierarchy]ウィンドウにドラッグし、Mapシーンの上にドロップします。これにより、コントローラーがシーンに追加され、サンプルキャラクターのEthanが図3-3のように世界の中央に配置されます。

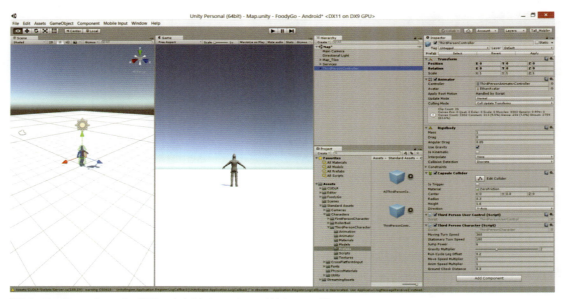

図3-3 ThirdPersonControllerがEthanとともにシーンにロードされている様子

2. [Hierarchy]ウィンドウでThirdPersonControllerを選択し、[Inspector]ウィンドウに表示されているこのオブジェクトの名前をPlayerに変更します。この新しいオブジェクトは、ゲーム内のプレイヤーを表します。PlayerオブジェクトにはPlayerという名前を付けるのが一般的です。また、標準スクリプトの多くは、Playerという名前が付いたゲームオブジェクトに対して自動的に接続するようになっています。

3. [Play]ボタンを押して、Unityエディターでゲームを実行します。ゲームを実行するとキャラクターはアニメーションしますが、そこに立っているだけであることに注意してください。キャラクターを動かしたりジャンプさせたりしようとしても何もできません。これはクロスプラットフォームの入力を使用しようとしているため、期待ど

おりの振る舞いですので心配しないでください。入力操作についてはすぐに説明します。

4. もう一度［Play］ボタンを押して、ゲームを停止します。

　はい、実に簡単でしたね。今、シーンの中には全身にリグの設定された3Dアニメキャラクターがいますが、全体の作業はほんの数ステップだけでした。これこそがプロトタイプにアセットを使用する恩恵です。しかしながら、お気づきのようにまだ多くの作業が残ったままです。次の節では、ゲームで使用するカメラを変更し、プレイヤーとゲームの世界をよりよく視覚化します。

3.1.2　カメラの切り替え

　おそらくどのようなゲームでもカメラはもっとも重要となる要素のひとつです。カメラはプレイヤーの眼であり、ゲーム開発者である我々が作成した仮想のゲームの世界を見ることができるものです。コンピューターゲームの黎明期は、カメラの位置が固定されていることが当たり前でしたが、中にはシーンのパンや移動が可能なものもありました。その後、一人称カメラや三人称カメラが登場し、プレイヤーの動きを追跡するようになりましたが、視点は一致していませんでした。

　今日では、ゲームカメラは映画のようなツールに進化しており、プレイヤーの行動や動きに基づいて視点を切り替えるようになります。ここでは、Mapシーン中を自由に追従する三人称視点のシンプルなカメラを配置します。本書の後半では、特別なカメラエフェクトやフィルターを追加し、ゲームの見た目をよりよくする方法についても説明します。

　次の手順で、現在の`Main Camera`を自動追従するカメラに置き換えます。

1. ［Project］ウィンドウで、`Assets/Standard Assets/Cameras/Prefabs`フォルダーを開き、`FreeLookCameraRig`プレハブを［Hierarchy］ウィンドウにドラッグして、`Player`ゲームオブジェクトにドロップします。

2. ［Game］ウィンドウの視点がプレイヤーキャラクターのすぐ後ろに移動したことに注意してください。`FreeLookCameraRig`はプレイヤーのゲームオブジェクトを追跡するように設計されています。［Inspector］ウィンドウの［Free Look Cam (script)］コンポーネントを見てみましょう。ここに［Auto Target Player］というチェックボックスがあります。この項目をチェックすると、スクリプトは`Player`という名前が付いたゲームオブジェクトをシーン内で検索し、自動的にアタッチします。**図3-4**は、［Free Look Cam (script)］コンポーネントです。

3. ［Hierarchy］ウィンドウで`Main Camera`オブジェクトを選択し、Macならcommand＋deleteキー、WindowsならDeleteキーを押します。もうこのカメラは必要ではありませんので、シーンからカメラを削除しました。

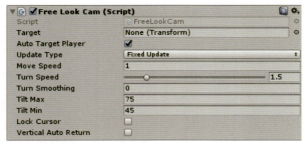

図3-4 Auto Target Player を有効にした FreeLookCam コンポーネント

4. [Play] ボタンを押してゲームを開始してください。ゲームはまだ操作できませんが、見た目はかなりよくなりました。入力コントロールをいくつかゲームに追加しましょう。

5. [Project] ウィンドウから、Assets/Standard Assets/CrossPlatform Input/Prefabsを開き、DualTouchControlsプレハブをドラッグしてMapシーンの上にある[Hierarchy]ウィンドウにドロップします。これにより、デュアルタッチコントロールインタフェースがオーバーレイとして追加され、[Game]ウィンドウに表示されるようになります。

6. メニューから [Mobile Input] → [Enable] を選択し、モバイル入力コントロールを有効にします。

7. [Play]を押してゲームを開始します。オーバーレイパネルの上で右クリック（Macの場合はcontrolキーを押しながらクリック）し続けることで、カメラが移動しキャラクターの周囲のシーンを見渡すことができます。[Game] ウィンドウがどのように表示されるかを図3-5に示します。

8. 「2章 プレイヤーの位置のマッピング」で説明した手順を使用して、モバイルデバイス向けにゲームをビルドしデプロイします。オーバーレイパネルをタッチするとキャラクターがシーン中を自由に動き回り、それに合わせてカメラが移動するようになりました。

すばらしいですね。ほんの少し作業しただけでキャラクターの動きにカメラが追従し、自由に動き回らせることができるようになりました。ゲーム開発者の中にはこの時点で満足してしまう人がいるかもしれませんが、残念なことに現時点の入力コンソールやキャラクターの動き方にはまだいくつかの問題が残っています。これらの問題を次の節で修正していきます。

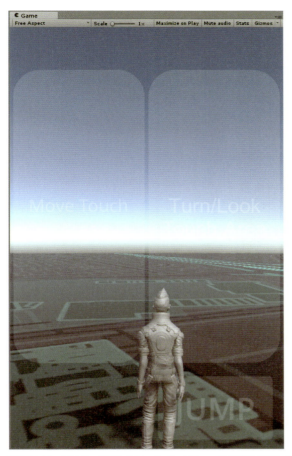

図3-5 デュアルタッチコントロールインタフェースが追加された［Game］ウィンドウ

3.1.3　クロスプラットフォーム入力

　入力に関する問題の修正に取りかかる前に、クロスプラットフォーム入力とは何かを理解しましょう。クロスプラットフォーム入力とは、入力コントロール、キー、ボタンを抽象化し、ゲームがデバイスにデプロイされるときにそのデバイス固有の物理的な入力装置にマッピングするものです。

　例えば、PC、Mac、モバイルゲームで遊べるゲームを開発したとしましょう。プレイヤーがPCのマウスを左クリックしたのか、Macのマウスをクリックしたのか、スマートフォンの画面をタップしたのかをプログラムでチェックするのではなく、その代わりにプレイヤーがコントロールを操作したかどうかでチェックすることになります。そして、コントロールの操作はそれぞれの個別のデバイスに合わせて定義されることになります。これにより、ゲームを複数プラットフォームで簡単に動作させることができますし、後から別のプラットフォームを追加することもできます。この入力マッピングの仕組みを**図3-6**に示します。

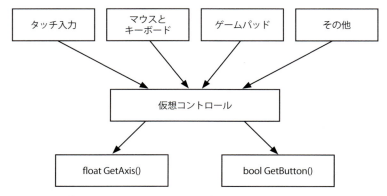

図3-6 さまざまな入力コントロールとクロスプラットフォーム入力との関係

次の節では、クロスプラットフォーム入力関数をスクリプトでどのように使用できるかについて、より具体的な例を示します。

3.1.4　入力の修正

すでに説明したように、標準アセットを使うとプロトタイプを簡単に作ることができますが、やがてすぐに壁にぶつかります。モバイルデバイスで現在のシーンを見てみると、若干の課題があることに気づくでしょう。

- 今回のゲームのキャラクターはプレイヤーが直接入力して移動するのではなく、プレイヤーのデバイスの移動に従って移動するようにすべきです。したがって、キャラクターの移動にタッチ入力は必要ありません。
- ジャンプボタンも不要ですので、非表示にするか消去します。
- プレイヤーがタッチで行うことは、カメラを動かしたりオブジェクトやメニューを選択したりするだけですので、これらのオーバーレイは完全に消してしまって問題ありません。

ゲームインタフェースを整理して、これらの課題を解決しましょう。移動やジャンプのコントロールを削除し、タッチパッドのオーバーレイを非表示にします。これらのコントロールとインタフェースを整理する手順は次のとおりです。

1. ［Hierarchy］ウィンドウでDualTouchControlsゲームオブジェクトを選択して下の階層を開いてください。図3-7のように表示されます。

図3-7 DualTouchControlsを開いた状態

2. MoveTouchpadゲームオブジェクトを選択し、右クリックして開いたメニューから［Delete］を選択してこのオブジェクトを削除します。**図3-8**のダイアログのようにプレハブインスタンスを壊す旨のメッセージが表示されます。問題ありませんので、［Continue］ボタンをクリックします。

図3-8 プレハブを壊すかどうかの確認ダイアログ

3. Jumpゲームオブジェクトを選択し、右クリックして開いたメニューから［Delete］を選択してこのオブジェクトを削除します。［Game］ウィンドウからこれらの2つのオーバーレイがどちらも消えたことを確認してください。

4. TurnAndLookTouchpadゲームオブジェクトを選択してください。［Inspector］ウィンドウから、［Rect Transform］コンポーネント内の左側にあるボックスをクリックすると［Anchor Presets］メニューが開きます。ここでやりたいことはTurnAndLookTouchpadオブジェクトがゲーム画面全体を覆うようにすることです。こうすることで、プレイヤーは画面上の任意の場所をスワイプしてカメラを移動させることができます。これを手作業で行うと大変ですが、ありがたいことにUnityには便利な機能があります。

5. ［Anchor Presets］メニューを開いた状態で、Altキー（Macの場合はoptionキー）を押したままにします。メニューオプションが、オブジェクトのアンカーを設定する画面から、アンカーと位置の両方を設定する画面に切り替わります。Altキー（Macの場合はoptionキー）を押したまま、**図3-9**の右図のように、画面右下の項目を選択します。

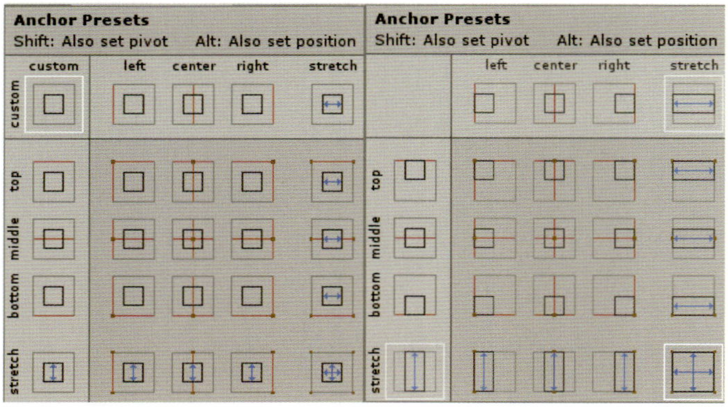

図3-9 ［Anchor Presets］メニューからフィルオプションを選択

6. 縦横共に伸長する状態、つまり全体を覆う状態が選択されましたので、TurnAndLookTouchpadは［Game］ウィンドウ全体に表示されるようになります。もし今何のために何をしたのか理解できなかったとしても心配しないでください。後ほど、「6章 捕まえた物の保管」でプレイヤーのメニューを追加する際に詳しく説明します。

7. TurnAndLookTouchpadが選択されている状態で、［Inspector］ウィンドウの［Image］コンポーネントの下にある［Color］プロパティの脇の白い矩形をクリックしてください。カラーダイアログが開いたら、［Hex Color］を#FFFFFF00に設定します。こうすることでテキスト以外のオーバーレイはすべて見えなくなります。
   ［Hex Color］は、色を表す16進数です。赤、緑、青、アルファの各要素の16進数（#RRGGBBAA）で簡単に色を表現できます。
   各要素が取る値の範囲は、16進数で00〜FF、10進数で0〜255です。
   ［Alpha］は不透明度を表し、FFは完全に不透明となり、00は完全に透明となります。#FF0000FFは赤、#000000FFは黒、#FFFFFF00は完全に透明な白です。

8. ［Hierarchy］ウィンドウからTurnAndLookTouchpadを選択し、さらに下の階層を開いてください。その中にあるTextオブジェクトを選択し、右クリックして開いたメニューの［Delete］を選択してこのオブジェクトを削除します。

9. Unityのエディターからゲームをビルドしてデバイスにデプロイします。画面をスワイプするだけでカメラを操作できることを確認しましょう。

いいですね。移動のコントロールやインタフェースを整理することで、我々がやるべき項目のいくつかをこなすことができました。次は、プレイヤーキャラクターの動きを修正するためにコントローラースクリプトを作成する必要があります。多くのゲームとは異なり、プレイヤーが自分のキャラクターを直接操作できるようにはしたくありません。その代わりに、仮想世界を動き回るためにはプレイヤーがデバイスを手に取って実際に移動する必要があります。これは残念なことに、すでに今までにインポートし作業したスクリプトの一部を書き直す必要

があるということです。このようなことは、特にゲーム開発の開発プロセスでは実際にありえることです。本書を読み進める中での書き直しはなるべく最小限に抑えるつもりですが、このような書き直しも開発プロセスの一部であるということを理解しておくことが大切です。

　新たなコンパスとGPSコントローラースクリプトを作成することから始めましょう。このスクリプトは、デバイスのGPSとコンパスをトラッキングすることで地図上のプレイヤーを移動させます。下記の手順でこのスクリプトを作成してください。

1. ［Project］ウィンドウからAssets/FoodyGo/Scriptsフォルダーを開いてください。Scriptsフォルダーを選択し、メニューから［Assets］→［Create］→［Folder］を選択して新しいフォルダーを作成します。このフォルダーの名前をControllersに変更します。

2. このControllersフォルダーを選択した状態で、メニューから［Assets］→［Create］→［C# Script］を選択し、新しいスクリプトを作成します。このスクリプトの名前をCharacterGPSCompassControllerに変更しましょう。少々冗長ですがわかりやすい名前です。

3. このスクリプトをダブルクリックするとMonoDevelop（あるいはお使いのエディター）でこのファイルが開きます。次に示すようなデフォルトのコードになっているはずです。

    ```csharp
    using UnityEngine;
    using System.Collections;

    public class CharacterGPSCompassController : MonoBehaviour {

        // Use this for initialization
        void Start () {

        }

        // Update is called once per frame
        void Update () {

        }
    }
    ```

4. まずはシンプルに、コントローラーのコンパスに関連する箇所を対応するところから始めます。移動していないときは、デバイスのコンパスを使ってプレイヤーの向きを常にデバイスが指している方向に向けるようにします。プレイヤーの移動中は、プレイヤーの向きを常に進行方向に向けるようにします。Start()メソッドの中に次のコードを追加してください。

    ```csharp
    void Start() {
        Input.compass.enabled = true;
    }
    ```

5. Start()メソッドは初期化を行うメソッドです。ここでは方向を取得するためにデバ

イスのコンパスを有効にしています。コンパスが有効になりましたので、Update()メソッドに次のコードを追加して方向を取得してください。

```
void Update() {
    // オブジェクトを磁北に向けて、反転しているマップの向きに合わせる
    var heading = 180 + Input.compass.magneticHeading;

    var rotation = Quaternion.AngleAxis(heading, Vector3.up);
    transform.rotation = rotation;
}
```

6. Update()の先頭行は、後続の行が何のためのものでそれが何をするものかを示すコメントです。コメントには、ただ何をするのかだけでなく、なぜそれをするのかといった理由を記述するようにしましょう。多くの場合、この理由のほうがとても重要になります。コードにコメントを書く習慣を身につけてください。コメントを書くことは決して無駄な作業ではありません。

7. その次の行では、headingという変数を定義し、コンパスの磁北の値のオフセットを180としています。取得したコンパスの値に180度を加えて、キャラクターをタイル配置上の北方向に合わせるようにします。覚えているかもしれませんが、タイルの配置は計算を単純にするために南北を逆にしています。

8. その次の行は、クォータニオンについての知識がなければ不思議に感じるかもしれません。クォータニオンは、複素数を空間に拡張した数の体系です。特にこれは高等数学の知識がまだない場合にはなかなか理解しづらいかもしれません。本書のトピックから逸脱しないよう、ここではクォータニオンを3D空間内の任意の場所での回転を簡単に定義することができるヘルパーとして考えることにしましょう。Quaternion.AngleAxis(heading, Vector3.up)の呼び出しは、上方つまりY軸を中心に回転を定義していることを示します。rotationというローカル変数にこの値が格納されています。図3-10は、Unityが採用している左手座標系を用いて各軸と対応するベクトルとの関係を覚えておくことができる便利な図です。

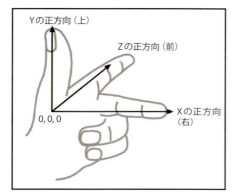

図3-10 左手座標系の説明

9. 最後の行では、クォータニオンのヘルパーで計算した`rotation`の値を`transform.rotation`に設定しています。最後まで入力できたら、MonoDevelopまたはお使いのコードエディターでそのファイルを保存してください。それからUnityに戻り、新しいスクリプトがコンパイルされるまでしばらく待ちましょう。Unityには、ファイルが変更された際にプロジェクト全体を再コンパイルする便利な自動コンパイル機能があります。
10. ［Project］ウィンドウで`CharacterGPSCompassController`スクリプトを選択し、このファイルを`Player`ゲームオブジェクトにドラッグ＆ドロップしてください。そうすることで、`Player`オブジェクトにこのスクリプトが追加されます。
11. ［Hierarchy］ウィンドウで`Player`ゲームオブジェクトを選択します。［Inspector］ウィンドウから、［Third Person User Control (Script)］コンポーネントの横にある歯車アイコンを選択します。もう標準入力スクリプトでキャラクターを操作しませんので、コンテキストメニューから［Remove Component］を選択し、`Player`からこのスクリプトを削除します。
12. ゲームをビルドしてモバイルデバイスにデプロイし、テストします。GPS機能をテストしたときと同様に、コンパスは実際のデバイスでコンパスを有効にしているときにのみ値を返します。
13. デバイスをさまざまな向きに動かしてゲームをテストしましょう。デバイスの向きに応じてキャラクターがどのように動くかを確認してください。動きがかなり飛び跳ねたような感じで滑らかでないことに気づくでしょう。この小刻みに震えるような挙動はコンパスから読み取った新しい値で毎回プレイヤーを更新しているために生じています。本物の方位磁針でも、これとまったく同じようなことが起きます。もちろんキャラクターを痙攣させたくはありませんので、どのように修正するかを見てみることにしましょう。
14. ［Project］ウィンドウで`CharacterGPSCompassController`スクリプトをダブルクリックし、MonoDevelopエディターでこのスクリプトを開きます。
15. `Update()`メソッドの最後の行を`transform.rotation = rotation;`から次のようなコードに変更します。

    ```
    transform.rotation =
        Quaternion.Slerp(transform.rotation, rotation, Time.fixedTime * .001f);
    ```
16. この変更により、向きが別の方向に変わったときの移動を滑らかにします。何が起きているのかの詳細を理解できるようにこの内容を掘り下げていきましょう。
    - `Quaternion.Slerp` —— これは現在の回転と新たな回転との間を球状に補間するクォータニオンのヘルパー関数です。「球状に補間する[*1]」という言葉で混乱しないようにしましょう。一言で言うと、平滑化した点を追加することで球体の回転を

[*1] 訳注：SlerpはSpherical linear interpolationの略。Sphericalで「球状に」ということを表しています。

滑らかにしているということです。LERPは2点間を線形補間するものです。**図3-11**はそれぞれq_aが始点、q_bが終点、q_{int}が計算によって平滑化された点を示します。

- `transform.rotation`──オブジェクトの現在の回転を表します。
- `rotation`──これは変更したい回転、つまり前の行で計算された値です。
- `Time.fixedTime * .001f`──これは1回の呼び出しでどの程度回転させたいかを示します。`Time.fixedTime`はゲーム内でレンダリングされる1フレームあたりの時間を表します。その数値に`.001f`を掛けているため各フレームあたりの回転による変化は非常に小さなものになります。この値を自由に変更し、どの程度回転が滑らかになっているかその効果を確認してください。

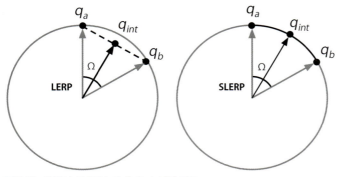

図3-11 LERPとSLERPとのポイント補間の違い

17. スクリプトの編集ができたらファイルを保存してください。それからUnityの画面に戻り、スクリプトが再コンパイルされるまで少し待ちましょう。
18. ゲームを再度ビルドしデプロイします。ゲームをテストして、どれほどキャラクターの向きがゆっくりと滑らかに動くようになっているか、今までとの違いを確認してください。

いいですね、インタフェースの諸々の問題を解決し、キャラクターの向きがデバイスの向きに合うようになりました。インポートした標準アセットを変更し、シンプルなコントローラースクリプトを作成することでこれを実現しました。残念ながら、キャラクターが地図上を歩いたり走ったりするには、まだ追加したり書き換えたりしなければならないスクリプトがたくさんあります。これらのスクリプトの変更内容を逐次1行ずつ示したり解説したりするにはさらにたくさんのページを必要としますし、読者の皆さんがそれを受け入れてくれるかわかりませんので、代わりにすべての変更を済ませたスクリプトをインポートし、重要な箇所を詳しく確認する形で進めます。

以下の手順で、変更済みのスクリプトをインポートしましょう。

1. [Assets]メニューから[Import Package]→[Custom Package...]を選択します。

2. ［Import Package］ダイアログが開いたら、リソースをダウンロードしたフォルダーから`Chapter3.unitypackage`ファイルを選択して［開く］をクリックします。
3. ［Import Unity Package］ダイアログが開きインポート対象のファイルが表示されます。そのうちのいくつかのファイルにはNEWのマークが付いていますが、他のファイルにはリフレッシュのマークが付いています。このようにUnityは変更されるファイルや追加されるファイルを示します。すべての項目が選択されていることを確認し、［Import］ボタンをクリックしてください。
4. インポートがすべて完了すると、いくつかのゲームオブジェクトに新しいプロパティが付いていることがわかりますが、今までと同じようにゲームを実行できるはずです。［Play］を押してエディターでゲームをテストしてみましょう。

Chapter3.unitypackageインポート後の現象について

上記のインポート作業の結果、Playerオブジェクトに追加した［Character GPS Compass Controller］スクリプトコンポーネントが見えなくなっている場合は下記の手順を再度試してみてください。

1. ［Project］ウィンドウで`Assets/FoodyGo/Scripts/Controllers`フォルダーを開きます。
2. 新しい`CharacterGPSCompassController`スクリプトをドラッグして`Player`オブジェクトにドロップします。
3. ［Hierarchy］ウィンドウで`Player`オブジェクトを選択します。
4. 同じく`Services`オブジェクトの配下にある`GPS`オブジェクトをドラッグして、`Player`オブジェクトの［Inspector］ウィンドウにある、［Character GPS Compass Controller］スクリプトコンポーネントの［Gps Location Service］スロットにドロップします。

更新済みのスクリプトでもおおむね今までと同じようにゲームが動作します。ただし、まだキャラクターが地図を動き回るようにはなっていません。私たちのキャラクターが動くようにするには、スクリプトにいくつかの新たなプロパティを設定する必要があります。ですがその前に、変更された内容について理解しましょう。以下の節では、スクリプトコンポーネントにどのような変更が行われたかを説明します。

インポートしたスクリプトの概要を示します。内容を確かめていきましょう。

Controllers

- `CharacterGPSCompassController` —— このスクリプトは、GPS Location ServiceからGPSの値を読み取れるように修正されています。

Mapping
- `Geometry` —— このファイルは、`MapEnvelope`という独自の空間タイプを扱えるように設計されています。
- `GoogleMapTile` —— このスクリプトは以前のバージョンのスクリプトから僅かに追加されたのみで、ほぼ変更はありません。
- `GoogleMapUtils` —— 空間に関する数学関数のライブラリです。地図とゲームの世界のスケールを変換できるように新しい関数がいくつか追加されています。

Services
- `GPSLocationService` —— 新たな地図描画の考え方をサポートするために多くのコードが変更されています。テスト時や開発時に役に立つようにGPSの値をシミュレートする仕組みを追加しました。

3.1.4.1　GPS Location Service

まず初めにGPS Location Serviceに関するスクリプトを見ていくことにしましょう。[Hierarchy]ウィンドウから[Services]オブジェクトを開き、その中にあるGPSサービスオブジェクトを選択してください。このオブジェクトの[Inspector]ウィンドウで、新たなプロパティやセクションをすべて確認しましょう。2つの新たなセクションがGPS Location Serviceスクリプトに追加されています。ひとつめは地図タイルのパラメーター（[Map Tile Parameters]）で、2つめはGPSデータをシミュレートする新機能です。これらの2つの新たなセクションの目的や特徴を確認していきます。

Map tile parameters

以前の方式では、GPSサービスがデバイスから新しい値を取得すると、そのデータが自動的に地図へプッシュされゲーム世界の地図が再描画されていました。すでに確かめたとおり、このシンプルな方式はうまく動作していましたが、2つの課題を抱えています。まずひとつめに、サービスが新たな場所を必要とするたびに、時間がかかる呼び出しを何度も行って地図を更新していました。デバイスが1メートルだけ移動したのか、それとも100メートル移動したのかは考慮していませんでした。2つめに、地図上を動き回るようなキャラクターを表示する場合、位置が少し変わるたびに地図を毎回更新することは現実的ではありません。その代わりに、キャラクターがタイルの境界に到達したときにのみ更新するようにします。GPSサービスで地図タイルの大きさを監視し、新たなGPSの値が現在の中央のタイルの外側にあるときに地図を更新するようにすることで、幸いにも、この2つの課題を同時に解決できます。

この機能がどのように動作するかを図3-12に示します。

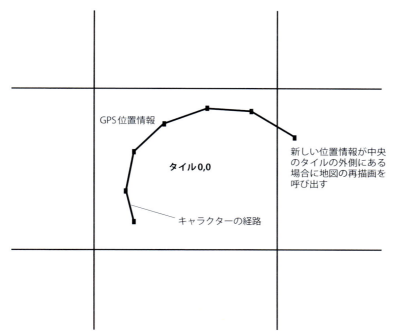

図3-12 GPSによる地図タイル境界の監視

　GPS Location Serviceがタイルの境界を監視できるようにするには、タイルがどのように作られるかを知る必要があります。なぜなら、地図タイルの作成時に使用したパラメーターと同じものをサービスに渡す必要があるためです。ここでは、これらのパラメーターの内容を確認し、ゲームにどのように設定するかを示します。

Map tile scale
地図タイルの大きさを示します。現時点では30に設定します。

Map tile size pixels
Googleに要求する地図タイルの画像のサイズです。これは640ピクセルに設定します。

Map tile zoom level
地図のズームレベルや縮尺です。ごく近隣の地図が表示されるように17を設定します。

　Google Static Maps APIには使用制限があります。本書翻訳時点では、無課金で1日あたりに発行できるリクエスト数の上限は25,000回です。使用制限は適宜変更される可能性がありますので、詳細は公式ガイドhttps://developers.google.com/maps/documentation/static-maps/usage-limits?hl=jaをご確認ください。

GPS simulation settings

　すでにご存知のとおり、GPSサービスのテストは簡単ではありません。確かに前章ではCUDLRをセットアップし、アプリケーションを実際のデバイス上で実行している間もリアルタイムに更新情報を表示できるようにしましたが、この方法には制限がありました。Unityエディターで実行中にゲームオブジェクトからGPSサービスを使う方法をテストできれば理想的です。そうすれば、自宅やオフィスの中を数秒ごとに動き回ることなく、ゲームがどのように実行されるかを確認できます。このテスト方法は、GPSサービスから擬似の位置情報を生成することで実現することができます。

　`GPS Location Service`に追加されているシミュレーションサービスは、原点に対するオフセットでデータポイントを生成する簡単なアプローチを採用しています。このアプローチで、まっすぐ移動したり方向を変えたりといった簡単な動作パターンを定義することが可能になります。図3-13はデータポイントの計算方法を説明したものです。

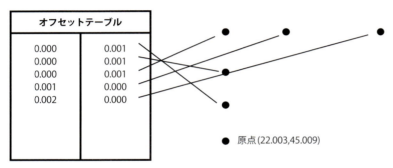

図3-13　GPSの値をシミュレートするオフセットデータアプローチ

　次のリストでGPSシミュレーションに関する各プロパティについて詳しく説明します。

Simulating

　有効にするとGPSサービスはシミュレートしたデータを生成します。データのシミュレーションはモバイルデバイス上では行われません。このオプションにチェックしてGPSシミュレーションを有効にしてください。

Start coordinates

　シミュレーションの原点の座標です。原点の座標に対してオフセット値が蓄積されます。テスト用の座標や、よく知っている場所の緯度経度の座標を使用しましょう。

Rate

　新たなGPSの測定値をシミュレートする秒間の値です。お勧めは5秒です。

Simulation offsets

原点に対して追加・蓄積されるオフセット値の配列テーブルです。値は緯度経度で指定しますので、なるべく小さな値を設定するようにします。最初は+-0.0003程度がよいでしょう。オフセット値は連続して繰り返されます。つまり、オフセットテーブルの最後の値が追加されたら再び先頭に戻ります。

Unityで配列を入力しSimulationServiceを設定する手順は以下のとおりです。

1. ［Size］フィールドに値の個数を入力してください。リストが広がり、それぞれの値を入力できるようになります。**図3-14**は、新しいGPS Location Serviceのコンポーネントに適切なプロパティが設定された状態です。

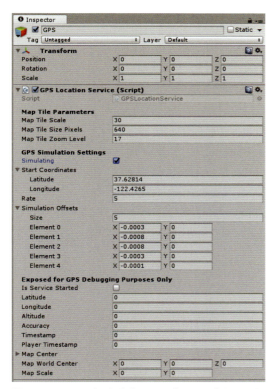

図3-14 GPSサービスオブジェクトの［Inspector］ウィンドウ

2. ［Hierarchy］ウィンドウからPlayerゲームオブジェクトを選択してください。［Inspector］ウィンドウを見ると、［Character GPS Compass Controller］スクリプトコンポーネントに新たなプロパティが追加されていることがわかります。ここで、地図タイルに対して行ったのと同じようにGPS Location Serviceをこのスクリプトに設定する必要があります。これは当然のことで、キャラクターコントローラーもGPS

サービスからの値の更新を取得する必要があるためです。図3-15に、このコントローラースクリプトを示します。

図3-15 Character GPS Compass Controllerスクリプト

3. Playerオブジェクトを選択した状態で、[Hierarchy]ウィンドウからGPSオブジェクトをドラッグし、[Character GPS Compass Controller]コンポーネントの[Gps Location Service]にドロップします。
4. [Play]ボタンを押し、エディターでゲームを実行します。

これでGPSデータがシミュレートされるようになったので、キャラクターが地図上を動き回るようになりました。しかしながら、お気づきのようにまだいくつかの課題を抱えています。ひとつめはカメラがキャラクターから一定の距離を保ってくれなくなったこと、2つめはキャラクターの移動が速すぎることです。幸いにも、これらは簡単に修正可能ですので、以下の手順に従ってすぐに行うことができます。

1. [Hierarchy]ウィンドウからPlayerオブジェクトの下の階層を開き、その中にあるFreeLookCameraRigを選択します。カメラがPlayerを追いかけてくれない理由は、ゲームオブジェクトに追従してはいるものの、ゲームオブジェクトに対する変換に追従していないためです。これは些細なことのように思えますが大きな違いです。カメラのターゲットとなる変換にPlayerを設定する必要があります。図3-16は、[Free Look Cam]スクリプトコンポーネントの[Target]フィールドに何も設定されてないことを示したものです。

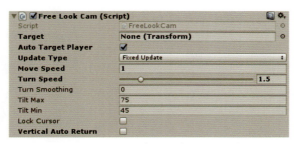

図3-16 Free Look Camスクリプトコンポーネントのプロパティ

2. [Hierarchy]ウィンドウからFreeLookCameraRigオブジェクトを選択した状態で、Playerオブジェクトを[Free Look Cam]スクリプトコンポーネントの[Target]フィールドにドラッグします。これでカメラはキャラクターの変換に追従するようになります。

3. ［Hierarchy］ウィンドウからPlayerオブジェクトを選択してください。図3-17のように［Inspector］ウィンドウから、［Third Person Character］スクリプトコンポーネントの［Move Speed Multiplier］に0.1を設定します。

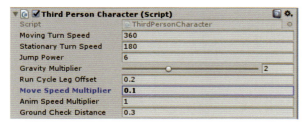

図3-17　Third Person Characterスクリプトコンポーネント

4. 小さな値を設定した理由は、地図の縮尺の違いを考慮するためです。一般的なキャラクターコントローラーは歩くのと同じくらいの速度でキャラクターを移動させます。ゲームの縮尺が1:1の等倍であれば問題にはなりませんが、我々のゲームの縮尺はかなり大きいです。この正確な値を計算するにはさまざまな要素が関係します。ここではキャラクターの速度を1/10に落とすために0.1を使うことにします。これについては「9章 ゲームの仕上げ」でさらに詳しく説明します。

5. ［Play］ボタンを押してエディターでゲームを実行してください。ご覧のようにキャラクターが期待どおりに地図を動き回るようになりました。試しにシミュレーターで別のオフセット値を入力して、エディターでゲームを実行し直してみましょう。最後に、ゲームをモバイルデバイス用にビルド、デプロイして、ゲームを散歩やドライブのお供として外に持っていきましょう[*1]。

この節では、GPS Location Serviceで新たに更新されたプロパティについて一通り触れました。スクリプトの具体的な変更内容については、熱心な読者の皆さんの自習用に残しておくことにします。

3.1.4.2　Character GPS Compass Controller

［Character GPS Compass Controller］に新たに追加された唯一のプロパティが［GPS Location Service］への参照だったことをまだ覚えているでしょうか。これは新しいGPSの値でプレイヤーの位置を更新するために必要なものでした。キャラクターコントローラースクリプトは最初から大幅に書き直しましたので、コードを見直して何が変わったのかを見ていくことにしましょう。

［Project］ウィンドウでAssets/FoodyGo/Scripts/Controllersフォルダーの中にあるCharacterGPSCompassControllerスクリプトを探してください。このスクリプト

---

*1　訳注：日本では運転中に携帯電話の操作をすることは法律で禁止されています。

をダブルクリックして、MonoDevelopやお使いのエディターで開きます。スクリプトが表示されたら、少し時間をかけて変更の内容を見ていきます。

それでは、スクリプトの各部分を一通り眺めて、変更内容についてさらに詳しく理解しましょう。このスクリプトの先頭行からの数行を以下に示します。上から順に見ていきます。

```csharp
using UnityEngine;
using UnityStandardAssets.Characters.ThirdPerson;
using packt.FoodyGO.Mapping;
using packt.FoodyGO.Services;

namespace packt.FoodyGO.Controllers
{
    public class CharacterGPSCompassController : MonoBehaviour
    {
        public GPSLocationService gpsLocationService;
        private double lastTimestamp;
        private ThirdPersonCharacter thirdPersonCharacter;
        private Vector3 target;
```

スクリプトの冒頭にはC#スクリプト標準のusingディレクティブがあります。先頭行はすべてのUnityスクリプトに標準のものです。続く数行は、このスクリプトが使用する他の型をインポートしています。続いて、このスクリプト定義の先頭に名前空間の宣言があります。他のプラットフォーム向けの開発でC#のファイルを書く際には名前空間を定義することが標準的ですが、Unityではこれを必要としませんし強制するわけでもありません。Unityはさまざまなスクリプト言語をサポートすることからこのような方式になっています。しかし、名前空間をしっかりと遵守しなければ、随所で名前の衝突が起こる可能性があることを痛感するでしょう。そこで本書では、packt.FoodyGOという名前空間を遵守するようにします。

名前空間の宣言の下には、クラスの定義が続き、その下にいくつかの新たな変数定義が続きます。GPS Location Serviceのための変数が追加され、publicに設定されているので、Unityエディター上で変更できるようになりました。そして、ここでは新たに3つのprivate変数も追加されました。これらの各変数の目的について、コードの該当する箇所を見ながら確認します。

変数にprivateと記述すると、そのクラス内でのみ使用できる内部変数となります。もしかすると経験豊富なC#開発者の方は、プロパティアクセサを使うべきところでなぜpublic変数を使っているのか疑問に思うかもしれません。public変数はUnityエディター上で編集できますが、private変数やプロパティアクセサは表示されません。もちろんUnityエディター以外からはプロパティアクセサを利用できますが、一般的に、多くのUnity開発者はこれらのアクセサを使わずに、代わりにpublicやprivateの変数をそのまま使うことを好みます。

プロパティアクセサの例を以下に示します。

```
public double Timestamp
{
    get
    {
        return timestamp;
    }
    set
    {
        timestamp = value;
    }
}
```

次にこのスクリプトのStartメソッドを見ていきましょう。以下にコードを示します。

```
// Use this for initialization
void Start()
{
    Input.compass.enabled = true;
    thirdPersonCharacter = GetComponent<ThirdPersonCharacter>();
    if (gpsLocationService != null)
    {
        gpsLocationService.OnMapRedraw += GpsLocationService_OnMapRedraw;
    }
}
```

このように、本章の前半で書いた`Input.compass.enabled`の後に、さらに何行か追加しました。コンパスを有効にしてから、後続の行で`ThirdPersonCharacter`コンポーネントスクリプトへの参照を取得し、private変数の`thirdPersonCharacter`に代入しています。`ThirdPersonCharacter`スクリプトはキャラクターの動きやアニメーションを制御するものです。後ほど確認する`Update`メソッドの中でこのオブジェクトの参照を使ってキャラクターを移動させます。

その次の行では`gpsLocationService`がnullでないことを確認しています。この値がnullでない場合（そうでなければ困るのですが）、GPSサービスの`OnMapRedraw`というイベントを新しく利用します。`OnMapRedraw`イベントは中央にある地図タイルの再配置と再描画が行われると発行されます。ここまでで説明したとおり、これで地図の再配置が生じたことをGPSサービスが検知できるようになりました。サービスが地図タイルの再描画を開始すると地図タイルは新たな地図の画像を要求します。画像の要求に対する応答を受け取ると地図タイルが描き換わり、更新が完了したことを地図タイルからGPSサービスに通知します。GPSサービスは、`OnMapRedraw`イベントを受け取るすべてのオブジェクトに対してブロードキャストし、それぞれに再配置の必要があることを知らせます。これらがどのようにつながっているのかわからなくなってしまった方は**図3-18**を見るとよいでしょう。

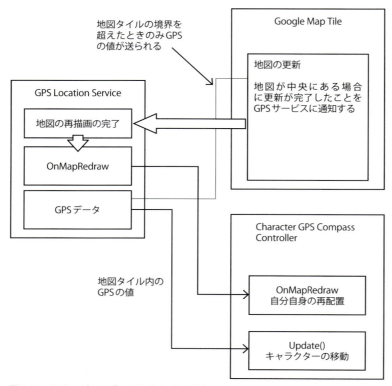

図3-18 GPサービスのデータやイベントの流れ

　Startメソッドの次にあるものは、OnMapRedrawイベントのハンドラーです。このイベントハンドラーは、イベントソースをGameObject gパラメーターとして受け取るvoidメソッドになります。

```
private void GpsLocationService_OnMapRedraw(GameObject g)
{
    transform.position = Vector3.zero;
    target = Vector3.zero;
}
```

　OnMapRedrawイベントが発行されると、地図が再描画を終えているということなので、キャラクターコントローラーはその位置を原点に戻す必要があると判断します。イベントハンドラーの内部では、PlayerのトランスフォームポジションにVector3.zeroが設定されます。これは(0,0,0)を設定することと同じ意味です。targetという変数に対しても同様のことを行います。Updateメソッドの中を見れば、この変数をすぐに見つけることができます。
　このクラスの中でさまざまな処理を実際に行っているUpdateメソッドを最後に見ていきましょう。該当のコードを以下に示します。

```
    // Updateは毎フレーム呼び出される
    void Update()
    {
        if (gpsLocationService != null &&
            gpsLocationService.IsServiceStarted &&
            gpsLocationService.PlayerTimestamp > lastTimestamp)
        {
            // GPSの緯度／経度をワールドのx／yに変換
            var x = ((GoogleMapUtils.LonToX(gpsLocationService.Longitude)
                - gpsLocationService.mapWorldCenter.x)
                * gpsLocationService.mapScale.x);
            var y = (GoogleMapUtils.LatToY(gpsLocationService.Latitude)
                - gpsLocationService.mapWorldCenter.y)
                * gpsLocationService.mapScale.y);
            target = new Vector3(-x, 0, y);
        }

        // キャラクターが新しい点に到着したかを確認
        if (Vector3.Distance(target, transform.position) > .025f)
        {
            var move = target - transform.position;
            thirdPersonCharacter.Move(move, false, false);
        }
        else
        {
            // 移動を止める
            thirdPersonCharacter.Move(Vector3.zero, false, false);

            // オブジェクトを磁北に向け、地図を反転させる
            var heading = 180 + Input.compass.magneticHeading;
            var rotation = Quaternion.AngleAxis(heading, Vector3.up);
            transform.rotation = Quaternion.Slerp(transform.rotation,
                rotation, Time.fixedTime * .001f);
        }
    }
```

　このように、GPSによる移動をキャラクターにサポートさせるためにコードが大量に追加されています。このコードは複雑に見えるかもしれませんが、少し時間をかけて見ればとても簡単です。

　このメソッドの先頭では、以前にGoogleMapTileスクリプトで行ったことと同じように、GPSサービスが設定されているか、実行されているか、新たな位置データを送信しようとしているかを確認しています。if文の中では、GoogleMapUtilsヘルパーライブラリを使用してGPSの緯度経度を2Dワールド座標のx,yに変換する複雑な計算が行われています。そしてその次の行で3Dワールド座標に変換され、結果がtarget変数に格納されます。xパラメーターの符号を逆転させていることに注意してください。私たちが用いる地図は反転しているため、xの正方向は東を指していないことを思い出しましょう。target変数には、キャラクターを向かわせたい3Dワールド座標が格納されています。

次のif/else文は、プレイヤーがtargetの座標まで到達したかどうかをチェックしています。通常は、このチェックには0.1fという値が使われますが、しかしこれは現実世界の等倍の1:1スケールの場合です。我々の場合はそれよりもかなり小さな数字を使用します。

このif文の中ではキャラクターがまだ目的の座標まで到達していないことがわかっているので、移動を続けなければいけません。キャラクターを移動させるためには、thirdPersonCharacterに移動ベクトルを渡す必要があります。移動ベクトルは、target変数からtransform.positionで示されるキャラクターの現在地を引くことで計算されます。次に、この計算結果を使ってthirdPersonCharacterのMoveメソッドを呼び出します。ThirdPersonCharacterスクリプトはキャラクターのアニメーションと移動を内部的に制御します。

このif文のelse節の中では、キャラクターが移動していないか、少なくともキャラクターを移動させる必要がないことがわかります。したがって、ここでもthirdPersonCharacterのMoveメソッドを呼び出しますが、今回は移動を止めるためにゼロベクトルを渡しています。その後、今までと同じようにコンパスの向きを確認し設定します。コンパスの向きを設定するのはキャラクターが動いていない場合だけであることに注意しましょう。なんといっても、キャラクターの移動中はキャラクターの進行方向を向くほうがよいからです。

これで、CharacterGPSControllerスクリプトの確認をすべて終えました。このスクリプトは、地図上をプレイヤーに動き回らせてその動きを表示する最初の一歩としては悪くありません。しかし、ゲームを実際にプレイしてみたり他の人にプレイしてもらったりすれば改善が必要な箇所に気づくでしょう。ぜひ好きなようにこのスクリプトを改善して、自分のものにしてください。

3.1.5　キャラクターの差し替え

これでようやくすべて期待どおりに動作するようになりましたので、プレイヤーのキャラクターの見た目を良くすることに少し時間をかけましょう。灰色のEthanキャラクターを使ったままゲームをリリースするのはどうしても避けたいところです。このゲームはもちろん3Dモデリングを目的としたものではなくゲーム開発を学ぶためのものですので、手軽に入手可能なものを使用したいと思います。Unityアセットストアを開いて3D characterを検索すれば、数多くの利用可能なアセットを見つけることができます。無料のアセットのみに検索を絞り込んでみましょう。それでもまだたくさんのアセットがあると思います。それで、どれが一番いいの？　という話になると、皆さんや皆さんのチームにとって一番いいものが一番いいと言うしかありません。ぜひとも他のキャラクターアセットも試してみてください。

本書では、アセットストアから無料で入手可能なiCloneの基本キャラクターを使用します。これはとてもすばらしい素材で、本書の執筆時点では五つ星の評価を受けています。このアセットパッケージはシンプルで余分なものが含まれていませんのでモバイルゲーム向けには

大きな恩恵があります。またキャラクターモデルのポリゴン数も少なめです。これはモバイルデバイスでレンダリングする場合には重要なことです。

　iCloneキャラクターをインポートし、Ethanキャラクターと差し替える手順を以下に示します。

1. メニューから［Window］→［Asset Store］を選択すると［Asset Store］ウィンドウが開きます。
2. ウィンドウが開いたら、検索ボックスにicloneと入力し、Enterキーを押すか検索アイコンをクリックします。
3. 検索が完了すると、図3-19のように、リストの上部にMax、Izzy、Winstonの3体の基本iCloneキャラクターがあるはずです。

図3-19　基本iCloneキャラクター

4. さてここで、皆さんのバージョンのFoodyGOで使いたいキャラクターをこの中から選ぶことができます。どのキャラクターもセットアップに若干違いがあるだけで機能は同一です。まず1体を選んでから、後で再度別のキャラクターを追加して試してみることもできます。いずれかのキャラクターを選択して続けましょう。どのキャラクターを選ぶかは完全に読者の自由です。
5. キャラクターのアセットの一覧がウィンドウに表示され、アセットのダウンロードとインポートを行うボタンが表示されます。［Download］ボタンをクリックしてください。ダウンロードには数分かかる場合がありますが、いつものことですので、終わるまでコーヒーなどの好きな飲み物を飲みながら待ちましょう。
6. アセットがダウンロードされると［Import Unity Package］ダイアログが表示され、インポート対象を選択するよう促されます。すべて選択されていることを確認して［Import］ボタンをクリックします。
7. インポートが完了すると、［Project］ウィンドウのAssetsフォルダーに新しいフォルダーが追加されます。このフォルダーには、皆さんが選択したキャラクターに応じた名前、つまりMax、Izzy、Winstonのいずれかの名前が付いています。

8. キャラクター名が付いたフォルダーを開き、その中のprefabフォルダーを選択します。キャラクターの名前が表示されたプレハブが表示されます。[Project]ウィンドウからこのプレハブを選択してドラッグし、[Hierarchy]ウィンドウのPlayerオブジェクトにドロップします。

9. [Hierarchy]ウィンドウでPlayerオブジェクトを選択して開いてみましょう。新しいキャラクターがPlayerオブジェクトに追加されたことが確認できます。新しいキャラクターのオブジェクトを選択し、トランスフォームをリセットしてください。トランスフォームをリセットするには、[Inspector]ウィンドウから[Transform]コンポーネントの歯車アイコンをクリックします。次に、表示されたコンテキストメニューから[Reset]を選択してください。

図3-20のように、追加したキャラクターとEthanキャラクターが重なって表示されるはずです。

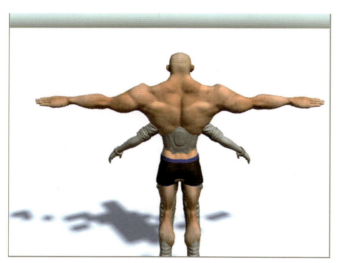

図3-20 iCloneキャラクターとEthanキャラクターが重なっている様子

 これらの3DキャラクターはReallusion iClone Character Creatorによって制作されたものです。キャラクターのカスタマイズに関するさらに詳しい情報については http://www.reallusion.com/iclone/character-creator/default.html をご覧ください。

1. [Inspector]ウィンドウで、Animatorという文字の脇にあるチェックボックスをオフにして、[Animator]コンポーネントを無効にしてください。[Animator]の[Avatar]フィールドに設定されている名前を覚えておきましょう。この名前はそれぞれのキャラクターで異なりますので、必要に応じてメモしておいてください。

2. [Hierarchy]ウィンドウに戻り、Playerの中にあるEthanBodyオブジェクトを選択し、右クリックで開いたメニューから[Delete]を選択してオブジェクトを削除します。また、EthanGlassesとEthanSkeletonも同じように削除してください。

3. Playerオブジェクトを選択します。[Inspector]ウィンドウでAnimatorコンポーネントのAvatarプロパティを右側にある⊙アイコンをクリックして変更しましょう。[Select Avatar]ダイアログが開き、関連するいくつかのアバターの名前が表示されます。手順1でメモしておいた名前を選択して、ダイアログを閉じます。

4. [Play]ボタンを押してエディターでゲームを実行しましょう。GPSサービスをシミュレーションモードで実行すると、新しいキャラクターがアニメーションしながら移動するようになっているはずです。実際にモバイルデバイス用にゲームをビルドし、デプロイして試してみましょう。

このように、とても簡単な手順でキャラクターを差し替えることができますので、余裕があれば他のiCloneキャラクターも試してみてください。他のキャラクターアセットを使いたいと思っているなら、もちろんそのキャラクターを試すこともできます。可能性は無限です。図3-21はゲーム上に3種類の異なるiCloneキャラクターを配置した例です。

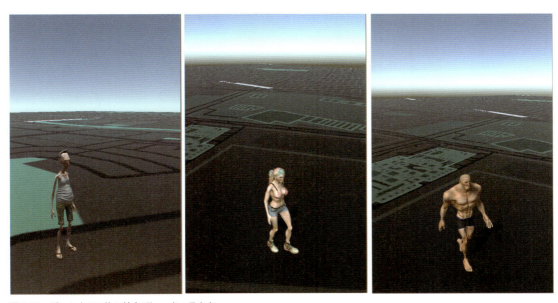

図3-21　ゲーム上の3体の基本iCloneキャラクター

3.2　まとめ

　はい、本章は今までの章の中ではもっとも大変な章でしたね。本章の中でさまざまな要素を見てきました。まず初めに、標準アセットのキャラクター、カメラ、クロスプラットフォーム入力をインポートしました。次に、カメラとタッチ入力コントロールを使って地図のシーンの中にプレイヤーのキャラクターを追加しました。それから、デバイスのコンパスとGPSを使ってプレイヤーのキャラクターを制御する新たなスクリプトを作成しました。その後、シミュレーションモードやGPSから読み取った値を地図上に反映する方法がGPSサービスに必要であると考え、更新済みのさまざまなスクリプトをインポートし、ゲームキャラクターが地図上をうまく動き回ることができるように調整しました。最後に、標準アセットのキャラクターのままではあまりおもしろみがないので、iCloneキャラクターをインポートして設定し、ゲームの見た目を華やかにしました。

　次章では、プレイヤーがワールドオブジェクトとやりとりできるように引き続きゲームプレイを拡張します。プレイヤーが地図上のモンスターを追いかけて捕まえることができるようにします。これには、さらなるスクリプトの作成、UIの開発、カスタムアニメーション、特殊効果の追加が必要になります。

4章
獲物の生成

　これで現実世界と仮想世界を自由に動くことができるプレイヤーができました。次はゲームのもうひとつの側面に取り組みましょう。覚えているかはわかりませんが、Foody GOではプレイヤーはクッキングモンスターを捕まえなければいけません。クッキングモンスターは遺伝子操作研究所の事故から生まれました。モンスターはあらゆる場所に現れ、場合によってはすばらしいコックであったりシェフであることもあります。プレイヤーは捕まえたモンスターを訓練してもっと腕のいいコックにしたり、レストランに連れていき、働かせてポイントを稼ぐことができます。このちょっとした背景を踏まえた上で、この章ではプレイヤーの周囲にモンスタークリーチャーを発生させてその動きを追跡できるようにします。

　この章ではUnityの機能と新しく作成するスクリプトの機能を組み合わせて使用します。いま開発しているゲームのデザインは独特なのでこれ以上標準のアセットに頼ることはできません。また、GISとGPSに関係する数学的な内容は複雑で理解が追いつかなくなる可能性があるため、これまでは避けてきました。つまりGISライブラリの関数について簡単に触れるだけでした。幸い、すでに皆さんにはGISの基礎知識が身についているはずなので、これからは学習の内容をさらに深め、数学的な内容にも触れていきます。とはいえ、数学を専攻したことがなくても大丈夫です。ここでは次のような内容を学びます。

- 新しいモンスターサービスを作成
- 地図上での距離を理解
- GPSの精度
- モンスターの確認
- 座標を3Dワールド空間に射影
- モンスターを地図上に追加
- モンスターのプレハブを作成
- モンスターをUIの中で追跡

　実際の説明に入る前に確認ですが、先ほどの章を読み終わってまだUnityを開いたままでしょうか？　もしそうならゲームプロジェクトはすでに読み込まれているので、次の節に進んでください。そうでなければ、まずUnityを開いてFoodyGOゲームプロジェクトを開くか、

サポートサイトからChapter_3_EndをダウンロードしてFoodyGOプロジェクトを開き、Mapシーンが読み込まれていることを確認してください。

保存しているプロジェクトファイルを開いたときには、おそらく最初のシーン（Mapシーン）も自分でロードする必要があるでしょう。Unityはロードすべきシーンを推測しようとせずに、新たにデフォルトシーンを作成してしまうことがあります。

4.1　新しいモンスターサービスを作成

プレイヤーの周囲にいるモンスターを追跡する手段が必要であれば、新しくサービスを作成することが一番の方法でしょう。新しいモンスターサービスが担うべき仕事は次のとおりです。

- プレイヤー位置の追跡
- 付近にいるモンスターの検索
- プレイヤーの領域に入ったモンスターの追跡
- プレイヤーに十分近づいたモンスターのインスタンス化

現時点では、モンスターを検索して追跡するモンスターサービスはプレイヤーのデバイス内だけで動作します。複数のプレイヤーが接続して同じモンスターを見ることができるようなモンスターWebサービスはここでは作成しません。それではUnityを開いて次の指示に従い、新しいサービススクリプトの作成を始めましょう。

1. ［Project］ウィンドウでAssets/FoodyGo/Scripts/Servicesフォルダーを開きます。右クリック（Macではcontrolキーを押しながらクリック）してコンテキストメニューを開き、［Create］→［C# Script］を選択して、スクリプトを新しく作成します。このスクリプトの名前をMonsterServiceに変更してください。
2. 作成したMonsterService.csファイルをダブルクリックして、MonoDevelopもしくは好きなコードエディターで開きます。
3. usingセクションのすぐ下、クラス定義の上に次の行を追加します。
    ```
    namespace packt.FoodyGO.Services {
    ```
4. コードの一番下までスクロールし、閉じ括弧を追加してネームスペースを閉じます。
    ```
    }
    ```
5. 覚えているかもしれませんが、ネームスペースを追加するのは名前の衝突を避けてコードを管理するためです。
6. クラス定義の中に次の行を追加します。
    ```
    public GPSLocationService gpsLocationService;
    ```

7. この行を追加することでエディターにGPSサービスへの参照が追加されます。プレイヤーの位置も追跡する必要があることを忘れないでください。エディター上での編集が完了したらファイルを保存します。
8. 最終的にスクリプトが次のような状態になっていることを確認してください。

```
using UnityEngine;
using System.Collections;

namespace packt.FoodyGO.Services
{
    public class MonsterService : MonoBehaviour
    {
        public GPSLocationService gpsLocationService;
        // Use this for initialization
        void Start()
        {

        }

        // Update is called once per frame
        void Update()
        {

        }
    }
}
```

では次のようにして、作成したばかりのこのスクリプトを [Hierarchy] ウィンドウのMonsterServiceゲームオブジェクトに追加しましょう。

1. Unityに戻り、Mapシーンが読み込まれていることを確認します。
2. [Hierarchy] ウィンドウでServicesオブジェクトを選択して、階層を開きます。
3. Servicesオブジェクト上で右クリック（Macではcontrolを押しながらクリック）して、コンテキストメニューを開き [Create Empty] を選択して空の子オブジェクトを作成します。
4. 作成した新しいオブジェクトを選択し、[Inspector] ウィンドウで名前をMonsterに変更します。
5. [Project] ウィンドウでAssets/FoodyGo/Scripts/Servicesフォルダーを開きます。
6. 新しいMonsterServiceスクリプトをドラッグしてMonsterオブジェクトにドロップします。
7. [Hierarchy] ウィンドウでMonsterオブジェクトを選択します。
8. 同じくServicesオブジェクトの配下にあるGPSオブジェクトをドラッグして、Monsterオブジェクトの [Inspector] ウィンドウにある、[Monster Service] スクリプトコンポーネントの [Gps Location Service] スロットにドロップします。これで図4-1

のような状態になるはずです。

図4-1 Monsterサービスの追加と設定

まだやるべきことがたくさん残っていますが、Monsterサービスを新しく追加する最初の段階としてはひとまずこれで十分です。次の節では地球上での位置と距離を計算するために必要となる数式について説明し、その後で再びこの新しいサービスに戻って来て、さらに機能を追加していきます。

4.1.1　地図上での距離を理解

前の章では固定された一点、つまりプレイヤーの位置だけしか扱わなかったため距離について心配する必要はありませんでした。これからはプレイヤーがモンスターを探索して見つけられるようにしていきます。モンスターの姿が見えたり音が聞こえたりするほど近くにいるかどうかをMonsterサービスで確認できるようにします。それにはMonsterサービスがプレイヤーの位置と隠れたモンスターの位置の2つの地図座標から距離を測定する必要があります。

もしかしたら「それって難しいことなの？ Unityがいつもやってくれていることじゃないの？」などと思うかもしれません。その考えは正しくもあるし間違ってもいます。Unityは2D空間であろうと3D空間であろうと直線距離であれば簡単に計算してくれます。しかし今回の地図座標は実際には球面上、つまり地球上の位置で、緯度と経度という2つの小数で示されるものであることを思い出してください。球面上の2点間の距離を正確に測定するには、球面上に線を引いてその長さを測定しなければいけません。おそらく図4-2を見ればここで説明していることが理解できるでしょう。

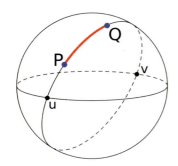

図4-2 球面上の2点間の距離を測定

上の図を見るとわかるように、点Pと点Qの距離は直線ではなく円弧として測定するべきです。試しに、図のuとvの距離を測定することを考えてみましょう。地球上の点uにある街から点vにある街へ飛行機で向かっていると考えてください。必要な燃料の量を計算するために航空会社に採用してほしいのは直線距離でしょうか？球面に沿った距離でしょうか？

地図座標での2地点間の距離を正確に求めるには、**図4-3**に示す半正矢関数（ハーバーサイン、haversine）という公式を使用します。

$$\text{haversine}\left(\frac{d}{r}\right) = \text{haversine}(\phi_2 - \phi_1) + \cos(\phi_1)\cos(\phi_2)\text{haversine}(\lambda_2 - \lambda_1)$$

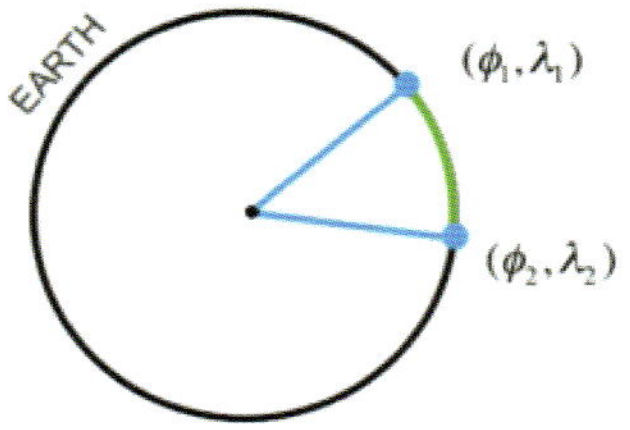

図4-3 半正矢関数

ちょっとした代数操作を加えると、上記の式は**図4-4**の形に簡略化できます。

$$d = 2r \arcsin\left(\sqrt{\sin^2\left(\frac{\phi_2 - \phi_1}{2}\right) + \cos(\phi_1)\cos(\phi_2)\sin^2\left(\frac{\lambda_2 - \lambda_1}{2}\right)}\right)$$

図4-4 距離を求めるための半正矢関数

数学になじみがないと、この時点で頭が爆発する恐怖で目を閉じたくなるか、もしかすると読み進めるのをやめようと考えてしまうかもしれませんが、そんなに心配しなくても大丈夫です。数式の怖そうな見た目と裏腹に、この公式をコードに落とすのは非常に簡単です。コツはあまり難しく考えすぎずに、そのまま少しずつ展開していくことです。もし数学好きなら、ここではこの式についてあまり深く掘り下げることができなくてごめんなさい。しかし皆さんならきっと一人でもより深く学べると信じています。それでは新しくMathライブラリを作成してこの公式を組み込みましょう。

1. ［Project］ウィンドウで、`Assets/FoodyGo/Scripts/Mapping`フォルダーを開きます。
2. `Mapping`フォルダー上で右クリック（Macの場合はcontrolキーを押しながらクリック）してコンテキストメニューを開き、［Create］→［C# Script］を選択します。スクリプトの名前は`MathG`としてください。
3. 新しく作成した`MathG`スクリプトをダブルクリックしてファイルをMonoDevelopか皆さんが設定した好きなエディターで開きます。

4. using文の下に次の行を挿入してネームスペースを追加します。

    ```
    namespace packt.FoodyGO.Mapping {
    ```

5. 最後の行に閉じ括弧 } を追加してネームスペースを閉じるのを忘れないようにしてください。

6. クラス定義を次のように変更します。

    ```
    public static class MathG {
    ```

7. これはライブラリなので、クラスにstaticという修飾子を付けて、MonoBehaviourは削除します。

8. StartメソッドとUpdateメソッドを削除します。

9. Systemライブラリを使用するためのusing文を追加します。

    ```
    using System;
    ```

10. この時点でライブラリの土台は次のようになっているはずです。

    ```
    using UnityEngine;
    using System.Collections;
    using System;

    namespace packt.FoodyGO.Mapping
    {
        public static class MathG
        {

        }
    }
    ```

もしスクリプト作成自体、もしくはUnityでのスクリプト作成が初めてなら、以降のコードを実際に自分で入力してみることを強くお勧めします。スクリプトの作成を学ぶ方法として実際にやってみること以上のものはありません。ただしすでにスクリプト作成になじみがあるか、またはまずすべての章を先に読んでしまってコードについては後で見てみようと考えているのであれば、それもいいでしょう。ダウンロードしたresourcesフォルダーにあるパッケージには完成したスクリプトが含まれています（後ほどの手順でインポートします）。

これから作るMathGライブラリの土台は準備できました。次の手順に従って半正矢距離関数を追加しましょう。

1. 次のように入力して、MathGクラスの中に新しいメソッドを作成します。

    ```
    public static float Distance(MapLocation mp1, MapLocation mp2){}
    ```

2. Distanceメソッドの最初に次の行を追加します。

    ```
    double R = 6371; // 地球の平均半径をkmで表した値
    ```

3. 次に初期化コードをいくつか追加します。

    ```
    // 精度を上げて丸め誤差を避けるためにdoubleに変換
    double lat1 = mp1.Latitude;
    ```

```
        double lat2 = mp2.Latitude;
        double lon1 = mp1.Longitude;
        double lon2 = mp2.Longitude;
```

4. 緯度と経度の値をfloatからdoubleに変換してから差分を求め、その値をラジアンに変換します。三角関数を実行する関数のほとんどは入力として度ではなくラジアンを受け取ります。次のコードを入力してください。

```
        // 座標をラジアンに変換
        lat1 = deg2rad(lat1);
        lon1 = deg2rad(lon1);
        lat2 = deg2rad(lat2);
        lon2 = deg2rad(lon2);

        // 座標の間隔を取得
        var dlat = (lat2 - lat1);
        var dlon = (lon2 - lon1);
```

5. 半正矢関数を使用して距離を計算するためのコードを入力します。

```
        // 半正矢関数
        var a = Math.Pow(Math.Sin(dlat / 2), 2) + Math.Cos(lat1) *
                    Math.Cos(lat2) * Math.Pow(Math.Sin(dlon / 2), 2);
        var c = 2 * Math.Atan2(Math.Sqrt(a), Math.Sqrt(1 - a));
        var d = c * R;
```

System.Math関数は丸め誤差をできるだけ小さくするためにdoubleを使用することを覚えておきましょう。UnityにはMathfライブラリもありますが、こちらはデフォルトでfloatを使用します。

6. 見てのとおり、わかりやすくするために公式を数行ずつに分割しています。特に難しいところはありません。最後に関数から返る値を再びfloatに戻して、さらにメートルに変換します。メソッドの最後に次の行を追加してください。

```
        // floatに戻してkmからmに変換
        return (float)d * 1000;
```

7. 度からラジアンに変換するメソッドを新しく追加する必要があります。気づいたかもしれませんが、このメソッドは前のコードですでに一度使用していました。Distanceメソッドのすぐ下に次のメソッドを入力してください。

```
    public static double deg2rad(double deg)
    {
        var rad = deg * Math.PI / 180;
        // radians = degrees * pi/180
        return rad;
    }
```

8. 最後に、2組の緯度と経度を引数として受け取るバージョンのDistanceメソッドを作成します。

```
    public static float Distance(float x1, float y1, float x2, float y2)
```

```
    {
        return Distance(new MapLocation(x1, y1), new MapLocation(x2, y2));
    }
}
```

これで地図座標上の2点間の距離を計算できるようになりましたが、まだこの公式をテストする手段がありません。スクリプトエディターで`MonsterService`スクリプトを開き、次の手順を実行してください。

9. `gpsLocationService`宣言の下に次の行を追加してください。

    ```
    private double lastTimestamp;
    ```

10. それから、`Update`メソッドに次の行を追加してください。

    ```
    if (gpsLocationService != null &&
        gpsLocationService.IsServiceStarted &&
        gpsLocationService.PlayerTimestamp > lastTimestamp)
    {
        lastTimestamp = gpsLocationService.PlayerTimestamp;
        var s = MathG.Distance(gpsLocationService.Longitude,
            gpsLocationService.Latitude,
            gpsLocationService.mapCenter.Longitude,
            gpsLocationService.mapCenter.Latitude);
        print("Player distance from map tile center = " + s);
    }
    ```

11. このコードの大部分はすでに見たことがあるはずです。`if`文はGPS Location Serviceが動いているかどうか、および新しいデータポイントを持っているかどうかを確かめるために以前使用したものと同じです。新しいデータポイントがあれば、現在の緯度経度と現在の地図の原点との距離を求め、`print`を使用してその結果を出力します。

12. 最後に、ファイルの一番上に新しく`using`を追加して`MathG`関数を取り込む必要があります。

    ```
    using packt.FoodyGO.Mapping;
    ```

13. 編集が終わったら、忘れずにスクリプトをすべて保存して、Unityエディターに戻ってきてください。スクリプトが再コンパイルされるまで数秒間待ちましょう。GPSサービスのシミュレーションが有効になっていることを確認し、［Play］ボタンを押して動作を確認します。

    途中を読み飛ばして本書の他の場所からここに来た場合や、GPSシミュレーションを有効にする方法をうっかり忘れてしまった場合には、「3章 アバターの作成」の「3.1.4.1 GPS Location Service」を参照してください。

14. エディターでゲームが実行されている状態で、［Window］→［Console］を選択して［Console］ウィンドウを開いてください。

15. ［Console］ウィンドウタブをドラッグして［Inspector］ウィンドウの下側に配置しましょう。図4-5のようになります。

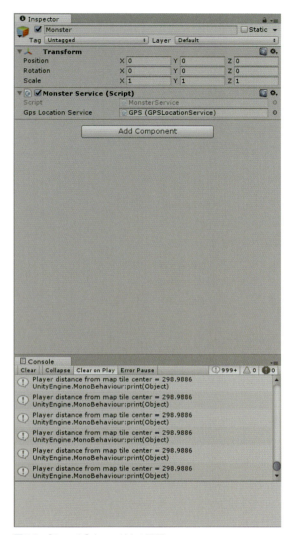

図4-5 ［Console］ウィンドウの配置

16. プレイヤーが地図タイルの中央からどの程度離れた位置にいるかをメートル単位で見ることができたほうがいいでしょう。現在の設定では地図タイルは1枚でおおよそ600×600メートル四方の領域を表します。したがって、プレイヤーキャラクターはマップ自体が更新されるまでどの方向にも中心から424メートル[*1]以上離れることはありません。距離が極端に違っているときはコードを正確に入力できているかどうか`MathG.Distance`関数を確認してください。

17. ビルドしてゲームを開発用デバイスにデプロイします。モバイルデバイス上でゲーム

[*1] 訳注：600×600メートルの正方形対角線の距離の半分の値。

を実行して、CUDLRコンソールを接続してください。家の中か、Wi-Fiの圏内を歩いてみて、距離がちゃんと取れているかを確認しましょう。

家の中やWi-Fi圏内を歩いてみると距離が不正確であったり、急に変わったりすることに気づくかもしれません。GPSは衛星を使った三角測量でできるかぎり正確な位置を計算しているはずですが、それでもデバイス上のGPSの結果が不正確なことがあります。試してみてわかったと思いますが、デバイスが正確な位置を得ることが難しい場合があります。GPSと地図情報を使用する開発者として、このことは重要なので、次の節で詳しく説明します。

4.1.2　GPSの精度

「2章 プレイヤーの位置のマッピング」でGPSトラッキングのコンセプトを紹介しましたが、衛星を使用した三角測量が動作する原理やGPSの精度の意味については簡単にしか触れませんでした。そのときはさらに詳細について説明しても単に情報が多すぎて理解が追いつかなかったでしょうし、GPSの精度を実際に確認する手段もありませんでした。しかし先ほどの例で見たようにGPSの精度はプレイヤーと世界とのやりとりに対して大きな影響があります。そのため、ここで少し時間を取ってGPSがどのように位置を測定しているかを説明することにします。

GPSデバイスは**GNSS**（Global Navigation Satellite System：全地球測位衛星システム）ネットワークと呼ばれる24〜32台の地球周回軌道衛星のネットワークを利用しています。これらの衛星は地球を12時間ごとに周回し自身の位置と測定した時刻をマイクロ波で送信します。GPSデバイスは見通し線上にある衛星からの信号を受け取ります。デバイス上のGPSソフトウェアは読み取った値を使用して衛星までの距離を計算し、三辺測量を使用して自身の位置を求めます。GPSデバイスから見える衛星が多ければ多いほどこの計算は正確になります。

三辺測量がどのように動作するかを**図4-6**に示します。

賢明な読者は三角測量という用語の代わりに三辺測量という用語が使用されていることに気づいたかもしれません。これは意図的なものです。三角測量は位置を決定するために角度を使用します。しかし先ほどの図からわかるように、GPSは実際には角度ではなく距離を使用します。そのため、正確でより専門的な用語では三辺測量というのです。しかし、もしGPSの精度について友人に説明することがあれば、三角測量という言い方をしたほうがいいかもしれません。

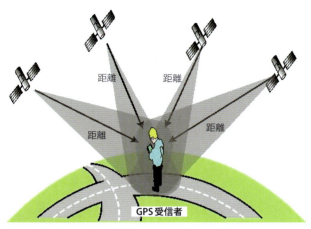

図4-6 位置の三辺測量

　数学的な厳密さをひとまず置けば、多くの衛星を認識してそれらの正確な距離が求められるなら精度は非常に高くなるはずだとこの時点では考えているかもしれません。それはそのとおりなのですが、実際には計算を難しくする要素がいくつもあります。GPSトラッキングで距離の測定を妨げる要因には次のようなものがあります。

衛星時計のオフセット

衛星はある一定の精度が公式に保証されている原子時計を使用しています。この精度を意図的に下げるためにアメリカ軍によってオフセットが設定されています。

大気の状態

天気、すなわち雲に覆われていると信号が影響を受けることがあります。

GPS受信機の時計

デバイスの時計の正確さが精度に大きな影響を与えます。例えば携帯電話には原子時計は組み込まれていません。

信号妨害

衛星の信号は高い建物や壁、屋根、高架道路、トンネルなどの影響を受けることがあります。

電磁場

電線やマイクロ波が信号の経路に影響を与えることがあります。

信号の反射

GPSトラッキングのもっとも大きな問題が信号の反射です。信号は建物や金属、壁などによって反射されることがあります。

信号障害の例を**図4-7**に示します。

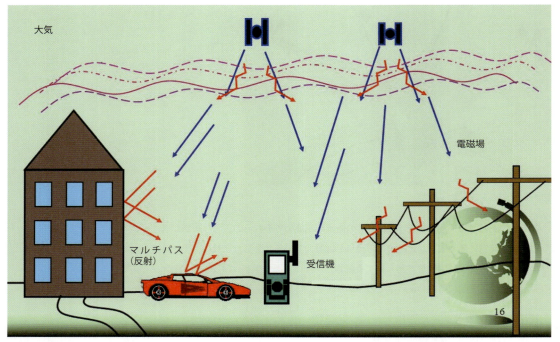

図4-7 GPS信号障害の例

　デバイスの精度がなぜ期待したほど上がらないのかを理解していれば、ゲームの動作確認で問題が起きたときに何が原因なのかを検討するときに非常に役に立ちます。ゲームをもう一度実行して、CUDLRを開発デバイスに接続したまま家の中かWi-Fi圏内を歩き回ってみましょう。デバイスが返す位置がなぜ不正確になるのかが理解できたでしょうか？

　これでデバイスの精度はある程度までしか上がらないことがわかりました。幸い、位置を新しく取得するとその測定の精度も併せて得られます。この精度は基本的には得られた計算結果の誤差の半径をメートル単位で表したものです。次の手順に従って実際に試してみましょう。

1. ［Project］ウィンドウの`Assets/FoodyGo/Scripts/Services`フォルダーを開き、`MonsterService`スクリプトをダブルクリックして好きなスクリプトエディターで開きます。
2. `Update`メソッド内の`print`文を次のように変更します。

    ```
    print("Player distance from map tile center = " + s +
        " - accuracy " + gpsLocationService.Accuracy);
    ```

3. 編集が終わればスクリプトを保存してUnityエディターに戻り、スクリプトの再コンパイルが終わるまで数秒待ってください。
4. ゲームをビルドしてデバイスにデプロイします。CUDLRに接続して家の中かWi-Fi圏

内を歩き回ってもう一度ゲームの動作を確認します。

ほとんどの場合、精度としてはおそらく10前後の値が返ってくるでしょう。それ以外のおかしな値、おそらく500から1,000程度の値になる場合もときどきはあるかもしれません。精度のデフォルト値が10前後である理由は、この値がGPSサービスを開始したときのデフォルト設定だからです。これはGPSが組み込まれたさまざまなモバイルデバイスでよく使用されている典型的な設定です。技術が発展するにつれて、より新しいモバイルデバイスの基本的なGPSの精度はおよそ3メートルにまで迫っています。

現在作成しているゲームではプレイヤーは歩いて探索することになるので、GPSの更新頻度や精度については最高の設定を使用したいと思います。特定の方向に数メートル移動する必要があるのに違う方向に移動しているとみなされてしまうと、プレイヤーはすぐに不満に感じるようになるでしょう。次の手順に従ってGPS Location Serviceのデフォルトの精度を変更してください。

1. Unityエディターで [Hierarchy] ウィンドウの Service オブジェクトを選択し、展開してください。
2. GPSオブジェクトを選択して、[Inspector]ウィンドウで[GPS Location Service (Script)]の隣にある歯車アイコンをクリックしてコンテキストメニューを開きます。メニューから [Edit Script] を選択します（**図4-8**）。

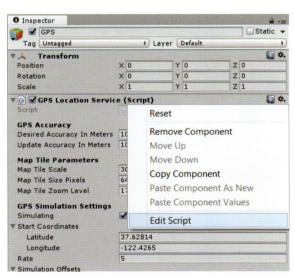

図4-8 Edit Scriptを選択するための歯車アイコンとコンテキストメニュー

3. 選択したスクリプトエディターで GPSLocationService スクリプトを開くように指示されます。
4. 以下のとおり、OnMapRedraw イベント宣言のすぐ下に変数宣言と Header 属性を追

加します。

```
public event OnRedrawEvent OnMapRedraw; // この行の下にコードを追加
[Header("GPS Accuracy")]
public float DesiredAccuracyInMeters = 10f;
public float UpdateAccuracyInMeters = 10f;
```

5. StartServiceメソッドまで画面をスクロールして、次のとおりInput.Location.Start()呼び出しを追加します。

```
// 位置を問い合わせる前にサービスを開始
Input.location.Start(DesiredAccuracyInMeters, UpdateAccuracyInMeters);
```

6. 編集を終えたら、スクリプトを保存します。Unityエディターに戻り、再コンパイルが終わるのを待ってください。

7. [Hierarchy]ウィンドウでGPSオブジェクトを選択します。今度は[Inspector]ウィンドウに先ほど追加した新しいヘッダーとプロパティが表示されているはずです。両方の精度の設定を1から10に変更してください。

8. ゲームをビルドしてモバイルデバイスにデプロイします。

9. モバイルデバイス上でゲームの実行を開始してから、CUDLRコンソールを接続します。家の中やWi-Fi圏内を歩き回ってCUDLRコンソールを見て結果がどのように変わるかを確認してください。

うまくするとデバイスは10メートルよりも高い精度をサポートしているでしょう。GPSの更新が溢れるほど入ってくるはずです。これらの更新値を確認すると、レポートされる精度はおそらく10よりも小さい数値にまで下がっているはずです。そのような変化が見られなかった場合は、もっと新しいデバイスを持っている友人にお願いしてゲームをテストさせてもらいましょう。

数メートルごとに更新がレポートされるようになったことはすばらしいのですが、残念ながら更新頻度の増加には相応のコスト、つまりバッテリーの電力消費も伴います。GPSは衛星からの信号を受け取って距離の計算や三辺測量を続けるために多くの電力を使用します。高頻度に更新するということはデバイスのバッテリーもそれだけ高速に消費されるということです。ゲーム開発者として、作成しているゲームにもっとも適した精度がどの程度かを決定する必要があります。

4.2　モンスターの確認

よくできました。これで距離がどのように求められるのか、そしてGPSの精度が三辺測量による位置にどう影響するのかが理解できたはずです。それではキャラクターの周囲にいるモンスターの追跡を開始しましょう。モンスターはプレイヤーの周囲にランダムに配置するという単純な方法を今回は使用します。

現時点で、すでにかなりの量のスクリプトをカバーしてきましたが、この章を終えるまでにはさらにやるべきことがあります。またこれから行うスクリプトの変更はこれまでよりも複雑で誤りを含みやすいものです。読者が無用な混乱に落ち入ることを避けるため、次の節では変更済みのものをインポートします。これ以降、この章ではスクリプトを実際に手で入力する場合とインポートする場合とを適宜切り替えて進むことにします。以下の手順に従って最初のスクリプトアセットをインポートしてください。

1. Unityエディターメニューから［Assets］→［Import Package］→［Custom Package...］を選択してください。
2. ［Import package...］ダイアログが開いたら、ダウンロードした本書のリソースフォルダーのある場所まで移動します。
3. インポートするChapter4_import1.unitypackageファイルを選択して［開く］ボタンをクリックします。
4. ［Import Unity Package］ダイアログが表示されるまで待ちます。すべてのスクリプトが選択されていることを確認して［Import］ボタンをクリックしてください。
5. ［Project］ウィンドウでFoodyGoフォルダーを開き、新しいスクリプトを表示します。

Chapter4_import1.unitypackageがうまくインポートできない

上記のインポート作業の結果、Servicesの下のMonsterオブジェクトに追加した［Monster Service］スクリプトコンポーネントが見えなくなっている場合は下記の手順を再度試してみてください。

1. ［Project］ウィンドウでAssets/FoodyGo/Scripts/Servicesフォルダーを開きます。
2. 新しいMonsterServiceスクリプトをドラッグしてMonsterオブジェクトにドロップします。
3. ［Hierarchy］ウィンドウでMonsterオブジェクトを選択します。
4. 同じくServicesオブジェクトの配下にあるGPSオブジェクトをドラッグして、Monsterオブジェクトの［Inspector］ウィンドウにある、［Monster Service］スクリプトコンポーネントの［Gps Location Service］スロットにドロップします。

コードエディターで新しいMonsterServiceスクリプトを開き、何が変わったかを確認してみましょう。

1. ［Project］ウィンドウでMonsterServiceスクリプトを探し、ダブルクリックしてコードエディターで開きます。
2. すぐにファイルの一番上にいくつかusing文が追加されていることと、フィールドも

いくつか新たに追加されていることに気づくでしょう。以下は今回追加された新しいフィールドをいくつか抜き出したものです。

```csharp
[Header("Monster Spawn Parameters")]
public float monsterSpawnRate = .75f;
public float latitudeSpawnOffset = .001f;
public float longitudeSpawnOffset = .001f;

[Header("Monster Visibility")]
public float monsterHearDistance = 200f;
public float monsterSeeDistance = 100f;
public float monsterLifetimeSeconds = 30;
public List<Monster> monsters;
```

3. 見てわかるとおり、新しく追加されたフィールドはモンスターの発生と、音や視覚でモンスターの存在に気づくことができる距離を制御するためのものです。リストの最後にMonster型を保持する新しい変数がありますが、現時点では単にデータを保持しているだけなのでMonsterクラスについての詳細な説明は省略します。

4. 次に、Updateメソッドまでスクロールし、距離を確認するコードが削除されて、代わりにCheckMonsters()が追加されていることを確認してください。CheckMonstersはモンスターを追加して現在の状態を確認するために作成された新しいメソッドです。

5. CheckMonstersメソッドまでスクロールしましょう。以下はそのメソッドの最初の部分です。

```csharp
if (Random.value > monsterSpawnRate)
{
    var mlat = gpsLocationService.Latitude +
        Random.Range(-latitudeSpawnOffset, latitudeSpawnOffset);
    var mlon = gpsLocationService.Longitude +
        Random.Range(-longitudeSpawnOffset, longitudeSpawnOffset);
    var monster = new Monster
    {
        location = new MapLocation(mlon, mlat),
        spawnTimestamp = gpsLocationService.PlayerTimestamp
    };
    monsters.Add(monster);
}
```

6. このメソッドの最初の行はモンスターを新しく発生させるかどうかを決定するための条件の確認です。ここではUnityのRandom.valueを利用して0.0から1.0の間の乱数を取得し、monsterSpawnRateと比較しています。モンスターを発生させた後で、現在のGPSの位置と発生位置のオフセットから求められる範囲に含まれるランダムな値を元にして、新しいモンスターの位置となる新しい緯度と経度を計算します。その後でモンスターデータオブジェクトを作成してmonstersリストに追加します。

7. もう少し下にスクロールするとプレイヤーの現在の座標がMapLocation型に変換されていることがわかります。これは計算の速度を上げるためです。ゲームプログラミ

ングでは後で必要になるかもしれないものはすべて保存しておき、新しいオブジェクトの作成は避けるようにしましょう。

8. 次の行で新しく登場したEpoch型のメソッドを呼び出してその結果をnowに保存しています。Epochは静的なユーティリティクラスで現在のEpochタイムを秒単位で返します。これはUnityがGPSデバイスのタイムスタンプを返す単位と同じです。

EpochもしくはUnixタイムは1970年1月1日を00:00:00としてそこからの経過秒数として定義される標準的な時間測定の形式です。

1. このスクリプトの次の部分にはモンスターとプレイヤーの距離が姿や音などで検知できる閾値を下回っているかどうかを確認するforeachループがあります。モンスターを検知できる距離であればprint文でプレイヤーの状態と距離を表示します。残りのコードは次のとおりです。

    ```
    // 距離を計算する際に簡単にアクセスできるようにプレイヤーの位置を保存
    var playerLocation = new MapLocation(gpsLocationService.Longitude,
        gpsLocationService.Latitude);
    // 現在のepochタイムを秒形式で保存
    var now = Epoch.Now;

    foreach (Monster m in monsters)
    {
        var d = MathG.Distance(m.location, playerLocation);
        if (MathG.Distance(m.location, playerLocation) <
            monsterSeeDistance)
        {
            m.lastSeenTimestamp = now;
            print("Monster seen, distance " + d + " started at " +
                m.spawnTimestamp);
            continue;
        }

        if (MathG.Distance(m.location, playerLocation) <
            monsterHearDistance)
        {
            m.lastHeardTimestamp = now;
            print("Monster heard, distance " + d + " started at "
                + m.spawnTimestamp);
            continue;
        }
    ```

2. スクリプトの確認が終わると、Unityに戻って［Hierarchy］ウィンドウのMonsterサービスオブジェクトを選択し、［Inspector］ウィンドウでどのような設定が追加されているかを確認してください。今のところはまだ何も変更しないでください。

3. 変更の確認が終了したので、ゲームをビルドしてモバイルデバイスにデプロイします。CUDLRに接続して、再びWi-Fi圏内を歩き回りながら、モンスターが新しく現れるかどうか、またその距離を確認してください。

よくできました。これでプレイヤーが動くのに合わせて周囲にモンスターを発生させ、さらにそれらを追跡する手段が得られました。次はもちろんそのモンスターを地図上に表示したいところですが、その前にまずは地図座標をMonsterサービスで利用できるゲームワールド座標に変換するコードを用意しなければいけません。

4.2.1　座標を3Dワールド空間に射影

覚えているかもしれませんが、CharacterGPSCompassControllerクラスのUpdateメソッドですでに地図座標から3Dワールド空間への変換を行っていました。しかし残念ながらそのコードはワールド空間での地図タイルの大きさを必要としているのでGPS Location Serviceに依存しています。そのため本当はこの変換関数をライブラリにしたいところですが、Monsterサービスのヘルパーメソッドとして追加するほうが簡単です。

幸い、このヘルパーメソッドは最後にインポートしたスクリプトアセットの一部としてすでに読み込まれています。コードエディターに戻り、先ほどの節で開いたMonsterサービスがそのままならファイルの一番下までスクロールしてください。privateメソッドとして次のような変換処理が追加されていることがわかるでしょう。

```
private Vector3 ConvertToWorldSpace(float longitude, float latitude)
{
    // GPSの緯度・経度をワールドのx/yに変換
    var x = ((GoogleMapUtils.LonToX(longitude) -
        gpsLocationService.mapWorldCenter.x) * gpsLocationService.mapScale.x);
    var y = (GoogleMapUtils.LatToY(latitude) -
        gpsLocationService.mapWorldCenter.y) * gpsLocationService.mapScale.y;
    return new Vector3(-x, 0, y);
}
```

これはプレイヤーの座標をワールド空間に変換したときに使用したものと同じコードです。簡潔に言えばここで行っているのは地図座標を地図タイル画像空間のx、yに射影し、それからワールド空間に変換するという処理です。

おそらく図4-9のほうがここで説明したコンセプトをうまく説明しているでしょう。

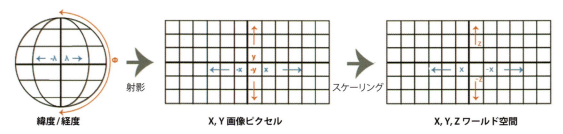

図4-9　緯度と経度をワールド空間の(x, y, z)に変換

4.2.2 モンスターを地図上に追加

これで必要なものはすべて揃いました。そろそろ実際にモンスターを地図上に配置しましょう。まずはモンスターオブジェクトを作成します。Unityを開き、次の指示に従ってMonsterサービスにモンスターをインスタンス化するコードを追加してください。

1. ［Project］ウィンドウの上側にある検索ボックスにmonstersと入力してください。アセットが自動的にフィルタリングされて名前にmonstersを含むアイテムが見つかるはずです。図4-10のようにフィルタリングされてMonsterServiceスクリプトが現れるので、ダブルクリックして好きなエディターでスクリプトを開いてください。

図4-10 ［Project］ウィンドウでmonstersアセットを検索

2. GPSLocationService変数宣言の直下に次の行を追加します。

    ```
    public GameObject monsterPrefab;
    ```

3. ファイルの一番下までスクロールして次のコードを入力し、新しくSpawnMonsterメソッドを作成します。

    ```
    private void SpawnMonster(Monster monster)
    {
        var lon = monster.location.Longitude;
        var lat = monster.location.Latitude;
        var position = ConvertToWorldSpace(lon, lat);
        monster.gameObject = (GameObject)Instantiate(monsterPrefab,
            position, Quaternion.identity);
    }
    ```

4. SpawnMonsterはもうひとつのヘルパーメソッドで、モンスタープレハブを生成するために使用します。Instantiateメソッドはゲームオブジェクトのプレハブと位置または向きを受け取って、動的にオブジェクトを作成します。作成されたゲームオブジェクトの参照をMonsterデータオブジェクトに設定して、後でそのゲームオブジェクトに直接アクセスできるようにしておきます。

5. 次にCheckMonstersメソッド内にSpawnMonsterの呼び出しを追加する必要があります。CheckMonstersメソッドの次のコードの場所に移動してください。

```
        m.lastSeenTimestamp = now;
```
6. その行の下に次のコードを入力します。
```
if (m.gameObject == null) SpawnMonster(m);
```
7. ここではモンスターにすでに生成されたオブジェクトが設定されているかどうかの確認をしています。もし設定されていなければ（表示されていなければ）、SpawnMonsterを呼び出し、新たにモンスターのインスタンスを作成します。
8. コードエディターでスクリプトを保存してUnityに戻ります。Unityが更新したスクリプトを再コンパイルし終わるまで少し待ってください。
9. メニューから［GameObject］→［3D Object］→［Cube］を選択してcubeゲームオブジェクトを新しく作成し、［Inspector］ウィンドウでオブジェクトの名前をmonsterCubeに変更してください。
10. ［Project］ウィンドウでAssets/FoodyGo/Prefabsフォルダーを開き、作成したばかりのmonsterCubeゲームオブジェクトをPrefabsフォルダーにドラッグして新しいプレハブを作成します。
11. ［Hierarchy］ウィンドウからmonsterCubeゲームオブジェクトを削除します。
12. ［Hierarchy］ウィンドウでServicesオブジェクトを選択して展開し、Monsterオブジェクトを選択します。
13. Assets/FoodyGo/PrefabsフォルダーからmonsterCubeプレハブをドラッグし、［Inspector］ウィンドウの［Monster Service］コンポーネントにある空の［Monster Prefab］スロット上にドロップします。
14. ［Play］ボタンを押下してエディター内でゲームを実行します。GPSサービスのシミュレーションが開始されていることを確認してください。シミュレーションを実行していれば、monsterCubeゲームオブジェクトがプレイヤーの周りに発生するのが見えるはずです。もししばらく待ってもモンスターがまったく現れなければ、Monsterサービス内のモンスター発生率（monsterSpawnRate）を0.25程度にまで下げてください。図4-11のように、monsterCubeのクローンが［Hierarchy］ウィンドウに追加される様子がわかります。

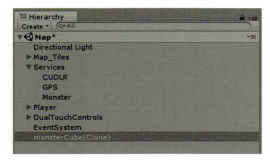

図4-11 Hierarchy内でのインスタンス化されたmonsterCube(Clone)の表示

ただ、このブロックはどう見てもちゃんとしたモンスターではありません。まずはこれをなんとかしましょう。今回も別のReallusionのキャラクターをモンスターの土台として使用します。覚えているかもしれませんが、Reallusionはプレイヤーキャラクターとして使用しているiCloneというすばらしいキャラクターを作成した会社です。次の指示に従って、新しいモンスターキャラクターを設定しましょう。

1. ［Window］→［Asset Store］を選択して［Asset Store］ウィンドウを開きます。
2. Asset Storeページがロードされてから、検索フィールドにgrouchoと入力し、Enterキーを押すかまたは［search］をクリックしてください。
3. Grouchoキャラクターの有料版と無料版がリストに現れます。リストから無料版を選択しましょう。
4. このアセットのページがロードされたら、［Download］ボタンをクリックしてアセットをダウンロードし、インポートします。二度めになりますが、この処理は少し時間がかかります。飲み物を持ってくるか、何もせずただゆっくり待ちましょう。
5. ダウンロードが完了すると［Import Unity Package］ダイアログが開きます。**図4-12**と同じようにすべてが選択されていることを確認して［Import］をクリックしてください。

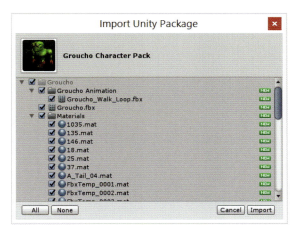

図4-12　Grouchoキャラクターのインポート

6. キャラクターがインポートされたら、［Project］ウィンドウのAssets/Groucho/Prefabフォルダーを開きます。それからGrouchoプレハブを［Hierarchy］ウィンドウにドラッグしてください。
7. ［Hierarchy］ウィンドウでGrouchoオブジェクトを選択します。［Inspector］ウィンドウでこのオブジェクトの［Transform］コンポーネントの横の歯車アイコンを選択してコンテキストメニューを開き、オブジェクトのトランスフォームをリセットします。コンテキストメニューから［Reset］を選択すると、GrouchoキャラクターはiCloneキャラクターと重なるはずです。

8. ［Inspector］ウィンドウでGrouchoオブジェクトの名前をMonsterに変更します。
9. Monsterの下の階層を開いてGrouchoを選択し、［Inspector］ウィンドウの［Animation］コンポーネントの［Animation］フィールドの右脇にある⊙アイコンをクリックします。ダイアログが開くのでWalk_Loopを選択し、このダイアログを閉じます。
10. GrouchoキャラクターにセットしたWalk_Loopアニメーションは初期設定のままでは繰り返されません。このアニメーションループの問題を修正するには［Inspector］ウィンドウで先ほど設定したWalk_Loopアニメーションを選択します。これで［Project］ウィンドウ上でアニメーションがハイライトされます。
11. 次に、［Project］ウィンドウでWalk_Loopの親オブジェクトであるGroucho_Walk_Loopを選択し［Inspector］ウィンドウで［Animations］タブを押すと、図4-13のように、アニメーションのインポートプロパティが表示されます。
12. ［Wrap Mode］をLoopに変更し、［Apply］ボタンをクリックします。
13. ［Hierarchy］ウィンドウでMonsterオブジェクトを選択して、［Transform］コンポーネントの［Scale］のx、y、zの値を1から0.5に変更し、モンスターのサイズを縮小します。モンスターはあまり恐ろしすぎてはいけないので、小さいほうがいいでしょう。
14. Monsterゲームオブジェクトを［Project］ウィンドウのAssets/FoodyGo/Prefabsフォルダーにドラッグ&ドロップしてMonsterプレハブを新しく作成します。
15. ［Hierarchy］ウィンドウでMonsterゲームオブジェクトを選択し、右クリックでメニューからdeleteを選択し、このオブジェクトを削除します。
16. ［Hierarchy］ウィンドウのServicesオブジェクトを選択して展開します。その後、［Inspector］ウィンドウでMonsterサービスを選択してハイライトします。Monsterプレハブを［Project］ウィンドウのAssets/FoodyGo/Prefabsフォルダーからドラッグして、［Inspector］ウィンドウの［Monster Service］コンポーネントの［Monster Prefab］フィールドにドロップします。

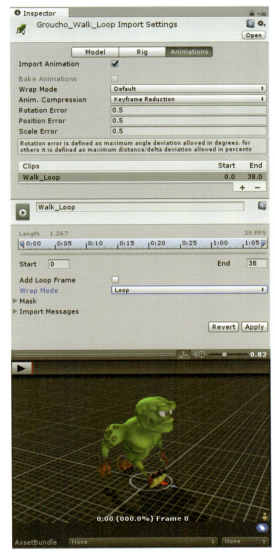

図4-13 Walk_LoopアニメーションのWrap Modeを設定

17. ［Play］ボタンを押下してエディターでゲームを実行します。GPSシミュレーションが有効になっていることを確認してください。**図4-14**はモンスター発生率を非常に高くした場合の表示例です。

図4-14 プレイヤーの周りに発生するモンスター

 この3DキャラクターはReallusion iClone Character Creatorによってデザインされたものです。キャラクターをもっとカスタマイズしたければ以下のリンク先を参照してください。

https://www.reallusion.com/iclone/character-creator/default.html

よくできました。これで地図上でモンスターが発生するようになりました。しかしゲームを実行してみると、いくつか新しい問題があることに気づくはずです。対応しなければいけない問題は次のようなものです。

- マップの中心を変更しても、モンスターの中心が変更されません。
- プレイヤーが移動してモンスターが本来視認できる範囲から外れても地図上に表示されたままです。
- すべてのモンスターが同じ方向を向いています。
- 姿が見えず音だけが聞こえるモンスターを追跡する手段がまだありません。

初めの3つの問題を解決するためにもうひとつスクリプトアセットをインポートします。その変更内容を確認した後で、シーンにUI要素を追加して最後の問題に対応します。次の指示に従って必要となる新しいスクリプトと他のアセットをインポートしてください。

1. ［Assets］→［Import Package］→［Custom Package...］を選択してアセットパッケージを

インポートします。

2. ファイル選択ダイアログが開いたら、ダウンロードした本書のリソースフォルダーのある場所まで移動します。`Chapter4_import2.unitypackage`を選択して、［開く］をクリックしてください。

3. ［Import Unity Package］ダイアログが開きます。すべてのアセットが選択されていることを確認し、［Import］をクリックします。

4. ［Project］ウィンドウで`Assets/FoodyGo`フォルダーを開いて新しいアセットがインポートされていることを確認します。`Images`や`Scripts/UI`などの新しいフォルダーが追加されていることがわかるでしょう。

　最初の3つの問題は、`MonsterService`スクリプトに加えられたいくつかの修正により、すべて解決しています。好きなエディターで`MonsterService`スクリプトを開いて次の一覧にある問題と修正をひとつずつ確認してください。

1. 地図の再描画に合わせてモンスターを再配置する必要がある件についてです。

    - 最初の問題は`GPSLocationService`の`OnMapRedraw`イベントを受け取って処理することで解決しました。覚えているかもしれませんが、このイベントは中心の地図タイルが再描画されたときに実行されます。コードの変更は以下のとおりです。

        ```
        // Start()の中でイベントを監視
        gpsLocationService.OnMapRedraw += GpsLocationService_OnMapRedraw;

        // イベントメソッド
        private void GpsLocationService_OnMapRedraw(GameObject g)
        {
            // 地図の中心が変更されるとすべてのモンスターの中心も変更
            foreach(Monster m in monsters)
            {
                if (m.gameObject != null)
                {
                    var newPosition = ConvertToWorldSpace(m.location.Longitude,
                        m.location.Latitude);
                    m.gameObject.transform.position = newPosition;
                }
            }
        }
        ```

    - このメソッドでは`MonsterService`内のそれぞれのモンスターに対してインスタンス化されたゲームオブジェクトを持っているかどうかを確認します。もしゲームオブジェクトがあれば、そのオブジェクトの地図上での位置を変更します。

2. 一度見えるようになったモンスターがずっと表示されている件についてです。

    - 解決策として、比較的わかりやすい処理を`CheckMonsters`メソッドにいくつか

加えただけです。最初の変更では姿も見えず音も聞こえないモンスターを確実に見えないようにしたいと思います。それにはモンスターの`gameObject`フィールドが`null`かどうかを確認して、`null`でなければそのゲームオブジェクトの`SetActive(false)`メソッドを呼び出して`Active`プロパティを`false`に設定します。これはオブジェクトを不可視にしたときと同じ処理です。対応するコードは次のとおりです。

```csharp
// モンスターが見えない場合は隠す
if(m.gameObject != null)
{
    m.gameObject.SetActive(false);
}
```

- 以前は、モンスターが見えるようになったときに`gameObject`フィールドが`null`なら新しくモンスターを発生させるだけでした。今度はモンスターが`gameObject`を持っているならそのオブジェクトが有効かつ可視であることも確認する必要があります。行うことは先ほどとほぼ同じですが、今度は`SetActive(true)`を使用してゲームオブジェクトを確実に有効かつ可視にします。コードが次のようになっていることを確認してください。

```csharp
if (m.gameObject == null)
{
    print("Monster seen, distance " + d + " started at " + m.spawnTimestamp);
    SpawnMonster(m);
}
else
{
    m.gameObject.SetActive(true); // モンスターがvisibleであることを保証
}
```

3. すべてのモンスターが同じ方向を向いている件についてです。

- 最後の問題はモンスターのUpベクトルであるy軸回りの回転角をランダムな値に設定することで解決します。`SpawnMonster`メソッドの変更部分は以下のとおりです。

```csharp
private void SpawnMonster(Monster monster)
{
    var lon = monster.location.Longitude;
    var lat = monster.location.Latitude;
    var position = ConvertToWorldSpace(lon, lat);
    var rotation =
        Quaternion.AngleAxis(Random.Range(0, 360), Vector3.up);
    monster.gameObject =
        (GameObject)Instantiate(monsterPrefab, position, rotation);
}
```

4.2.3　モンスターをUIの中で追跡

　最後の問題を解決するために、まだモンスターが見える距離にいないときでもプレイヤーがモンスターを追跡できるようにしたいと思います。それには足跡アイコンやその他の画像を使用してプレイヤーに視覚的なヒントを与えます。足跡もしくは爪痕がひとつだけ表示されていると非常に近いという意味で、2つ表示されるとそれほど近くはない、3つだと辛うじて足音が聞こえる距離という意味になります。今のところモンスターは一種類だけなのでプレイヤーにはもっとも近いモンスターまでの距離を表すアイコンをひとつだけ表示することにします。

　コードの説明に入る前に、足跡の表示される範囲を設定するために`MonsterService`に新しく追加されたプロパティを確認しましょう。`Services`オブジェクトを展開して、`Monster`オブジェクトを選択してください。`Monster`サービスの［Inspector］ウィンドウがどのように見えるかを図4-15に示します。

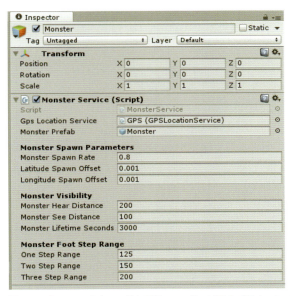

図4-15　［Inspector］ウィンドウでMonsterサービスのパラメーターを確認

　見てわかるとおり、［Inspector］ウィンドウの［Monster Service］コンポーネントに新しいセクションが追加されています。この新しいセクションはある足跡が適用される範囲を定義しています。すなわち、ある足跡が使用される半径の値を設定します。例えば、もっとも近くにいるモンスターとの距離が130メートルなら、130は［One Step Range］の設定値である125よりも大きく、［Two Step Range］の設定値である150よりも小さいのでプレイヤーには足跡が2つ見えることになります。

　好きなエディターで`MonsterService`スクリプトをもう一度開いてください。足跡の範囲を設定できるようにするために変更されている点は以下のとおりです。

- 最初に確認する変更点はモンスターの足音が聞こえるかどうかをチェックする`CheckMonsters`メソッド内の`if`文の条件式です。

  ```
  var footsteps = CalculateFootstepRange(d);
  m.footstepRange = footsteps;
  ```

- 2つめの変更点は新しく追加された`CalculateFootstepRange`です。次のとおり、このメソッドは足跡の範囲を示すパラメーターを用いて、現在の距離がどの範囲に含まれるかを判定するだけです。

  ```
  private int CalculateFootstepRange(float distance)
  {
      if (distance < oneStepRange) return 1;
      if (distance < twoStepRange) return 2;
      if (distance < threeStepRange) return 3;
      return 4;
  }
  ```

プレイヤーに足跡の範囲を伝えるためのUIとして、次のようにしてアイコンビューを追加します。

1. Unityに戻り、[Hierarchy]ウィンドウで`Map`シーンを選択します。そこで[GameObject]→[UI]→[Raw Image]を選択すると、`DualTouchControls`オブジェクトが展開され、`RawImage`オブジェクトが子要素として追加されます。

2. [Inspector]ウィンドウでこの`RawImage`オブジェクトの名前を`Footsteps`に変更します。

3. `Footsteps`オブジェクトが選択されている状態で、[Project]ウィンドウで`Assets/FoodyGo/Scripts/UI`フォルダーを開きます。`FootstepTracker`スクリプトをドラッグして[Inspector]ウィンドウの`Footsteps`オブジェクト上にドロップすると、図4-16のように[Inspector]ウィンドウに[Footstep Tracker (Script)]コンポーネントが追加されます。

図4-16　空のFootstep Tracker (Script)コンポーネント

4. [Hierarchy]ウィンドウで`Services`オブジェクトの下の階層を展開します。`Monster`サービスオブジェクトをドラッグして、[Inspector]ウィンドウの[Footstep Tracker]スクリプトコンポーネントの[Monster Service]フィールド上にドロップします。

5. [One Footstep]フィールドの右脇にある◉アイコンをクリックすると、[Select

Texture] ダイアログが開きます。ダイアログをスクロールして paws1 を選択し、ダイアログを閉じます。これで [One Footstep] フィールドに paws1 テクスチャーが追加されます。

6. [Two Footsteps] フィールドと [Three Footsteps] フィールドについても同様の作業を行うと図4-17のようになります。

図4-17　Footstep Tracker スクリプトコンポーネントの設定値

7. [Inspector] ウィンドウの [Rect Transform] コンポーネントの四角いアイコンをクリックして [Anchor Presets] メニューを開きます。
8. [Anchor Presets] メニューが開いている状態で、Shift キーと Alt キーを押したままにして図4-18のように top left プリセットをクリックします。

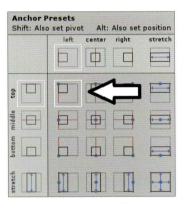

図4-18　Anchor Preset を選択

9. これでゲームウィンドウの左上に真っ白い四角形のアイコンが表示されているはずです。ここに足跡アイコンが表示されます。
10. [Play] を押して Unity エディターでゲームを実行します。GPS サービスがシミュレーションモードで起動していることを確認してください。キャラクターが動き回ると、図4-19のようにもっとも近いモンスターまでの距離を足跡の数で表したアイコンが表示されます。

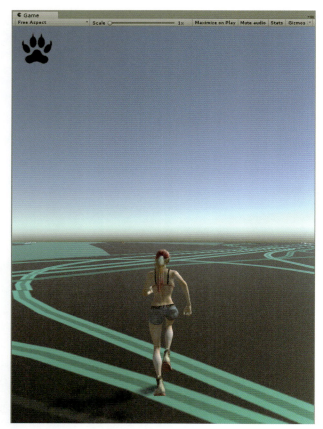

図4-19　One Footstepアイコン表示中

　エディターを使用したゲームのテストが完了したらモバイルデバイス用にビルドしてデプロイしましょう。そして家の中や近所を歩き回り、モンスターを追跡できているかどうかを確認します。モンスターにどのくらい近づいているかがわかるでしょうか？ 生きたテストランナーとして、Monsterサービスに設定したさまざまな距離が適当か確かめてください。それらの距離の値を変更する必要があるかどうかを考えてみましょう。

4.3　まとめ

　本章の大部分では、地図上のモンスターを追跡するために必要となるさまざまなコアスクリプトを記述したり変更したりしました。まず初めに行ったのは球面に沿った空間的な距離を求める基礎となる数学を理解することでした。その次にGPSの精度の意味と、その精度に影響を与える要素について学習しました。その後、モンスターのサービススクリプトとその他の必要なスクリプトを作成しました。次に、マップ上に簡単なプレハブを表示するため、プレハブをインスタンス化するコードをモンスタースクリプトに追加しました。それから新しいモンス

ターキャラクターをゲームにインポートし、新しいモンスタープレハブを設定しました。そのモンスターを使用して動作を確認した結果、いくつか解決すべき問題があることがわかりましたが、スクリプトを更新してこれらを解決し、動作を確認しました。そして最後に簡単な足跡アイコンを新しいUI要素として追加して、まだ姿が見える距離にはいないモンスターでも追跡できるようにしました。

次の章では、プレイヤーが拡張現実の視点の中でモンスターを捕獲できるようにします。これが今回のゲーム作成でARに取り組む初めての章になります。合わせて剛体物理やアニメーション、パーティクル効果など他のゲーム要素にも取り組みます。

5章
ARでの獲物の捕獲

　Foody GOのストーリー展開で見たように、プレイヤーは逃げ出した実験用クッキングモンスターを追跡して捕まえる必要があります。前章の最後で、プレイヤーは地図上で周囲にいるモンスターを追いかけたり見つけたりすることができるようになりました。ここでやらなければならないことは、プレイヤーが見つけたモンスターとやりとりできるようにしたり捕まえたりできるようにすることです。私たちのゲームをより深く熱中できるものにするために、プレイヤーがあたかも現実の視点でモンスターを捕まえられるようにしたいと思います。すなわち、デバイスのカメラ画像をモンスターを捕まえるときの背景に組み込みます。ARコンポーネントを追加することで、私たちのゲームを現実世界のアドベンチャー、もしくは位置情報ベースのARのジャンルのゲームだと言えるようになります。

　この章では、新しく身につける必要がある概念に基づく機能をいくつかゲームに追加します。この新しい概念はゲーム開発やUnityの基礎になるため、これまでの章とは異なり、理論的な話に深入りはしません。その代わり、これらのことがUnityの中でどのように機能するかを説明し、いくつか重要な概念をさらに学ぶためのリファレンスを提供します。以下はこの章で学ぶ内容です。

- シーン管理
- Game Managerの紹介
- シーンのロード
- タッチ入力の更新
- コライダーとリジッドボディの物理
- AR捕獲シーンの構築
- シーンの背景にカメラを使う
- 捕獲ボールの追加
- ボールを投げる
- 衝突のチェック
- フィードバックのためのパーティクルエフェクト
- モンスターの捕獲

今までの章で行ったように、もし前章から引き続きゲームプロジェクトをロードした状態でUnityを起動しているならば次の節に進みましょう。そうでない場合は、Unityを起動してFoodyGOゲームプロジェクトをロードするか、もしくはサポートサイトからChapter_4_Endをダウンロードして FoodyGO プロジェクトを開きます。そして、Mapシーンがロードされていることを確認しましょう。

 保存したプロジェクトファイルを開いた際に、最初のシーンもロードしなければならない場合があります。Unityはしばしばロードすべきシーンを推測せず、代わりに新たなデフォルトシーンを作成することがあります。

5.1　シーン管理

　ゲームに新たな機能を追加する前に、どのようにすればシーンからシーンへ遷移することができるのか少し振り返ってみましょう。現時点では、私たちのゲームには2つのシーン（SplashシーンとMapシーン）があります。この章では、さらにGameとCatchの2つのシーンを追加します。しかし、私たちはまだシーンの遷移やゲームオブジェクトの生存期間を管理する方法を持ち合わせていません。理想的には、これらのすべてを行えるマスターオブジェクトとスクリプトが必要です。これはまさしく今から私たちが開発するものであり、Game Manager（ゲームマネージャ）と呼ぶことにします。

　はやる気持ちをしばらく落ち着かせましょう。滑らかにシーンをロードしたり遷移したりするために、現状のシーンを少し整理します。Unityを起動して以下の手順に沿って現在のゲームシーンを綺麗にして再編成します。

1. [Hierarchy] ウィンドウに [Map] シーンがロードされていることを確認します。メニューから [GameObject] → [Create Empty] の順に操作して新しい空のゲームオブジェクトを作成します。
2. その新しいオブジェクトの名前を MapScene に変更し、[Transform] の設定をゼロにリセットします。
3. [Hierarchy] ウィンドウの中で Player オブジェクトを MapScene オブジェクトにドラッグ＆ドロップします。これにより Player は MapScene の子要素になります。同様に、図5-1のように Map_Tiles、Services、DualTouchControls、Directional Light の各オブジェクトも MapScene の子オブジェクトにします。

図5-1 MapSceneの子オブジェクト

4. メニューから [File] → [Save Scene] の順に操作してシーンを保存します。
5. メニューから [File] → [Save Scene as...] の順に操作し、このシーンをGameという名前で新しいシーンとして保存します。[Save Scene] ダイアログでGameと名前を入力し、[保存] ボタンを押します。
6. 次の手順に進むにあたり、途中で挫折しないために覚えておいてください。何か削除してはいけないものを削除し保存してしまった場合は、いつでもChapter_4_Endフォルダーのソースコードから再開できます。
7. [Hierarchy] ウィンドウの中にあるEventSystemが残っている場合は、EventSystemオブジェクトを選択し、右クリックしてメニューからdeleteを選択してこのオブジェクトを削除します。シーンにはMapSceneとその子要素のみが含まれることになります。
8. メニューから [File] → [Save Scene as...] の順に操作して、Mapと名前を付けて [保存] ボタンを押します。**図5-2**のようにシーンを上書きするかどうかを確認するダイアログが出るので [はい] を押します。

図5-2 上書きを確認するダイアログ

9. [Project] ウィンドウのAssetsフォルダーから新しいGameシーンをダブルクリックしてGameシーンを開きます。
10. MapSceneオブジェクトを選択し、右クリックでメニューからdeleteを選択してこのオブジェクトを削除します。MapSceneオブジェクトを削除した後は、[Game] ウィンドウが真っ暗で、「No cameras rendering」というメッセージが表示されています。動揺したり、パニックになったり、修復モードを実行しないようにしてください。また、新しいカメラをシーンに追加することもしないでください。すべては予定したとおりの動作ですので、このまま継続しましょう。

11. メニューから[File]→[Save Scene]の順に操作してシーンを保存します。
12. [Project]ウィンドウのAssetsフォルダーにあるSplashシーンをダブルクリックして開きます。
13. メニューから[GameObject]→[Create Empty]の順に操作して空のGameObjectを作成します。このオブジェクトの名前をSplashSceneに修正し、[Inspector]ウィンドウの[Transform]の[Position]をゼロにリセットします。
14. Main Camera、Directional Light、CanvasをSplashSceneにドラッグ＆ドロップします。これらはすべてSplashSceneオブジェクトの子要素となります。
15. EventSystemが残っている場合は、EventSystemオブジェクトを選択して右クリックしてメニューから[Delete]を選択し、このオブジェクトを削除します。[Hierarchy]ウィンドウのSplashシーンは図5-3のようになっている必要があります。

図5-3 SplashSceneの子オブジェクト

16. メニューから[File]→[Save Scene]の順に操作してシーンを保存します。

　これでSplashやMapのシーンを開き、問題なくプレイすることができるでしょう。移動したすべてのものが正しく保存されていることを確認するためのテストをしてみてください。シーンを実行すると、MapシーンにEventSystemオブジェクトが動的に追加されていることがわかります。これは正しく、期待したとおりの動作です。

5.2　Game Managerの紹介

　Game Manager(GM)は監督者であるとともにゲーム内のすべての活動のコントローラーでもあります。GMはシーンのロードやアンロード、遷移だけでなく、後で取り上げる他の多くの上位レベルの機能を管理します。GMは最初にロードされるシーンとなるGameシーンに属します。そして図5-4で示すように、GMは必要に応じてシーン間の活動を管理します。

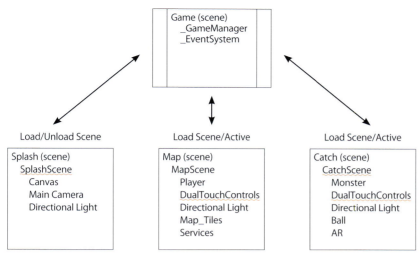

図5-4 各シーンとGameManagerの関係の概観

　ここからは、GameManagerゲームオブジェクトを作成し、スクリプトをセットアップして実行し、さらにそれを説明していきます。この章はやることがとても多く、残念ながらすべてのコードを解説するには紙面が足りません。時間をとってご自身でスクリプトを確認することを強くお勧めします。それでは、次の解説に従って、GameManagerスクリプトをインポートし、セットアップしましょう。

1. ［Project］ウィンドウの［Assets］フォルダーを選択し、Gameシーンをダブルクリックして開きます。
2. シーンがロードされたら、メニューから［GameObject］→［Create Empty］の順に操作して新しい空のゲームオブジェクトを作成します。
3. 新しいオブジェクトの名前を_GameManagerに修正し、［Inspector］ウィンドウで［Transform］の［Position］の値をゼロにリセットします。名前がアンダースコアから始まっていることに注目してください。アンダースコアを使用して、破壊したり停止させたりすべきでないオブジェクトであることを示します。
4. 同様に、［Hierarchy］ウィンドウでEventSystemオブジェクトを選択して名前を_EventSystemに変更します。
5. メニューから［Assets］→［Import Package］→［Custom Package...］の順に選択し、表示された［Import package］ダイアログで、ダウンロードしたリソースフォルダーにある、Chapter5_import1.unitypackageを選択します。［開く］ボタンをクリックするとインポートが始まります。
6. ［Import Unity Package］ダイアログが表示されたら、必要なアセットが選択されていることを確認し、［Import］ボタンを押します。
7. Assets/FoodyGo/Scripts/Managersフォルダーまで階層をたどり、Game

Managerスクリプトを［Hierarchy］ウィンドウの_GameManagerにドラッグ＆ドロップします。

8. _GameManagerオブジェクトを選択し、図5-5のようにGame Managerスクリプトコンポーネントのプロパティを設定します。

図5-5　Game Managerの設定

9. メニューから［File］→［Build Settings...］の順に操作して［Build Settings］ダイアログを開きます。ここでGame、Splash、Mapの各シーンを図5-6に示す順番でビルド設定に追加する必要があります。

図5-6　［Build Settings］ダイアログで追加するシーンとその順番

10. ［Project］ウィンドウのAssetsフォルダーからシーンを［Scenes In Build］エリアにドラッグ＆ドロップすることでシーンを追加することができます。必要に応じて各シーンを選択し、ドラッグして上か下にドロップすると順番を並び替えることができます。リストの一番上のシーンが最初にロードされることになります。皆さんのシーン設定が図5-6と一致していることを確認してください。

11. シーンの追加と並べ替えが完了したら、エディターの［Play］ボタンを押してゲームを実行します。まずGameシーンがすぐにロードされてからSplashシーンがロードされ、数秒後にMapシーンがロードされるでしょう。また、Sceneウィンドウでは、MapシーンがSplashシーンの裏でロードされていることも確認できます。
12. ビルドして皆さんのモバイルデバイスにデプロイして確認してみましょう。デバイスでゲームを実行してください。前章と同じように動作するはずです。

5.3 シーンのロード

先にも述べましたが、今までのように詳細にコードの変更を見ていくには膨大なページが必要になります。けれども、重要なコーディングのパターンをまったく説明しないわけにはいきませんので、重要なコードの箇所や行については今までどおり確認していきます。最初にインポートしたGameManagerスクリプトで見ていきたい重要なコードは、どのようにしてシーンがロードされるかというところです。以下の手順に沿ってコードを見ていきましょう。

1. ［Project］ウィンドウのAssets/FoodyGo/Scripts/ManagersフォルダーからGameManagerスクリプトをダブルクリックします。すると、お使いのエディターが開きます（デフォルトはMonoDevelopです）
2. 下にスクロールするとDisplaySplashSceneメソッドがあります。コードのこのセクションは強調したい重要な部分です。スクリプトエディターを開くことができない方のために、このメソッドを以下に示します。

    ```
    // Splashシーンを表示してゲームを開始するシーンをロードします
    IEnumerator DisplaySplashScene()
    {
        SceneManager.LoadSceneAsync(MapSceneName,
            LoadSceneMode.Additive);
        // スプラッシュをアンロードするまでの固定量の時間をセットする
        // GPSサービスが開始されて動作しているか、若しくは他の必要条件を確認する
        yield return new WaitForSeconds(5);
        SceneManager.UnloadScene(SplashScene);
    }
    ```

3. コルーチンの中で新たにSceneManagerクラスが使われていることがわかると思います。SceneManagerは実行時に動的にシーンをロードしたりアンロードすることができるようにするヘルパークラスです。最初の行では置き換えモードではなく追加モードで非同期にシーンをロードします。このメソッドの最終行のように、追加モードでのシーンのロードは複数のシーンを一緒にロードし、必要なくなったときにシーンをアンロードすることができます。
4. GameManagerスクリプトの残りのコードはご自身で追ってみてください。どのようにしてシーンがロードされ、アンロードされるかを確認しましょう。他にも多くのことがGameManagerで行われることがわかると思います。それらのいくつかは後ほど触れますので心配は要りません。

5.4　タッチ入力の更新

　ここまででGameManagerを通してシーンの遷移を管理できるようになりました。次は、シーンを変えるきっかけとなるトリガーを設定する必要があります。Catchシーンに遷移するにはプレイヤーが捕まえたいモンスターをタップしますが、これはタッチ入力がモンスターの上で行われたことを区別する必要があるということを意味します。

　今までのタッチ制御はスクリーン全体で動作し、カメラの向きのみを操作していたのを覚えているでしょうか。ここで必要なのはタッチ入力のスクリプトをカスタマイズし、モンスターをタッチできるようにすることです。幸いなことに、手順を簡潔にするために行った先ほどのインポート作業でこれらのスクリプトの変更が追加されています。以下の手順に従って新しいスクリプトを設定し、それらの変更点を確認してみてください。

1. Unityのエディターを開き、Mapシーンをロードします。
2. [Hierarchy] ウィンドウで、MapSceneオブジェクトの階層を展開してDualTouchControlsオブジェクトを選択します。[Inspector] ウィンドウから、このオブジェクトの名前をUI_Inputに変更します。これにより、このオブジェクトの機能をよりわかりやすく示す名前になりました。

　その機能に合うようにゲームオブジェクトやクラス、スクリプト、および他のコンポーネントの名前を付けるよう心がけることは、開発における良い習慣です。良い名前はその機能が何であるかを示す数行のドキュメントに匹敵するのに対して、悪い名前はフラストレーションおよび、アップグレードやメンテナンスの悪夢を引き起こす原因になります。

3. UI_Inputを展開し、TurnAndLookTouchpadを選択します。
4. Assets/FoodyGo/Scripts/TouchInputフォルダーからCustomTouchPadスクリプトをドラッグしてTurnAndLookTouchpadオブジェクトにドロップします。
5. ここまでで図5-7のように [Inspector] ウィンドウの [Touch Pad (Script)] コンポーネントの下に [Custom Touch Pad (Script)] コンポーネントが追加されます。

図5-7 ［Inspector］ウィンドウのTouch PadとCustom Touch Padコンポーネント

6. ［Touch Pad (Script)］コンポーネントから［Custom Touch Pad (Script)］コンポーネントにすべての設定をコピーします。両方の設定が一致していることを確認します。

7. ［Touch Pad (Script)］コンポーネントの上の右端にある歯車型のアイコンをクリックして［Remove Component］を選択して［Touch Pad (Script)］コンポーネントを削除します。

8. CustomTouchPadスクリプトはTouchPadスクリプトとほぼ同じで、異なる行は1行だけです。もしかすると、なぜ元のスクリプトを修正しないのかと思うかもしれません。ここで新しいコピーを作成して修正した理由は、それを自分自身のものにするためです。そうすることにより、もし将来的にCross Platform Inputアセットのアップデートが必要になったとしても、私たちのカスタムスクリプトが上書きされずに済みます。

9. ［Custom Touch Pad (Script)］コンポーネントの上の右端にある歯車型のアイコンをクリックし、コンテキストメニューの［Edit Script］を選択します。お使いのエディターでスクリプトが開きます。

10. 下にスクロールするか、検索してOnPointerDownが見えるようにします。下記は、このメソッドと変更された1行のコードの抜粋です。

    ```
    public void OnPointerDown(PointerEventData data)
    {
        if (GameManager.Instance.RegisterHitGameObject(data)) return;
    ```

11. OnPointerDownメソッドは、ユーザーが最初にスクリーンをタッチしてスワイプを開始するときに呼び出されます。ここでやりたいことは、重要なオブジェクトをタッチしたときにスワイプ操作をトラッキングしないようにすることです。これが新しく追加された行で行われていることです。コードのこの行ではGameManager.Instance.RegisterHitGameObjectにタッチされた位置を渡して呼び出します。重要なオブジェクトがタッチされた場合はtrueが返されるので、スワイプ操作が開始されないようにそれをそのまま返します。どれにも当たっていない場合は、通常

のスワイプ操作が行われます。

GameManager.InstanceはGameManagerのシングルトンインスタンスを取得する呼び出しであることを示します。シングルトンはグローバルな単一オブジェクトのインスタンスを維持したいときに使われるよく知られたデザインパターンです。GameManagerは、さまざまなクラスから単一のゲームの状態を制御するために用いられるため、シングルトンが最適です。

12. まだコードエディターを開いている間にGameManagerクラスをもう一度開きます。
13. 下にスクロールしてRegisterHitGameObjectが見えるようにします。

```
public bool RegisterHitGameObject(PointerEventData data)
{
    int mask = BuildLayerMask();
    Ray ray = Camera.main.ScreenPointToRay(data.position);
    RaycastHit hitInfo;
    if (Physics.Raycast(ray, out hitInfo, Mathf.Infinity,
        mask))
    {
        print("Object hit " +
            hitInfo.collider.gameObject.name);
        var go = hitInfo.collider.gameObject;
        HandleHitGameObject(go);

        return true;
    }
    return false;
}
```

14. このメソッドの機能は特定のタッチ入力がシーン内の重要なオブジェクトに当たったかどうかを判定することです。これは、基本的にはスクリーン上の位置からゲームの空間にレイを飛ばすことで実現します。図5-8で示すように、レイはレーザーポインターのようなものだと考えることができます。

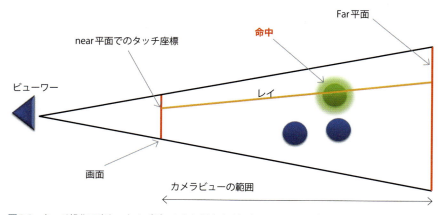

図5-8　タッチ操作で当たったオブジェクトを判定するためにシーンに飛ばすレイ

15. 処理の大半はPhysics.Raycastメソッドの内部で行われます。このメソッドは、タッチ操作によって飛ばされるレイ、RaycastHitオブジェクトの参照、テストするレイの距離、そして最後に、オブジェクトに当たったかどうか、およびどのようにオブジェクトに当たったかを判定するレイヤーマスクを使用します。ここではたくさんのことが行われていますので、パラメーターをさらに掘り下げていきましょう。
    - Ray —— 光線、もしくは飛ばされて衝突判定に使われる直線を示します
    - out RaycastHit —— 衝突についての情報の戻り値を示します
    - Distance —— 衝突探索の最大範囲を示します

このコード中では探索範囲をMathf.Infinityとしています。現時点でのシーン中にあるオブジェクト数ではうまく機能します。より複雑なシーンでは無限大の値の処理コストは高いので、見える範囲のすべてのオブジェクトだけを判定したほうがよいかもしれません。

  - Mask —— マスクは衝突判定を行うべきレイヤーを決定するために使われます。物理的な衝突とレイヤーについては次の節で詳しく触れます。

16. Unityに戻って［Play］ボタンを押してゲームを動かしてみましょう。何も新しいことはないことに気づくと思います。なぜならひとつ重要なことが抜けているからです。Physics.Raycastはコライダーに対しての衝突を判定しています。今のところ、私たちのモンスターオブジェクトはコライダーを持っておらず、物理エンジンを使うように設定されていませんので、これを修正していきます。

5.5　コライダーとリジッドボディの物理

これまでは物理計算に関して言及するのを避けてきましたが、キャラクターをシーンに追加したときから、私たちのゲームはUnityの物理エンジンを使ってきました。Unityの物理エンジンは2つのパートから構成されています。ひとつは2D、もうひとつはより複雑な3Dです。物理エンジンはゲームに活力をもたらし、ゲームの環境をより自然にするものです。開発者はこのエンジンを活用することで、自動的に自然な反応をする新たなオブジェクトを世界に簡単に追加することができます。物理エンジンを使用したゲームオブジェクトの良い実例がすでにありますので、これから見ていきます。

1. UnityでMapシーンがロードされていることを確認します。
2. ［Hierarchy］ウィンドウでMapSceneオブジェクトを展開し、Playerオブジェクトを選択します。Playerオブジェクトをダブルクリックし、オブジェクトが［Scene］ウィンドウの中心になるようにします。
3. ［Scene］ウィンドウで、このiCloneキャラクターが緑色のカプセルに包まれているこ

とを確認します。[Inspector]ウィンドウで[Rigidbody]と[Capsule Collider]コンポーネントが図5-9のようになっていることを確認します。

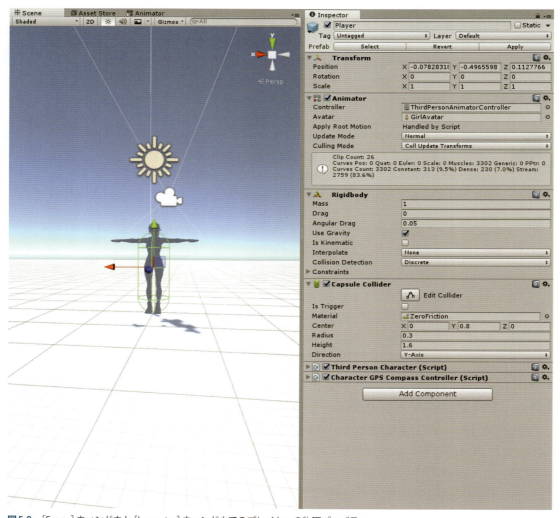

図5-9 [Scene]ウィンドウと[Inspector]ウィンドウでのプレイヤーの物理プロパティ

4. リジッドボディとコライダーコンポーネントはオブジェクトの物理特性を決定するための必須要素です。以下にそれぞれのコンポーネントがどのようなことを行うのか概要を説明します。

- **Rigidbody** —— 物体の質量特性を定義します。重力の影響を受けるかどうか、例えば、どれくらいの質量か、どれくらい回転しやすいかなどが挙げられます。
- **Collider** —— 一般的に、オブジェクトの境界を定義する単純化された形状です。衝突判定を迅速に計算するために、直方体、球、カプセルなどの単純な形状が使わ

れます。より複雑な形状や実際のキャラクターの形状を使おうとすると、衝突判定をするたびに物理エンジンを停止させてしまうことになります。物理エンジンはオブジェクト同士が互いに衝突するかどうかをすべてのフレームで判定します。オブジェクトがお互いに衝突すると、物理エンジンはニュートンの運動の法則を使用して衝突の影響を判定します。物理法則をもっと学びたければ、Googleで検索すればたくさんのリソースを手に入れることができます。より高度なゲームになると、いくつかのカプセルコライダーを使って胴体と手足を包みます。すなわち、身体のパーツのそれぞれで衝突判定することができるようになります。私たちの目的では、ひとつのカプセルコライダーを使えばニーズを満たせるでしょう。

物理特性の定義はこれくらいにして、モンスターのことに戻りましょう。以下の手順に従って物理コンポーネントをモンスターのプレハブに追加していきます。

1. [Project] ウィンドウで Assets/FoodyGo/Prefabs を開き、Monster プレハブを [Hierarchy] ウィンドウにドラッグ＆ドロップします。
2. Monster プレハブをダブルクリックして、オブジェクトが [Scene] ウィンドウの中心になるようにし、[Inspector] ウィンドウを表示します。
3. メニューから [Component] → [Physics] → [Rigidbody] の順に操作してリジッドボディを追加します。
4. [Scene] ウィンドウをよく見ると、カプセルコライダーがモンスターを包んでいないことに気がつくと思います。Capsule Collider コンポーネントのプロパティを自分の手で調整してみてください。あるいは、図5-10のダイアログに示す設定を使ってみてください。

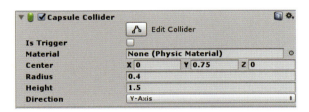

図5-10 モンスター用のカプセルコライダーの設定

5. モンスターを選択した状態で、[Inspector] ウィンドウの上部にある [Prefab] アクションの中の [Apply] ボタンをクリックします。これによりプレハブに変更を反映します。Monster オブジェクトは [Hierarchy] ウィンドウでそのままにしておきます。
6. エディターの [Play] ボタンを押してゲームを実行します。ゲームの実行画面を見ると、キャラクターがモンスターの上に立ってから飛び降りることがわかります。かわいそうなモンスターは残念なことに転倒して転がっていきます。最初にこれが表示されない場合は、このように表示されるまで何度かゲームの実行を繰り返してください。

7. モンスターが自分の脚で起き上がる機能を追加するようなことはしません。私たちがやることは、Playerオブジェクトが Monsterオブジェクトと相互作用しないようにすることです。これに対するもっとも適切な現実世界でのアナロジー（類推）は、モンスターを幽霊にしてしまうことです。すなわち、彼らは目に見え、声が聴こえますが、触れることはできません。
8. Monsterオブジェクトを選択し、［Inspector］ウィンドウで［Layer］のドロップダウンを押して［Add Layer...］を選択します。
9. ［Tags & Layers］パネルが開くので、図5-11に示すようにMonsterとPlayerの2つのレイヤーをリストに追加します。

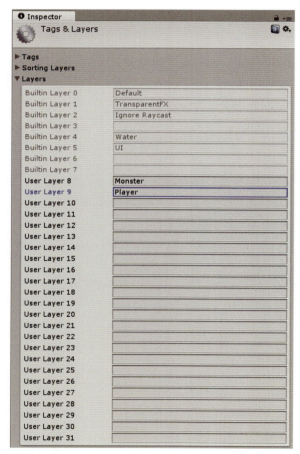

図5-11 新しいMonsterレイヤーの追加

10. 再び［Hierarchy］ウィンドウでMonsterをオブジェクトを選択します。［Inspector］ウィンドウで［Layer］のドロップダウンを押して［Monster］に変更します。図5-12に示すようにレイヤーを変更する確認のダイアログが表示されるので［Yes, change children］をクリックします。

11. ［Hierarchy］ウィンドウでPlayerオブジェクトを選択します。［Inspector］ウィンドウで［Layer］のドロップダウンを押して［Player］に変更します。図5-12に示すようにレイヤーを変更する確認のダイアログが表示されるので［Yes, change children］をクリックします。

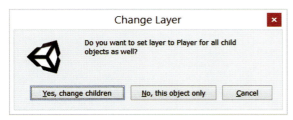

図5-12 子要素のオブジェクトのレイヤーの変更確認

12. モンスターを新しいレイヤーに配置すると、物理的な相互作用の及ぶ範囲をコントロールできるだけでなく、衝突判定を最適化することもできます。`Physics.Raycast`はレイヤーマスクの引数を取ることを覚えているでしょうか。モンスターたちは`Monster`レイヤーに属していますので、レイの衝突判定を`Monster`レイヤーに限定するよう最適化できます。

13. メニューから［Edit］→［Project Settings］→［Physics］の順に選択すると、［Physics Manager］が［Inspector］ウィンドウで開きます。

14. 図5-13に示すように［Layer Collision Matrix］にある［Monster］－［Player］と［Monster］－［Monster］のチェックボックスのチェックを外します。

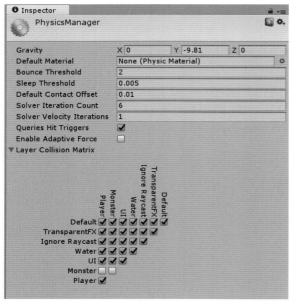

図5-13　PhysicsManagerのLayer Collision Matrixの編集

15. ［Layer Collision Matrix］を編集して、モンスターがプレイヤーや他のモンスターと衝突しないようにすることで、潜在的な問題を回避します。

16. ［Play］ボタンを押してゲームをもう一度動作させます。思ったとおり、これでプレイヤーがモンスターを追いやってしまうことはなくなり、再び世界のすべてがうまくいくようになりました。

　今、モンスターたちにはコライダーがありますので、画面をタッチした際のレイと衝突させることができるはずです。以下の手順に沿ってタッチによる選択を設定し、タッチによるモンスターの選択を試します。

1. ［Hierarchy］ウィンドウで Monster を選択します。［Inspector］ウィンドウの［Prefab］設定にある［Apply］ボタンをクリックしてすべての変更を保存します。

2. ［Hierarchy］ウィンドウでこのオブジェクトを選択して右クリックでメニューからdeleteを選択し、Monsterプレハブをシーンから削除します。

3. Mapシーンを保存します。その後に、［Project］ウィンドウのAssetsフォルダーからGameシーンを開きます。

4. ［Hierarchy］ウィンドウから_GameManagerを選択します。［Inspector］ウィンドウで［Game Manager］コンポーネントのMonster Layer NameがMonsterになっていることを確認します。

5. ［Play］ボタンを押してゲームを動作させます。モンスターをクリックしてください。モンスターにヒットしたことを示すメッセージが［Console］ウィンドウに表示される

6. ビルドしてモバイルデバイスにゲームをデプロイします。ゲームがデバイスで起動した後にCUDLRコンソールウィンドウをアタッチして同様のことを確認します。モンスターをタップして、CUDLRコンソールに出力されたログメッセージに注目します。

これでプレイヤーはタップすることでモンスターを捕まえることができるようになりました。通常は、モンスターを捕獲可能な距離をコントロールしたいと思うところでしょう。今のところは、見える範囲にいるモンスターなら捕まえられるということにします。この条件は特にGPSのシミュレーションモードでゲームのテストを簡単にします。後ほど、マップに他のオブジェクトや目標物を追加するときに、やりとりできる距離を設定していきます。

5.6 AR捕獲シーンの構築

構築作業はこれで終了です。ようやく、プレイヤーが勇敢にモンスターを捕まえるアクションシーンを作成するというところまで来ました。また、これはARを私たちのゲームに組み込む導入部分になります。本章の終わりまでにこれを完成させるにはやることがまだたくさんありますので、さっそく始めていきましょう。ここから新たに捕獲シーンを作成していきます。

1. メニューから[File]→[New Scene]の順に操作して新しいシーンを作成します。その後、メニューから[File]→[Save Scene as...]を選択し、[Save scene]ダイアログで`Catch`という名前を入力して[保存]ボタンをクリックします。

2. メニューから[GameObject]→[Create Empty]の順に操作し、新しく作成されたオブジェクトの名前を`CatchScene`に変更します。[Inspector]ウィンドウの[Transform]の[Position]の値はゼロにリセットしておきます。

3. [Hierarchy]ウィンドウで、`Main Camera`と`Directional Light`を`CatchScene`オブジェクトにドラッグ＆ドロップして、`CatchScene`の子オブジェクトとなるようにします。

4. メニューから[GameObject]→[UI]→「Raw Image」の順に操作し、`Raw Image`を子オブジェクトとして持つ`Canvas`オブジェクトを作成します。`RawImage`オブジェクトを選択し、[Inspector]ウィンドウでこのオブジェクトの名前を`Camera_Backdrop`に変更します。

5. `Camera_Backdrop`を選択し、[Inspector]ウィンドウで[Rect Transform]コンポーネントの[Anchors]ラベルの上にある四角形のアイコンを押すと[Anchor Presets]が表示されます。それからpivot（Shiftキー）とposition（Altキー）を押した状態で**図5-14**のように右下隅のアイコンを選択し、縦方向、横方向ともに`stretch`となるよう設定します。

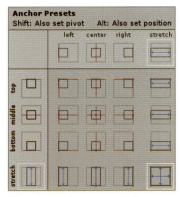

図5-14　UI要素のアンカー設定

6. ［Hierarchy］ウィンドウでCanvasオブジェクトをCatchSceneオブジェクトにドラッグ＆ドロップします。

7. Canvasオブジェクトを選択し、［Inspector］ウィンドウの［Canvas］コンポーネントに注目してください。ここの［Render Mode］を［Screen Space - Camera］に変更します。そして、［Hierarchy］ウィンドウからMain Cameraオブジェクトを［Render Camera］フィールドにドラッグ＆ドロップします。正しい設定については図5-15を参照してください。

図5-15　Screen Space - CameraのためのCanvasコンポーネントの設定

　［Screen Space - Overlay］と［Screen Space - Camera］の違いはレンダリング平面の位置です。［Overlay］モードでは、すべてのUI要素がシーンの中のその他すべての要素の前にレンダリングされます。それに対して［Camera］モードでは、決められた距離だけカメラから離れた位置にUI平面が生成されます。このようにして、ワールドオブジェクトをUI要素の前にレンダリングすることができます。

8. 引き続きCanvasオブジェクトが選択された状態で、図5-16のように［Inspector］ウィンドウで［Canvas Scaler］コンポーネントの［UI Scale Mode］を［Scale with Screen Size］に変更します。

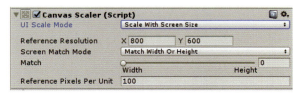

図5-16 Canvas Scalerコンポーネントの設定

［Canvas Scaler］を［Scale with Screen Size］に設定すると、画面の解像度の変更があってもカメラのアスペクト比を維持するようになります。これはデバイスのカメラからの画像が歪まないようにするために重要です。

9. EventSystemオブジェクトが残っている場合はEventSystemオブジェクトを選択して削除します。ここでは必要ありませんし、必要な場合はUnityが生成してくれます。最後にシーンを保存しておきます。

ここまででCatchシーンのベースは完成です。ARの世界に移りましょう。

5.7　シーンの背景にカメラを使う

Catchシーンを作成したときにお気づきのとおり、シーンの背景となるUI要素をすでに入れてあります。ここでセットアップするCamera_Backdropオブジェクトはデバイスのカメラからの画像をテクスチャーとして表示します。以下の手順に沿ってスクリプトを追加し、シーンの背景にカメラのビューを使うようにします。

1. メニューから［Assets］→［Import Package］→［Custom Package...］の順に操作します。
2. ［Import package...］ダイアログが表示されたら、ダウンロードしたリソースフォルダーにあるChapter5_import2.unitypackageを選択し、［開く］をクリックしてこのパッケージをインポートします。

このパッケージはFoodyGOのすべてのアセットをインポートしますが、もしかするとすべてのスクリプトを更新する必要はないかもしれません。しかしながら、もし自分自身でスクリプトに変更を加えていたとしても、この操作によりその変更を上書きしてしまいます。変更を残しておきたい場合は、別の場所にバックアップしておくか、もしくは残しておきたいファイルのみをアセットエクスポートしておきます。

3. ［Import Unity Package］ダイアログが表示されたら、インポートされるファイルを確認します。多くの新しいファイルや変更のあるファイルがあります。インポートされ

るものに問題がなければ [Import] をクリックします。

4. [Hierarchy] ウィンドウで Camera_Backdrop オブジェクトを選択し、[Inspector] ウィンドウの下のほうにある [Add Component] ボタンをクリックします。メニューから [Layout] → [Aspect Ratio Fitter] の順に選択してコンポーネントを追加します。

5. [Aspect Ratio Fitter] コンポーネントで [Aspect Mode] を [Height Controls Width] に設定します。

6. もう一度 [Add Component] ボタンをクリックし、メニューから [packt.FoodyGO.UI] → [Camera Texture On Raw Image] の順に選択してコンポーネントを追加します。このコンポーネント中のフィールドには何も設定する必要はありません。この新しいコンポーネントの適切な設定は図5-17のようになります。

図5-17　Camera_Backdrop コンポーネントの設定

7. メニューから [File] → [Save Scene] の順に操作してシーンを保存します。

8. メニューから [File] → [Build Settings] の順に操作して [Build Settings] ダイアログを開きます。ダイアログの [Add Open Scenes] ボタンをクリックして Catch シーンを追加します。

9. 図5-18 に示すように、[Scenes In Build] にある Game、Map、Splash のシーンのチェックを外し、Catch シーンにチェックを入れます。

図5-18 ビルドの際にCatchシーンのみを有効にする

10. モバイルデバイスがUSBで開発マシンに接続されていることを確認して、[Build And Run] ボタンをクリックします。ゲームがビルドされ、モバイルデバイスにデプロイされた後に、デバイスのカメラから背景画像が表示されている様子を確認しましょう。デバイスを回転して向きを変えると背景画像が縮んでいることに気がつくと思いますが、これは次の節で修正します。

ご覧のとおり、これでゲームの中でAR体験をプレイヤーに提供することができます。デバイスのカメラがシーンの背景画像を提供することにより、プレイヤーはゲームオブジェクトが自分と同じ場所にあると感じるようになります。カメラから背景画像を追加するすべての処理は`CameraTextureOnRawImage`スクリプトが担っています。ではこのスクリプトを見ていきましょう。

1. [Inspector] ウィンドウの [Camera Texture On Raw Image] コンポーネントの横にある歯車型のアイコンをクリックし、コンテキストメニューから [Edit Script] を選択すると、お使いのエディターでこのスクリプトを開きます。Awakeメソッドのコードに注目しましょう。

```
void Awake()
{
    webcamTexture = new WebCamTexture(Screen.width, Screen.height);
    rawImage = GetComponent<RawImage>();
    aspectFitter = GetComponent<AspectRatioFitter>();
```

```
            rawImage.texture = webcamTexture;
            rawImage.material.mainTexture = webcamTexture;
            webcamTexture.Play();
        }
```

2. Awakeメソッドはオブジェクトがアクティブになったとき（通常はStartメソッドが呼ばれる前）に呼び出されます。これは後ほどシーンを遷移する際に重要になります。それを除けば、このコードは主な要素の初期化をするだけのとても単純なものです。WebCamTextureはWebカメラやデバイスのカメラのUnityのラッパーです。webcamTextureは初期化された後にrawImageにテクスチャとして適用されます。rawImageはシーン中のUIの背景要素です。そして、Playメソッドを呼び出すことでカメラがONになります。

3. このスクリプトのUpdateメソッドについて、ここで深く掘り下げることはしません。ここでは、正しく表示するために操作が必要なデバイスの向きというものを取り扱っています。ここで重要なことは、カメラテクスチャを操作してシーンの背景を適切な向きにする必要があるということです。ただし、ご存知のとおり、デバイスを横向きに回転したときにまだひとつ問題が残っています。

4. 横向き時の問題を解決するために、ここでは単に無視するか、このオプションをブロックすることにします。すべてのデバイスの種類や設定に合わせて向きを修正することは本書の範疇を越えます。どのみち、Catchシーンは横向きではプレイしづらいはずですので、本書のゲームは縦向きで使うよう強制したいと思います。

5. Unityのエディターに戻って、メニューから [Edit] → [Project Settings] → [Player] の順に操作します。それから、上にある [Resolution and Presentation] タブを選択します。タブの中で、[Default Orientation] のドロップダウンでデフォルトを [Portrait] に変更します。

現時点ではカメラ画像が背景にあるだけのつまらないシーンですので、モンスターを追加しておもしろくしていきましょう。

1. メニューから [GameObject] → [3D Object] → [Plane] の順に操作します。これで新しい平面がシーンの中に作成されます。[Inspector] ウィンドウで、[Transform] の [Position] をゼロにリセットしてから、[X] と [Z] のスケールを1000に設定します。[Mesh Renderer] コンポーネントのチェックボックスのチェックを外して無効化します。これにより平面は非表示になります。

2. PlaneオブジェクトをCatchSceneオブジェクトにドラッグ&ドロップして子要素にします。

3. ［Project］ウィンドウのAssets/FoodyGo/PrefabsフォルダーからMonsterプレハブをドラッグして、［Hierarchy］ウィンドウのCatchSceneオブジェクトにドロップします。
4. ［Inspector］ウィンドウで、このオブジェクトの名前をCatchMonsterに変更し、図5-19のように［Transform］、［Rigidbody］、［Capsule Collider］コンポーネントのプロパティを設定します。

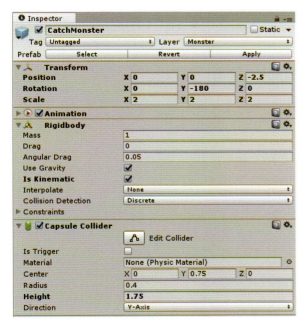

図5-19 ［Inspector］ウィンドウでのCatchMonsterの設定

5. CatchMonsterをAssets/FoodyGo/Prefabsフォルダーにドラッグして新しいプレハブを作成します。
6. ゲームをビルドしてデバイスにデプロイし、皆さんを取り巻く世界への秘密の窓であるゲーム画面の中でモンスターがどのように出現するか見てみましょう。

現実世界と連動した有名なアドベンチャーゲームの中には、AR体験に現実感を持たせるためにジャイロスコープでカメラを制御しているものがあります。ジャイロスコープを使ったカメラはプレイヤーのデバイスの向きに合わせてバーチャルなオブジェクトの視点を変えます。我々のゲームでは以下のような理由でこの採用を見送りました[*1]。

- ジャイロスコープを使ったカメラは、デバイスによってOSや向きの基準が異なるため実

[*1] 訳注：著者のこの主張と矛盾することになりますが、日本語版では巻末付録記事としてTangoおよびARKitを用いたARビューを実装する解説を追加しました。一般に普及しつつある現実空間を認識する技術を用いて、モンスターが床面の上に立っているようなビューを実現します。

装が困難です。同じAndroidだとしても、デバイスメーカーによってさまざまな違いがあります。
- ジャイロスコープを使ったカメラは、しばしば何らかのズレが発生し、定期的に補正を必要とします。
- ジャイロスコープを有効にすることはAR体験の複雑さを増すことになります。多くの現実世界と連動するゲームでは、ARモードをオフにする設定がありますが、ARの複雑さが増すとプレイヤーはARモードをオフにすることが多くなります。本書ではプレイヤーにAR体験を楽しんでもらいたいため、カメラにジャイロスコープは使わないことにします。

「8章 ARの世界とのやりとり」ではユーザーがAR体験を高めるための別の方法を解説します。現時点では、シンプルなカメラの背景によるAR体験は私たちのニーズに合っています。

5.8 捕獲ボールの追加

このゲームでは、プレイヤーはアイスボールを使ってモンスターを捕まえます。プレイヤーはアイスボールをモンスターに当て、冷やして動きを鈍らせます。最終的にモンスターはその場で凍りついて固まります。凍りついたモンスターは冷凍食品のように簡単に捕まえることができます。

ここで追加するボールは氷で作られているように見せる必要があります。現時点ではまだ氷のマテリアルとなるようなテクスチャーは持ち合わせていませんので、まずはいくつかアセットをロードします。ロードするアセットはこの章の後半のパーティクルエフェクトで使います。都合の良いことに、これらのパーティクルエフェクトの中のひとつに、ボールに使うことができる調度よい氷のテクスチャーがあります。以下の手順に沿って、このパーティクルエフェクトのアセットをインポートします。

1. メニューから［Assets］→［Import Package］→［ParticleSystems］の順に操作します。［Import Unity Package］ダイアログが表示されたら［Import］ボタンをクリックします。これでUnityの標準のパーティクルシステムのアセットがインストールされます。

Unityのパーティクルシステムは Shuriken として知られており、多くのパーティクルエフェクトアセットの基礎となっています。

2. メニューから［Window］→［Asset Store］の順に操作して［Asset Store］ウィンドウを開きます。
3. ウィンドウが開き［Asset Store］ページがロードされたら、検索ボックスに `elemental free` と入力してEnterキーを押します。
4. G.E. TeamDevが提供する「Elemental Free パーティクルシステム G.E. TeamDev」アセッ

トを一覧から探して選択します。Elementalはほとんどのモバイルデバイスで動作する無料のすばらしいアセットです。

5. アセットのページの［Download］ボタンをクリックし、ダウンロードしてインポートします。
6. ［Import Unity Package］ダイアログが表示されたら、［Import］ボタンをクリックしてこのアセットをインストールします。

パーティクルシステムのアセットをインポートできました。これで捕獲用ボールを追加することができます。

1. メニューから［GameObject］→［3D Object］→［Sphere］の順に操作してSphereオブジェクトを［Hierarchy］ウィンドウに追加します。追加された新しいオブジェクトを選択し、［Inspector］ウィンドウでCatchBallと名前を変更して［Transform］の［Position］と［Scale］を図5-20のように設定します。

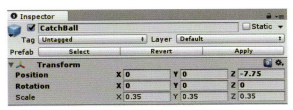

図5-20　CatchBallのTransform設定

2. ［Mesh Renderer］コンポーネントの［Materials］を押して展開し、Default-Materialの右の⊙アイコンを押します。［Select Material］ダイアログが開くので、図5-21のようにAssets/Elemental Free/Mobile/Materials/Alpha Blended/ETF_M_Material_ice_01.matを示すETF_M_Material_Ice_01のマテリアルを選択します。
3. ［Inspector］ウィンドウは開いたままで、［Add Component］ボタンを押してリストから［Physics］→［Rigidbody］を選択、もしくは検索フィールドにRigidbodyと入力します。
4. ボールに［Rigidbody］コンポーネントを追加したら、［Use Gravity］チェックボックスのチェックを外します。ボールの重力はスクリプトの中で制御します。
5. ［Hierarchy］ウィンドウからCatchBallをドラッグして［Project］ウィンドウのAssets/FoodyGo/Prefabsにドロップします。これによりCatchBallプレハブが新しく作成されます。
6. 今度は［Hierarchy］ウィンドウからCatchBallをCatchSceneオブジェクトにドラッグ＆ドロップし、シーンオブジェクトとして追加します。

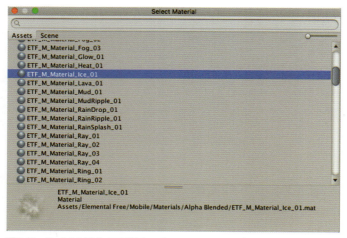

図5-21 モバイルデバイス用テクスチャーのIce_01の選択

5.9　ボールを投げる

　これで歩いているモンスターの目の前に見栄えのいいアイスボールができました。下の手順でオブジェクトとスクリプトを追加してボールに動きを付けていきましょう。

1. ［Project］ウィンドウの`Assets/Standard Assets/CrossPlatformInput/Prefabs`フォルダーから`DualTouchControls`プレハブをドラッグして［Hierarchy］ウィンドウにドロップします。
2. ［Inspector］ウィンドウで`DualTouchControls`オブジェクトの名前を`Catch_UI`に変更します。
3. `Catch_UI`オブジェクトを展開して`TurnAndLookTouchpad`と`Jump`オブジェクトを削除します。プレハブを壊すか確認されたら［continue］を押します。
4. `MoveTouchpad`オブジェクトを展開して`Text`オブジェクトを選択し、右クリックしてメニューの`delete`を選択して削除します。
5. `MoveTouchpad`オブジェクトを選択し、［Inspector］ウィンドウでこのオブジェクトの名前を`ThrowTouchpad`に変更します。
6. ［Rect Transform］コンポーネントの四角いアイコンを押して［Anchor Presets］を開いて、pivot（Shiftキー）とposition（Altキー）を押しながら右下にある［stretch-stretch］オプションを選択します。これにより、以前自由視点のカメラに行ったようにオーバーレイがスクリーン全体に広がります。
7. ［Image］コンポーネントの［Color］フィールドを押して［Color］ダイアログを開き、［Hex］フィールドに`#FFFFFF00`と入力して色を設定します。
8. ［Inspector］ウィンドウの下のほうにある［Add Component］ボタンを押します。ドロッ

プダウンリストから [Throw Touch Pad] を選択、もしくは検索フィールドに入力します。

9. [Touchpad] コンポーネントの横にある歯車型のアイコンを選択し、コンテキストメニューから [Remove Component] を選択します。
10. [Hierarchy] ウィンドウから`CatchBall`オブジェクトをドラッグして、図5-22に示すように [Throw Touch Pad] コンポーネントの空の [Throw Object] フィールドにドロップします。

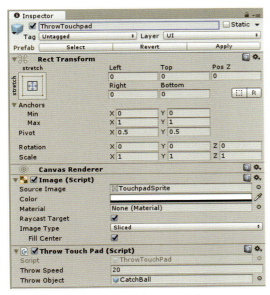

図5-22 ThrowTouchpadオブジェクトの設定

11. `Catch_UI`オブジェクトを`CatchScene`オブジェクトにドラッグして子オブジェクトとなるようにします。
12. エディターで [Play]ボタンを押してゲームを実行します。ボールをクリックし、ドラッグして投げる動作ができるようになり、マウスボタンから指を離すことでリリースできるようになっています。
13. ゲームをビルドしてモバイルデバイスにデプロイします。指でボールを投げて、モンスターにちゃんと当てることができるか見てみましょう。

 投げるのが難しいと感じた場合は、[Throw Touch Pad]コンポーネントの [Throw Speed] の設定を調整してみてください。

ボールを投げるすべての処理はThrowTouchPadスクリプトが担っており、このスクリプ

トはTouchpadスクリプトをベースにして大幅に変更しています。ここから主要な部分のコードを見ていきましょう。

1. お使いのエディターでThrowTouchPadスクリプトを開きます。ここまで進めてきた読者ならどのようにすればよいかわかっているでしょう。
2. Startメソッドのところまでスクロールダウンしてスクリプトのやっている初期化を見てみましょう。ほとんどの初期化はthrowObjectがnullでないことをチェックするif文の中にあります。さらなる変数の初期化はResetTarget()の呼び出しの中にあります。以下に続くコードはレビュー用です。

    ```
    if (throwObject != null)
    {
        startPosition = throwObject.transform.position;
        startRotation = throwObject.transform.rotation;
        throwObject.SetActive(false);
        ResetTarget();
    }
    ```

3. OnPointerDownのところまでスクロールダウンします。以下にこのメソッドのコードを見ていきます。

    ```
    public void OnPointerDown(PointerEventData data)
    {
        Ray ray = Camera.main.ScreenPointToRay(data.position);
        RaycastHit hit;

        if (Physics.Raycast(ray, out hit, 100f))
        {
            // ターゲットオブジェクトが当たったかチェックする
            if (hit.transform == target.transform)
            {
                // 当たった場合、オブジェクトのドラッグを開始する
                m_Dragging = true;
                m_Id = data.pointerId;

                screenPosition =
                    Camera.main.WorldToScreenPoint(target.transform.position);
                offset = target.transform.position -
                    Camera.main.ScreenToWorldPoint(new Vector3(data.position.x,
                    data.position.y, screenPosition.z));
            }
        }
    }
    ```

4. このコードは、以前に捕まえる必要のあるモンスターを選択するために使ったものとよく似ています。ご覧のように、同じPhysics.Raycastメソッドがレイヤーマスクなしで使われています。ポインター（タッチ）が何かに当たった場合に、それがターゲットかどうか、すなわちCatchBallに当たったかチェックします。ターゲットに当たった場合、Boolean型のm_Draggingにtrueをセットし、タッチされたオブジェ

クトの画面上の位置とポインターもしくはタッチのオフセットを取得します。

5. 次に、Updateメソッドまでもう少しスクロールダウンすると、m_Dragging Booleanをチェックすることでボールがドラッグされたかどうか確認するif文が見えるはずです。このチェックがtrueの場合、現在のポインター（タッチ）位置を保存して、以下に示すOnDraggingメソッドを呼び出します。

```
void OnDragging(Vector3 touchPos)
{
    // マウスの位置をたどる
    Vector3 currentScreenSpace = new
        Vector3(Input.mousePosition.x, Input.mousePosition.y, screenPosition.z);

    // スクリーン座標の位置をワールド座標にオフセットを使って変換する
    Vector3 currentPosition =
        Camera.main.ScreenToWorldPoint(currentScreenSpace) + offset;

    // ゲームオブジェクトの現在の位置を更新する
    target.transform.position = currentPosition;
}
```

6. OnDraggingメソッドはポインター（タッチ）の位置に基づいて画面上でターゲットオブジェクト（ボール）を動かすだけのものです。

7. 次にOnPointerUpメソッドまでスクロールダウンします。OnPointerUpメソッドはマウスボタンがリリースされたとき、もしくはタッチした指が離れたときに呼び出されます。中のコードはいたってシンプルで、m_Draggingがtrueかどうかチェックしtrueでなかったときはすぐに返却します。オブジェクトがドラッグされていた場合は、このときに以下のコードで示すThrowObjectメソッドが呼び出されます。

```
void ThrowObject(Vector2 pos)
{
    rb.useGravity = true; // 重力をONにする

    float y = (pos.y - lastPos.y) / Screen.height * 100;
    speed = throwSpeed * y;

    float x = (pos.x / Screen.width) - (lastPos.x / Screen.width);
    x = Mathf.Abs(pos.x - lastPos.x) / Screen.width * 100 * x;

    Vector3 direction = new Vector3(x, 0f, 1f);
    direction =
        Camera.main.transform.TransformDirection(direction);

    rb.AddForce((direction * speed * 2f ) + (Vector3.up *
        speed/2f));

    thrown = true;

    var ca = target.GetComponent<CollisionAction>();
```

```
        if(ca != null)
        {
            ca.disarmed = false;
        }

        Invoke("ResetTarget", 5);
    }
```

8. ThrowObjectメソッドは投げ始めの位置を計算し、オブジェクトが投げられる力を決定するものです。xとyはどのくらい速くオブジェクトが画面上を移動するかをリリースされる前に計算します。xの値、すなわちリリース位置は投げる方向（右か左）を決定するのに対して、yすなわち上方向の動きは投げる速さを決定します。これらの値は力ベクトルに合算され、rb.AddForce()を呼び出すことでリジッドボディに反映されます。rbはターゲットのリジッドボディで、初期化の最中にResetTargetメソッドでセットされます。このメソッドの下のほうにあるのはCollisionActionコンポーネントを得るためのGetComponentの呼び出しです。ここでは触れず、後ほど言及します。最後に、Invokeメソッドを使って5秒待ってからResetTargetを再度呼び出すようにします。

Rigidbody.AddForceは物理計算を使ったゲーム開発をマスターする上でもっとも重要なメソッドのひとつです。https://unity3d.com/jp/learn/tutorials/topics/physicsにはより詳細な物理の資料があります。

5.10　衝突のチェック

これまでのところ、プレイヤーはモンスターめがけてボールを投げることができますが、効果はほとんどありません。テストでモンスターに当てたときに、ボールが跳ね返ることに気がつくかと思いますが、これは私たちが求めるものではありません。ここで必要なことは、ボールがモンスターに当たったことや平面にあたったことを検出する方法です。幸いなことに、Unityの物理エンジンにはオブジェクトが他のオブジェクトに衝突したことを判断するいくつかのメソッドがあります。以下に標準的な選択肢を挙げます。

OnCollisionEnter
オブジェクトがコライダーを持っていると、同様にコライダーを持つ他のゲームオブジェクトとの衝突が発生します。オブジェクト同士が接触すると、どちらかもしくは両方のオブジェクトにリジッドボディが設定されている場合、衝突の力に応じて互いに押し離そうとします。オブジェクトが衝突するためにはリジッドボディは必要ありませんが、コライダーは必要になります。

OnTriggerEnter

オブジェクトにコライダーがあり、コライダーがトリガーとしてセットされている場合に発生します。トリガーとしてセットされたコライダーは衝突を検出しますが、その衝突したオブジェクトが通過することを許可します。ドア、門やその他の場所のような、オブジェクトが入ってきたことを検出したいときに役に立ちます。

皆さんお気づきのとおり、ここでは`OnCollisionEnter`をオブジェクトの衝突検出に使います。しかしながら、衝突のチェックをしたいオブジェクトごとにひとつのスクリプトを書くのではなく、代わりにコリジョンイベントシステムを実装します。オブジェクトごとにコリジョンスクリプトを書くことの問題は、さまざまなオブジェクトに異なるスクリプトを結びつけることになり、結果的にコードが重複することがよくあります。各スクリプトはそれぞれ自身の衝突を管理しますが、多くの場合どのオブジェクトと衝突するかによって異なるルールを持ちます。これがどのように機能するかを示した図5-23を見てみましょう。

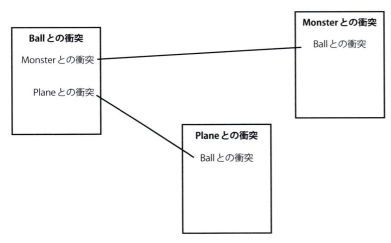

図5-23 ハードコードされたコリジョンスクリプトの例

この図を見てわかるとおり、MonsterとPlaneオブジェクトはどちらもボールとの衝突を処理するために同じコードを必要とします。加えて、ボールオブジェクトはMonsterとPlaneのどちらに当たったのかで異なる反応をする必要があります。さらに多くのオブジェクトをシーンに追加する場合は、各オブジェクトの衝突を考慮してさらにこのスクリプトを拡張する必要があります。衝突に対する振る舞いと反応を実装する汎用的かつ拡張可能な方法が欲しいのです。

シーンの中の衝突を管理するための3つのカスタムスクリプトを書く代わりに、ここでは2つのスクリプトを使います。ひとつは衝突（振る舞い）のためのもの、もうひとつはオブジェクトの反応のためのものです。これらのスクリプトには`CollisionAction`と`CollisionReaction`という適切な名前を付けられており、図5-24のようにシーンオブ

ジェクトに結びつけられます。

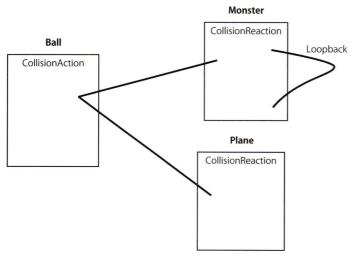

図 5-24 シーンで使用される CollisionAction と CollisionReaction スクリプト

スクリプトのコードを詳しく見ていく前に、シーンにコリジョンスクリプトを追加します。以下の手順に沿ってスクリプトをオブジェクトに追加します。

1. Unity のエディターに戻り、[Project]ウィンドウの Assets/FoodyGo/Scripts/PhysicsExt フォルダーを開きます。そのフォルダーの中に CollisionAction と CollisionReaction スクリプトがあるはずです。
2. CollisionAction スクリプトを[Hierarchy]ウィンドウの CatchBall オブジェクトにドラッグ＆ドロップします。CatchBall オブジェクトが見えない場合は CatchScene オブジェクトを展開します。
3. CollisionReaction スクリプトを[Hierarchy]ウィンドウの CatchMonster と Plane オブジェクトにドラッグ＆ドロップします。
4. [Hierarchy]ウィンドウで Plane オブジェクトを選択します。
5. 図 5-25 のように[Inspector]ウィンドウで[Collision Reaction]コンポーネントの設定を変更します。

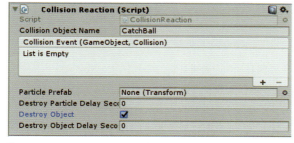

図5-25 Collision Reactionコンポーネントの設定

6. ［Collision Object Name］に`CatchBall`をセットしていることを確認してください。このコンポーネントは反応を管理するために必要です。［Destroy Object］のチェックをONにすることで、ボールが平面に当たったときに確実に削除されるようにします。particleに関する設定はまだ必要ありませんが、後ほどすぐに触れます。
7. ［Hierarchy］ウィンドウで`CatchMonster`オブジェクトを選択し、4の手順を同様に繰り返します。
8. エディターの［Play］ボタンを押してゲームを起動します。ボールをモンスターと平面に投げてコリジョンスクリプトをテストしましょう。モンスターか平面にボールが当たるとすぐに消えるはずです。

見てきたように、これらのコリジョンスクリプトのセットアップは非常に簡単でした。これらのスクリプトの内容はさぞかし複雑なのではないかと思っているかもしれませんが、幸いなことに非常に単純です。お使いのエディターでスクリプトを開いて、中を見ていきましょう。

CollisionAction

このスクリプトはボールや弾丸などのような他のオブジェクトに衝突することを目的としているオブジェクトに結びつけられます。スクリプトは衝突を検出し、`CollisionReaction`コンポーネントを使って衝突の発生をオブジェクトに通知します。`OnCollisionEnter`メソッドを見ていきましょう。

```
void OnCollisionEnter(Collision collision)
{
    if (disarmed == false)
    {
        reactions =
            collision.gameObject.GetComponents<CollisionReaction>();
        if(reactions != null && reactions.Length>0)
        {
            foreach (var reaction in reactions)
            {
                if (gameObject.name.StartsWith(reaction.collisionObjectName))
                {
                    reaction.OnCollisionReaction(gameObject, collision);
                }
```

```
            }
         }
      }
   }
```

このメソッドは実際には衝突を管理しません。その代わりに、衝突した他のオブジェクトのCollisionReactionコンポーネントに通知します。最初に、オブジェクトがdisarmedか確認をします。プレイヤーがボールを投げたときに、オブジェクトがarmedになります。次に、コリジョンオブジェクトにあるすべてのCollisionReactionコンポーネントを取得します。オブジェクトはオブジェクトごとに異なる反応を結びつけられた複数のCollisionReactionコンポーネントを持つ可能性があります。その後、すべてのコリジョンリアクションを繰り返し、collisionObjectNameを判定することでオブジェクトが衝突を処理したいのか確認します。衝突を処理する場合は、OnCollisionReactionメソッドを呼び出します。

ここではオブジェクトの衝突をフィルターするためにゲームオブジェクトの名前を使います。より良い実装にするにはタグを使うべきです。これについては自分自身で修正を行う熱心な読者の皆さんにお任せします。

CollisionReaction

これはオブジェクトが衝突したときに生じる面倒な細部を処理するもので、コードはきわめて簡単です。

```
public void OnCollisionReaction(GameObject go,
    Collision collision)
{
    ContactPoint contact = collision.contacts[0];
    Quaternion rot = Quaternion.FromToRotation(Vector3.up,
        contact.normal);
    Vector3 pos = contact.point;

    if (particlePrefab != null)
    {
        var particle = (Transform)Instantiate(particlePrefab,
            pos, rot);
        Destroy(particle.gameObject, destroyParticleDelaySeconds);
    }

    if (destroyObject)
    {
        Destroy(go, destroyObjectDelaySeconds);
    }

    collisionEvent.Invoke(gameObject, collision);
}
```

これはCollisionReactionスクリプトの簡単な実装ですが、デカルやダメージなどのような他の一般的なエフェクトを適用するために拡張や継承することもできます。

コードの最初のパートは衝突の位置と方向を決定します。そして、particlePrefabがセットされているかチェックします。セットされていれば、衝突位置でそのプレハブのインスタンスを作成します。その後、プロパティで設定された遅延時間をセットしてDestroyメソッドを呼び出します。次に、衝突したオブジェクトが削除されるべきかチェックします。削除されるべきなら、設定で定義された遅延時間の経過後にオブジェクトを削除します。最後に、collisionEventというUnity Eventを発行し、この衝突イベントを処理するあらゆるリスナーにイベントの内容を渡します。これにより、必要に応じて、衝突イベントを処理するカスタムスクリプトを追加できるようになります。ここではこのイベント使用して、後ほどモンスターに凍らせるエフェクトを適用します。

CollisionEvent

CollisionReactionスクリプトの下のほうに、

```
public class CollisionEvent : UnityEvent<GameObject, Collision>
```

という中身が空の別クラスの定義があります。これは他のスクリプトやコンポーネントに衝突が起きたことを知らせるために使うカスタムUnity Eventの定義です。Unity Eventは前に使ったC#のイベントやデリゲートに似ていますが、パフォーマンスは遅いです。しかし、Unity Eventはスクリプトでハードコーディングするよりも簡単にエディターでコンポーネントをつなぐことができます。これは一般化しようとするスクリプトに必要不可欠なものです。

5.11　フィードバックのためのパーティクルエフェクト

ゲームの中のパーティクルエフェクトはフランス料理のシェフにとってのバターのように必要不可欠なものです。ゲーム中で私たちが見る派手な特殊効果を提供するだけでなく、プレイヤーの活動に合図を送るためにもよく使われます。ここでは、パーティクルエフェクトを使って派手な効果でシーンを引き立てるとともに、視覚的な合図を提供します。この章ではパーティクルエフェクトの裏側を見ていく時間はありませんが、「9章 ゲームの仕上げ」でもう一度触れます。では、パーティクルエフェクトをシーンに追加しましょう。

1. Unityのエディターに戻り、[Project] ウィンドウでAssets/Elemental Free/Mobile/Prefabs/Lightフォルダーを開きます。

Elementalsアセットは本当によくできており、Assets/Elemental Free/Desktop/Prefabsフォルダーにあるモバイル用ではない方のバージョンのプレハブを使っても大丈夫なほどです。

2. [Hierarchy]ウィンドウでPlaneオブジェクトを選択します。Planeオブジェクトが見えない場合は、CatchSceneオブジェクトを展開してください。
3. [Project]ウィンドウのHoly Blastプレハブをドラッグして[Inspector]ウィンドウの[Collision Reaction]コンポーネントの[Particle Prefab]フィールドにドロップします。図5-26のようにして[Destroy Particle Delay Seconds]の値を5に変更します。

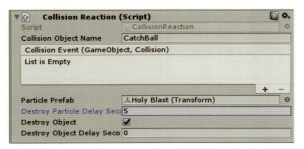

図5-26　Holy BlastパーティクルプレハブをCollision Reactionに追加する

4. [Hierarchy]ウィンドウでCatchMonsterを選択して3の手順を同様に繰り返します。
5. テストのためにエディターの[Play]ボタンを押してゲームを実行しましょう。確実に良くなっているはずです。ビルドしてモバイルデバイスにもゲームをデプロイしてテストをしてみましょう。
6. 自由に他のパーティクルプレハブも[Collision Reaction]コンポーネントで試してみてください。興味深いエフェクトがあることを見てみてください。Unityの標準アセットのAssets/Standard Assets/ParticleSystems/Prefabsの下にあるパーティクルシステムも試してみるのもよいでしょう。

5.12　モンスターの捕獲

ついにこのモンスター捕獲シーン構築の頂上まで来ました。アイスボールをモンスターに当てることができ、ボールは衝撃で弾けますが、モンスターには何も起こりません。プレイヤーがアイスボールをモンスターに向かって投げるのは奴らを凍らせるためということを覚えているでしょうか。次にやることはアイスボールが当たるたびにモンスターのスピードを遅くするスクリプトを追加することで、必要な回数当てることができたらモンスターは凍りつくようにします。以下の手順に沿って進めて、スクリプトの中を見ていきましょう。

1. メニューから［GameObject］→［UI］→［Canvas］の順に操作します。すると新しいCanvasとEventSystemのオブジェクトがシーンに追加されます。EventSystemは削除して、CanvasはCaught_UIに名前を変更します。Caught_UIはCatchSceneオブジェクトの子オブジェクトとなるようにします。
2. ［Hierarchy］ウィンドウでCaught_UIオブジェクトを選択し、メニューから［GameObject］→［UI］→［Text］の順に操作します。新しく作成されたTextオブジェクトをFrozenという名前に変更し、［Inspector］ウィンドウの［Rect Transform］と［Text］コンポーネントのパラメーターを**図5-27**のように設定します。

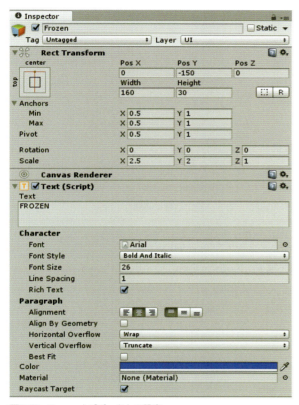

図5-27 Frozenオブジェクトの設定

3. ［Hierarchy］ウィンドウでCaught_UIオブジェクトを選択し、［Inspector］ウィンドウのオブジェクト名の隣にあるチェックボックスのチェックを外して無効にします。
4. ［Hierarchy］ウィンドウでCatchSceneオブジェクトを選択します。［Project］ウィンドウのAssets/FoodyGo/Scripts/ControllersからCatchSceneControllerスクリプトをドラッグしてCatchSceneオブジェクトにドロップします。
5. Assets/Elemental Free/Mobile/Prefabs/IceフォルダーからETF_M_

Snowstormパーティクルプレハブをドラッグして、[Inspector]ウィンドウの[Catch Scene Controller]コンポーネントの[Frozen Particle Prefab]の枠にドロップします。

6. 引き続き[Catch Scene Controller]コンポーネントが見える状態で[Frozen Enable List]と[Frozen Disable List]を展開し、それぞれの[Size]フィールドに1を入力します。そして、[Hierarchy]ウィンドウから`Catch_UI`オブジェクトをドラッグして[Frozen Disable List]の[Element 0]の枠にドロップし、`Caught_UI`を[Frozen Enable List]の[Element 0]の枠にドロップします（図5-28）。

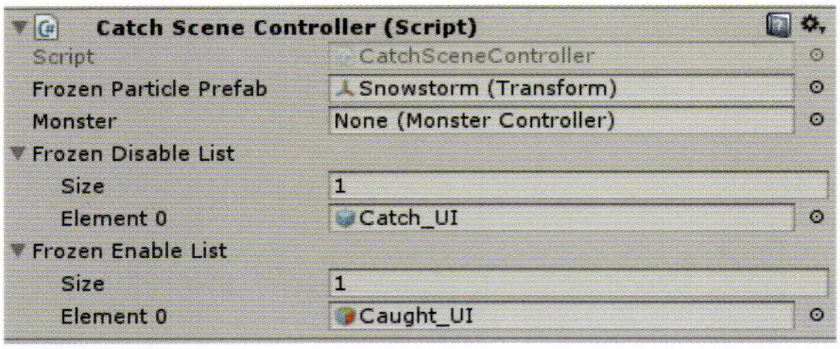

図5-28 Catch Scene Controllerの設定

7. [Hierarchy]ウィンドウで`CatchMonster`を選択します。[Project]ウィンドウの`Assets/FoodyGo/Scripts/Controllers`フォルダーから`Monster Controller`スクリプトをドラッグして、[Hierarchy]ウィンドウの`CatchMonster`オブジェクト、もしくは[Inspector]ウィンドウにドロップします。設定は特に必要なく、スクリプトを追加するのみです。

8. `CatchMonster`が選択された状態の[Inspector]ウィンドウで[Collision Reaction]コンポーネントに上で追加したスクリプトを設定します。[Collision Event]フィールドの下にある[+]ボタンを押して新しいイベントリスナーを追加します。[Hierarchy]ウィンドウから`CatchScene`オブジェクトをドラッグして新しいイベントの[None (object)]の枠にドロップします。そして、[No function]と表示されているドロップダウンを押してコンテキストメニューを開き、[Catch Scene Controller]→[OnMonsterHit]の順に選択します。

9. コードを一切書かずに[Collision Event]と[OnMonsterHit]のハンドラーをつなぎました。これにより開発したコードをより拡張性高くパワフルなものにできます。ゲームのルールや振る舞いを変えたいときは、`CatchSceneController`スクリプトを修正するだけで済みます。

10. Unityのエディターの[Play]ボタンを押してゲームを実行してみましょう。ボールをモンスターに投げると、そのボールがモンスターに当たるたびに動きが遅くなることがわかるはずです。最終的には十分な数のボールが当たったときにモンスターは凍りつき、FROZENという文字が表示されてSnowstormパーティクルによって冷たい雰囲気が演出されます。[Game]ウィンドウは図5-29のようになります。

図5-29 凍りついて生け捕りされたばかりのモンスター

 この3DキャラクターはReallusion iClone Character Creatorによりデザインされたものです。さらにカスタマイズされたキャラクターを作るには、http://www.reallusion.com/iclone/character-creator/default.htmlに詳細があります。

11. いつものように、モバイルデバイスでも同じように動作するかテストすることを忘れないでください。

すばらしいことに、遂にモンスターを捕まえることができました。この長い行程を終える前に、集大成となる最後のコードとなる`CatchSceneController`の中を見ていきましょう。お使いのエディターでスクリプトを開き、下記に示す`OnMonsterHit`メソッドに注目します。

```
public void OnMonsterHit(GameObject go, Collision collision)
{
    monster = go.GetComponent<MonsterController>();
    if (monster != null)
    {
        print("Monster hit");
        var animSpeedReduction =
            Mathf.Sqrt(collision.relativeVelocity.magnitude) / 10;
```

```
            monster.animationSpeed = Mathf.Clamp01(monster.animationSpeed
                - animSpeedReduction);
            if (monster.animationSpeed == 0)
            {
                print("Monster FROZEN");
                Instantiate(frozenParticlePrefab);

                foreach(var g in frozenDisableList)
                {
                    g.SetActive(false);
                }
                foreach(var g in frozenEnableList)
                {
                    g.SetActive(true);
                }
            }
        }
    }
```

このスクリプトは比較的簡単で追いやすいですが、ハイライトを確認していきます。

- メソッドは衝突で当たったゲームオブジェクトから`MonsterController`を取得することから始まります。オブジェクトが`MonsterController`を持っていない場合は、そのオブジェクトはモンスターではありませんので、スクリプトは終了します。
- ログ出力をした後に、このメソッドはダメージ係数（0〜1）を計算し、モンスターのアニメーションスピードに反映します。現時点でやっていることはモンスターのアニメーションスピードの制御だけであるため、ここでは`MonsterController`のレビューはしません。アニメーションスピードは0から1の間の値に正規化されます。
- 最後に、モンスターのアニメーションスピードがゼロになるとモンスターは凍りつきます。`frozenParticlePrefab`がインスタンス化されて、frozen disableとfrozen enableのリストのループが行われ、それらのリストにある各オブジェクトが有効化／無効化されます。

これがこの章の締めくくりです。もしやり残してきた事項が気になっても心配ありません。次の章では、引き続きCatchシーンにプレイヤーが捕まえたモンスターを保管する機能を追加していきます。

5.13　まとめ

とても長い章でしたが、私たちのゲームの中のミニゲームを完成することで多くの題材と基本を網羅しました。最初に、シーンのロードやシーン間の遷移を行うシーン管理について話しました。ゲームのアクティビティーをまとめるGame Managerを紹介しました。そして、プレイヤーがモンスターを捕まえようとする一連の動作としてタッチ入力、物理、コライダーに触れました。これは新しいAR捕獲シーンを作っていく私たちに不可欠なものです。ここでの

ARの実装の一端として、デバイスのカメラをシーンの背景として組み合わせる方法について理解を深めました。それからアイスボールをシーンに追加し、どのようにしてタッチ入力と物理を使ってボールを投げるかについて言及しました。その後、コライダーと衝突の反応をどのようにしてスクリプトで実装するかについて多くの時間を割きました。そこから、衝突した際に反応するパーティクルエフェクトで派手さをシーンに追加しました。最後に、ボールが当たったときのモンスターの反応を管理するためにCatch Scene Controllerスクリプトを追加しました。そのスクリプトはモンスターにボールが十分な回数当たって凍りつくときのシーンオブジェクトも管理します。

　次の章では、Catchシーンでやり残したことを続けます。プレイヤーが捕まえたものを保存できないままこのシーンを放置することはしたくありません。プレイヤーが捕獲したものや他のオブジェクトを保存することは私たちのモバイルゲームに不可欠です。したがって、次の章ではプレイヤーの持ち物を記録するデータベースと、それらを管理するための新しいUI要素を作成することに焦点を当てます。

6章
捕まえた物の保管

　前章ではCatchシーンを開発し、プレイヤーがモンスターを捕まえることができるようになりました。しかしながら、お気づきのように、モンスターを捕まえることができるだけでしかなく、捕まえたモンスターを置いておくための場所がありませんでした。本章では、プレイヤーのインベントリーシステムを構築します。これにより、プレイヤーは手に入れたモンスターやその他のアイテムを必要に応じてストレージに保管できるようになります。さらに、ストレージ内のモンスターや、ゆくゆくは他のアイテムにもアクセスすることができるUIを構築していきます。

　本章では、プレイヤーが捕まえたモンスターやその他のアイテムの保管に利用できるインベントリーシステムの開発にほぼすべての時間を費やしていきます。まずはインベントリーシステムの中核となるデータベースから取りかかり、その後にプレイヤーがインベントリーにアクセスするために必要なUI要素の構築に移ります。このような流れの中で、今までに作成してきたシーンをつなぎ合わせてゲームの動作確認用の最初のバージョンを完成させます。本章で取り扱う内容の概要を以下に示します。

- インベントリーシステム
- ゲームの状態の保存
- サービスのセットアップ
- コードの確認
- MonsterオブジェクトのCRUD操作
- Catchシーンの修正
- Inventoryシーンの作成
- メニューボタンの追加
- ゲームの統合
- モバイル開発の苦悩

6.1　インベントリーシステム

アドベンチャーゲームやロールプレイングゲームをプレイしたことがある人は、きっとインベントリーシステムになじみがあることでしょう。インベントリーシステムは、これらのゲームにとって必要不可欠な要素ですが、同様に我々のゲームでも必要なものです。そこで少し時間を費やしてシステムが必要とする機能を洗い出していきます。インベントリーシステムに必要な機能のリストを以下に示します。

永続化

モバイルゲームは頻繁に終了されたり中断されたりします。したがってインベントリーはデータベースや他の保管方法を用いてゲームセッションをまたがってその状態を維持する必要があります。

状態の保存もロバストかつ迅速に行える必要があります。これにはフラットファイルやデータベースを使用することができます。一般的に、フラットファイル[*1]は簡単に使用できますが、データベースのほうが堅牢で拡張性があります。

フラットファイルをデータベースとして使うこともできますが、ここではデータベースを用います。データベースは、標準化されたデータ定義とクエリ言語をサポートする優れたストレージの仕組みです。

クロスプラットフォーム

基盤となるデータベースやストレージの仕組みは、ゲームを配布するそれぞれのプラットフォームで動作する必要があります。本書ではAndroidとiOSをターゲットにしています。

このような理由から、フラットファイルを使うことも無難な手段ですが、以降で説明するとおり、クロスプラットフォームで使用できるよい代替手段も存在します。

リレーショナル

ここでは単にリレーショナルデータベースであるという意味だけではなく、オブジェクト同士を関連づけるという意味もあります。例えば、シェフのナイフや帽子などのアイテムを自分のモンスターに装備させたいケースなどが挙げられます。

リレーショナルデータベースはこのような用途に適していますが、オブジェクトデータベースやグラフデータベースなどの代替手段もあります。もちろんXML形式のフラットファイルも関連を表現することができますが、ここではデータベースを使う方法を学びましょう。ここでの理想的なソリューションは、あたかもオブジェクトデータベースのよ

[*1] 訳注：フラットファイルとは、データを単純な形式のテキストファイルに記録したものです。フラットファイルの代表的な例に、CSV (Comma Separated Value) などがあります。

うに動作するリレーショナルデータベースです。

拡張性

我々が作成するインベントリーシステムは、1種類のアイテム（モンスター）を扱うところから始まります。ただし、後ほど他の形式のアイテムを簡単にサポートできるようにしたいと考えています。

やはりこの点でもデータベースに軍配が上がります。

アクセス容易性

私たちのインベントリーシステムは、ゲーム内の複数のパーツやシーンから利用できるようにする必要があります。

したがって、私たちはインベントリーをサービスやシングルトンの形にしたいと考えています。インベントリーシステムをサービスにすることもできますが、同様にシングルトンにすることにも妥当性があります。

上記のリストで示した機能を鑑みると、我々はデータベースを使用することを検討すべきでしょう。ここでは、オブジェクトを介してアクセス可能なリレーショナルデータベースを作りたいと思っています。加えて、`Monster`サービスのようなサービスとして、あるいは`GameManager`クラスのようなシングルトンとしてインベントリーを使用できるようにしたいと思います。この仕組みがゲーム中にどのように動作するかを図6-1に示します。

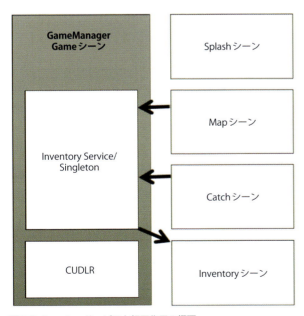

図6-1　Inventoryサービスと相互作用の概要

図6-1のように、新しいインベントリーサービスはGameシーンの一部となり、Mapシーンや`Catch`シーンと相互作用します。そうすることで、プレイヤーはいずれのシーンからも自分のインベントリーにアクセスすることができます。インベントリーのUIはすべて新たな`Inventory`シーンにカプセル化され、`Game Manager`がそれを管理します。

インベントリーシステムとして使用するデータベースの定義と実装を除けば、新しい`Inventory`サービスやシーンの作成で必要なものはほぼすべてすでに用意されています。次の節では、データベースについて掘り下げ、新しいサービスの軸として使用する方法を説明していきます。

6.2　ゲームの状態の保存

現時点の我々のゲームは状態を保存していませんが、それは今までその必要がなかったからです。プレイヤーの位置はデバイスのGPSによって直接求められ、プレイヤーの周囲のモンスターは間に合わせのモンスターサービスが発生させていました。しかしながら、最終的にはゲームの一環としてプレイヤーがモンスターや他のアイテムを捕まえて収集できるようにしたいと考えています。これを実現するには、永続的なストレージをデータベースの形式で提供する必要があります。さもなければ、プレイヤーがゲームを終了するとそれまでに収集したアイテムがすべて消えてしまいます。特にモバイルデバイス上で動作するゲームは、予期せずシャットダウンやクラッシュする可能性が高いため、ロバストなストレージソリューションが必要です。

Unityアセットストアでデータベースを検索すると、有料、無料問わず数多くの製品が表示されます。ですが、ここでは https://github.com/codecoding/SQLite4Unity3d から入手できる **SQLite4Unity3d** というGitHubのオープンソースの製品を選択します。このパッケージはSQLiteの秀逸なラッパーです。SQLiteは優れたクロスプラットフォームのリレーショナルデータベースです。実際に、アセットストアにはさまざまなSQLiteデータベースのラッパーがありますが、このソフトウェアを他の製品よりも高く評価した理由をいくつか示します。

オープンソース

これには良し悪しがありますが、この製品の場合、無料であるにもかかわらずちゃんとサポートされていることが良い点です。すべてのオープンソース製品が無料であるというわけではありませんので、十分注意してください。

http://unitylist.com の `UnityList` は、Unityに関するオープンソースプロジェクトを検索できるすばらしい検索エンジンです。

リレーショナルデータベース

SQLiteは、オープンソースでコミュニティ主導の軽量リレーショナルデータベースです。

リレーショナルデータベースはデータの関係をサポートし、標準化されたデータ定義言語が利用できるので今回の用途に向いています。データベース内のデータの定義やデータの操作にSQLという言語が使用されることからこの名前が付いています。幸いにも、SQLite4Unity3dというラッパーがSQLを管理するため、我々がSQLについて意識する必要はありません。

SQLiteのコミュニティのWebサイトは https://sqlite.org/ です。

オブジェクトモデル、エンティティデータモデル

オブジェクトモデルやエンティティデータモデルを使うことで、開発者はSQLなどの別の言語を直接記述することなく、オブジェクトを介してデータベースのデータを操作できます。`SQLite4Unity3d`ラッパーは、コードファースト（クラスファースト）なオブジェクトリレーショナルマッピングやエンティティ定義データモデルの優れた実装を提供します。コードファーストなアプローチとは、まずオブジェクトを定義してから、実行時にそのオブジェクト定義に合わせて動的にデータベースを構築するものです。何を言っているかさっぱり理解できなかったとしても心配しないでください。すぐに詳しく説明します。

テーブルファーストは、コードファースト・クラスファーストと正反対のアプローチでエンティティを定義します。まず初めにデータベースのテーブルを定義し、次にビルドプロセスの中でコードやクラスが生成されます。テーブルファーストはデータを厳密に定義したい人に好まれます。

ここまでで必要な基礎知識についての説明が済みましたので、データベースラッパーやその他必要なコードをロードして実際に手を動かしていきましょう。幸いなことにデータベースラッパーやその他のコードは単一のアセットにパッケージ化されていて一度にインポートできます。次に示す手順でアセットパッケージをインポートしてください。

1. Unityエディターを開き、「5章 ARでの獲物の捕獲」終了時点のプロジェクトのCatchシーンをロードした状態から作業を続けます。本章まで読み飛ばしてきた場合は、サポートサイトから`Chapter_5_End`をダウンロードしてFoodyGOプロジェクトをロードしてください。
2. メニューから、[Assets] → [Import Package] → [Custom Package…] を選択します。
3. [Import package…] ダイアログが開いたら、ダウンロードしたリソースフォルダーの中にある`Chapter6_import1.unitypackage`ファイルを選択します。次に [Open] ボタンをクリックしてファイルをインポートします。

4. ［Import Unity Package］ダイアログが表示されたら、インポート対象を確認し［Import］
   ボタンをクリックします。これにより、新たなスクリプトや更新されたスクリプトと
   併せて、SQLiteのインテグレーションを管理するプラグインがインポートされます。
5. ［Project］ウィンドウから、`Assets/FoodyGo/Plugins/x64`フォルダーを選択し、
   このフォルダーの中にある`sqlite3`プラグインを選択します。それから［Inspector］
   ウィンドウで、お使いデバイスにデプロイできるようにプラグインが設定されている
   ことを確認してください。図6-2はAndroidの例ですが、iOSでも同様です。

図6-2　Sqlite3のインポート設定（Android）

6. 設定に変更が必要な場合はこのパネル内の項目を変更し、下部にある［Apply］ボタン
   をクリックします。これで保存され、変更が反映されました。

必要なパッケージをインポートし、プラグインをセットアップする作業はとても簡単でした。
次の節では、すべてが正しく設定されているかどうかをテストしていきます。

6.3　サービスのセットアップ

これでSQLiteラッパーのプラグイン、SQLiteスクリプトやその他のスクリプトがインポートできましたので、これらをテストするために、Catchシーンにいくつかのサービスをセットアップしていきましょう。

1. メニューから［GameObject］→［Create Empty］を選択します。新しいオブジェクトの

名前をServicesに変更し、[Inspector]ウィンドウでトランスフォームをゼロにリセットします。

2. [Hierarchy]ウィンドウでServicesオブジェクトを選択し、右クリック（Macの場合はcontrolキーを押しながらクリック）してコンテキストメニューを開きます。コンテキストメニューから[Create Empty]を選択します。これにより、Servicesオブジェクトにアタッチされた空の子オブジェクトが新しく作成されます。[Inspector]ウィンドウから、この新しいオブジェクトの名前をInventoryに変更します。
3. 手順2をもう一度繰り返します。ただし、今回は新しいオブジェクトにCUDLRという名前を付けてください。
4. [Hierarchy]ウィンドウからInventoryオブジェクトを選択します。Assets/FoodyGo/Scripts/Servicesフォルダーの中にあるInventoryServiceスクリプトをドラッグしてInventoryオブジェクトにドロップします。
5. Inventoryオブジェクトを選択した状態で[Inspector]ウィンドウの[Inventory Service]コンポーネントの設定内容を確認しましょう。図6-3のようになります。

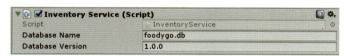

図6-3　Inventory Serviceコンポーネントのデフォルト設定

6. Inventory Serviceコンポーネントには、いくつか重要なパラメーターがありますので、ここで説明します。
    - **Database Name** —— データベースの名前を設定する項目です。SQLiteデータベースの標準の拡張子である.db拡張子を必ず使用してください。
    - **Database Version** —— データベースのバージョンを設定する項目です。バージョンは必ず「メジャー番号.マイナー番号.リビジョン番号」の形式で、数値のみで設定してください。後ほどデータベースのアップグレード方法について詳しく説明します。
7. [Hierarchy]ウィンドウからCUDLRオブジェクトを選択します。Assets/CUDLR/Scriptsフォルダーの中にあるServerスクリプトをCUDLRオブジェクトにドラッグします。まだCUDLRコンソールをセットアップしていない場合は「2章 プレイヤーの位置のマッピング」を参照してください。
8. メニューから[Window]→[Console]を選択します。[Console]ウィンドウをドラッグして[Inspector]ウィンドウのすぐ下あたりに配置します。
9. エディターから[Play]を押しCatchシーンを実行します。ゲームを実際にプレイする必要はありません。[Console]ウィンドウを見て、出力されている内容を確認してください。

10. おそらく図6-4と同じような内容が出力されているはずです。この出力から、ゲームの開始時にデータベースが実際に生成されていることがわかります。

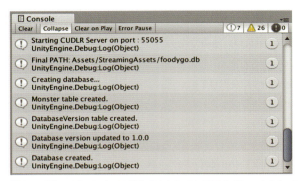

図6-4　新しいデータベースが作成されたことを示す［Console］ウィンドウの出力内容

11. もう一度［Play］ボタンをクリックしてゲームの実行を停止し、それから、ゲームを再び実行してください。［Console］ウィンドウの出力が初回と異なることを確認しましょう。二度めにゲームを実行したときは、すでにデータベースが作成されているため、データベースを作成する内容は出力されません。
12. ゲームをビルドし、モバイルデバイスにデプロイします。いつものように、ビルドの設定で正しいシーンを選択してください。今回は、ビルドの対象としてCatchシーンのみを選択しましょう。
13. ゲームの実行中にWebブラウザを開き、以前にコンソールに接続する際に使用したCUDLRのアドレスを入力します。どうすればよいかわからない場合は、「2章 プレイヤーの位置のマッピング」を参照して、CUDLRをセットアップしてください。
14. 図6-5のように、［Console］ウィンドウに表示される出力と非常によく似た内容がCUDLRコンソールの出力にも出力されていることがわかります。
15. CUDLRの出力がこのようにならない場合は、前のセクションのプラグインの設定を確認するか、「10章 トラブルシューティング」を参照してください。
16. お使いのデバイスでゲームを終了します。ゲームを再度実行し、CUDLRコンソールの出力内容をもう一度確認してください。今回も、ゲーム用のデータベースがすでに作成されているため、新しいデータベースを作成するログは表示されません。

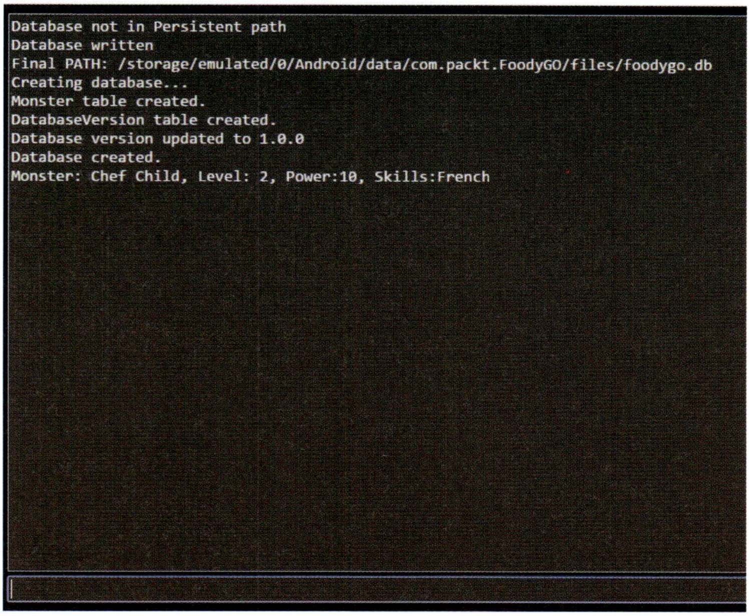

図6-5 Androidデバイス上で新しいデータベースが作成されたときのCUDLRの出力内容

6.4 コードの確認

今までのセットアップやテストの演習を通じてわかるように、インポートしたInventoryサービスにはすでにデータベースラッパーがアタッチされています。インポートしたスクリプトの変更された部分を確認し、`InventoryService`スクリプトについて詳しく理解しましょう。

1. [Project]ウィンドウから`Assets/FoodyGo/Scripts/Controllers`フォルダーの中にある`CatchSceneController`をダブルクリックし、お使いのエディターでこのスクリプトを開きます。
2. `CatchSceneController`の変更箇所は、`Start`メソッドで`Inventory`サービスを呼び出すように追加された点のみです。このメソッドを詳しく見てみましょう。

    ```
    void Start()
    {
        var monster = InventoryService.Instance.CreateMonster();
        print(monster);
    }
    ```

3. `Start`メソッドでは、`Instance`プロパティを介してシングルトンとして`InventoryService`を呼び出しています。そして、`CreateMonster`メソッドを呼び出し、新たなモンスターオブジェクトを生成しています。最後に、`print`メソッドを使ってモンスターオブジェクトの内容を[Console]ウィンドウに出力しています。

4. Startメソッドのコードは、後ほど削除される動作確認用の一時的なテストコードにすぎませんが、シングルトンパターンによるアクセス容易性のすばらしさがわかると思います。

5. InventoryServiceの確認に移る前にもうひとつ別のものを確認しておきましょう。Assets/FoodyGo/Scripts/Databaseフォルダーの中にあるMonsterスクリプトを開きます。ご存知のとおり、以前はMonsterクラスを使って獲物が発生した位置を追跡する処理をMonsterServiceの中に記述していました。ここではその代わりにMonsterクラスを単純化して、インベントリーやデータベースの永続化のためだけに使用することとし、今までのクラスを新たにMonsterSpawnLocationクラスとして切り出すようにしました。MonsterServiceスクリプトも新しいMonsterSpawnLocationを使うように更新されています。

6. インベントリーやデータベースへの永続化を行う新しいMonsterオブジェクトについて詳しく見ていきましょう。

    ```
    public class Monster
    {
        [PrimaryKey, AutoIncrement]
        public int Id { get; set; }
        public string Name { get; set; }
        public int Level { get; set; }
        public int Power { get; set; }
        public string Skills { get; set; }
        public double CaughtTimestamp { get; set; }
        public override string ToString()
        {
            return string.Format("Monster: {0}, Level: {1}, Power:{2}, Skills:{3}",
                    Name, Level, Power, Skills);
        }
    }
    ```

7. まず初めに気づくことに、Monsterのアトリビュートを定義するプロパティの使い方があります。これはUnityと旧来のC#との違いです。次に気がつくのは、冒頭のIdプロパティにはPrimaryKeyとAutoIncrementの2つのアトリビュートがアタッチされていることです。リレーショナルデータベースについての十分な知識がある場合は、このパターンをすぐに理解できるでしょう。

    あまり詳しくない方のために説明すると、データベースのすべてのレコードやオブジェクトには、プライマリキーと呼ばれる一意の識別子が必要です。この識別子（今回はIdと名付けました）によって任意のオブジェクトを即座に特定することができます。AutoIncrementアトリビュートは、新たなオブジェクトが作成されるときに整数型のIdプロパティを自動的にインクリメントすることを示すものです。これにより、オブジェクトのIdを我々自身が管理する手間を軽減し、Idプロパティがデータベースによって自動的に設定されることになります。

8. 他のプロパティについてはあまり気にする必要はありません。その代わりにオーバー

ライドされた`ToString`メソッドに着目しましょう。`ToString`をオーバーライドすると、オブジェクトの出力をカスタマイズすることができ、デバッグ時に役立てることができます。先ほど`CatchSceneController.Start`メソッドで行ったように、すべてのプロパティをチェックしコンソールに出力する代わりに`print(monster)`を使って単純化することができます。

9. これで基本的な知識の説明を終えましたので、`Assets/FoodyGo/Scripts/Services`フォルダーにある`InventoryService`スクリプトを開きます。ご覧のように、このクラスの`Start`メソッドにはいくつかの条件付きセクションがあり、さまざまなデプロイ対象のプラットフォームを考慮していることがわかります。このコードを詳しく見ることはしませんが、`Start`メソッドの最後の数行を確認することにしましょう。

```
_connection = new SQLiteConnection(dbPath,
    SQLiteOpenFlags.ReadWrite | SQLiteOpenFlags.Create);
Debug.Log("Final PATH: " + dbPath);
if (newDatabase) {
    CreateDB();
} else {
    CheckForUpgrade();
}
```

10. 最初の行では、SQLiteデータベースへのコネクションを確立する新たな`SQLiteConnection`を作成しています。データベースのパス（`dbPath`）とオプションを引数に渡してコネクションを設定します。コネクションには必要に応じて、読み取り権限・書き込み権限のリクエストおよびデータベースの作成に関するオプションが設定されます。`dbPath`が指し示す場所にデータベースが存在しない場合、新しい空のデータベースが作成されます。その次の行は、データベースのパスを［Console］ウィンドウに出力しているだけです。

`Debug.Log`メソッドは、`print`メソッドとまったく同じものです。わかりやすくするために先ほどは`print`メソッドを使用しましたが、今後も必要に応じて適宜使用することがあります。

11. コネクションを開いたら、`newDatabase`の真偽を確認し、新しいデータベースが作成されたかどうかをチェックします。このコードセクションよりも前に、既存のデータベースが存在しているかどうかの真偽値が`newDatabase`変数に設定されています。`newDatabase`が`true`の場合は`CreateDB`を、`false`の場合は`CheckForUpgrade`を呼び出します。

12. `CreateDB`メソッドでデバイス上に物理的なデータベースファイルが作成されるわけではありません。それは先ほど確認したコネクションに関するコードですでに行われています。次のように、`CreateDB`メソッドではデータベース内のオブジェクトテー

ブルやスキーマのインスタンスを生成しています。

```
private void CreateDB()
{
    Debug.Log("Creating database...");
    var minfo = _connection.GetTableInfo("Monster");
    if(minfo.Count > 0) _connection.DropTable<Monster>();
    _connection.CreateTable<Monster>();
    Debug.Log("Monster table created.");
    var vinfo = _connection.GetTableInfo("DatabaseVersion");
    if(vinfo.Count>0) _connection.DropTable<DatabaseVersion>();
    _connection.CreateTable<DatabaseVersion>();
    Debug.Log("DatabaseVersion table created.");

    _connection.Insert(new DatabaseVersion
    {
        Version = DatabaseVersion
    });
    Debug.Log("Database version updated to " + DatabaseVersion);
    Debug.Log("Database created.");
}
```

13. このメソッドの中にはたくさんの`Debug.Log`ステートメントがありますが、これらは便利なコメントですので削除しないでください。まず初めに、`Monster`テーブルがすでに作成済みかどうかを判断するために、コネクションの`GetTableInfo`メソッドを呼び出します。`GetTableInfo`メソッドは指定されたテーブルのカラムとプロパティを返します。カラムまたはプロパティが設定されていない場合、`minfo`のカウントは`0`になります。テーブルが存在する場合は、このテーブルを一旦削除してから、現時点の`Monster`プロパティを使用して新たにテーブルを作成します。

続いて`DatabaseVersion`テーブルについても同じパターンで処理します。`GetTableInfo`が`vinfo.Count>0`を返した場合は一旦テーブルを削除し、そうでなければそのまま処理を継続します。ご覧のとおり、`InventoryService`に新しいオブジェクトを追加する場合は、同じ方法で新しくテーブルを作成する必要があります。

SQLite4Unity3dラッパーは、オブジェクトをリレーショナルデータベースのテーブルとマッピングする**ORM**（Object Relational Mapping）フレームワークを提供します。そのため、それぞれの局面に応じてオブジェクトという用語とテーブルという用語を使い分けることがあります。このマッピングの基本的な仕組みを**図6-6**に示します。

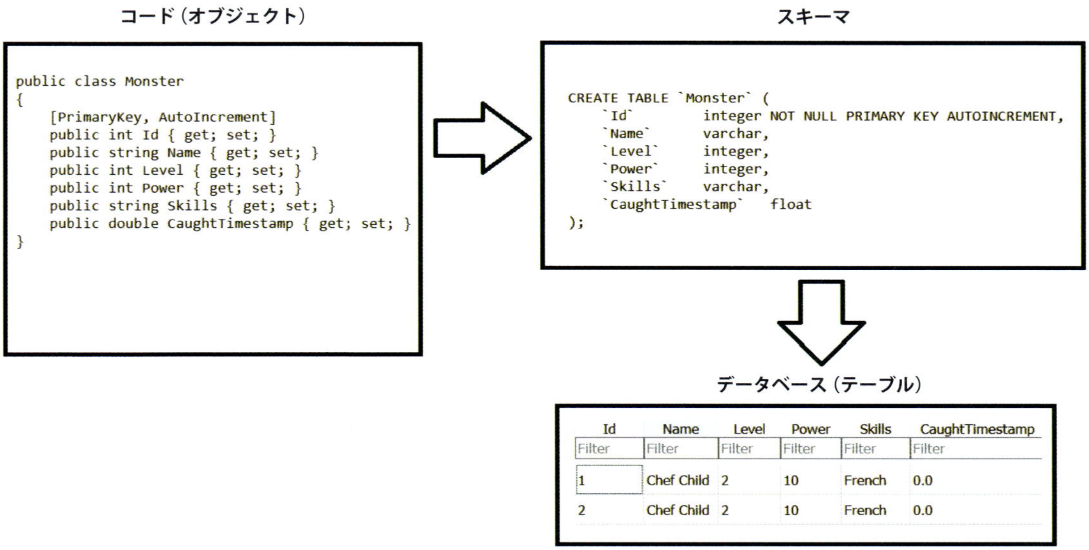

図6-6 ORMの例（Monsterオブジェクトとデータベース）

14. これらのオブジェクトのテーブルを作成した後に、新たに`DatabaseVersion`オブジェクトを生成し、このオブジェクトを`_connection`変数の`Insert`メソッドを使用してデータベースに保存します。`DatabaseVersion`は非常にシンプルなオブジェクトで、`Version`というプロパティひとつだけしか持ちません。このオブジェクトとテーブルは、データベースのバージョンのトラッキングに使用します。

15. データベースを新たに作成する必要がない場合は、次のように`CheckForUpgrade`メソッドを使ってアップグレードの有無をチェックできることを覚えておいてください。

```
private void CheckForUpgrade()
{
    try
    {
        var version = GetDatabaseVersion();
        if (CheckDBVersion(version))
        {
            // newer version upgrade required
            Debug.LogFormat("Database current version {0} - upgrading to {1}",
                version, DatabaseVersion);
            UpgradeDB();
            Debug.Log("Database upgraded");
        }
    }
    catch (Exception ex)
    {
        Debug.LogError("Failed to upgrade database, running CreateDB instead");
        Debug.LogError("Error - " + ex.Message);
```

```
        CreateDB();
    }
}
```

16. `CheckForUpgrade`メソッドでは、まず現時点のデータベースファイルのバージョンを取得し、それを`CheckDBVersion`メソッドの中でコードが必要とするバージョンと比較します。新たなデータベースバージョンを必要とする場合は、`InventoryService`の`DatabaseVersion`に設定されている値を用いてデータベースをアップグレードします。データベースがアップグレードを必要としない場合は、ゲームは現時点のデータベースを使用します。ただし、バージョンのチェックでエラーが生じた場合や、その他のエラーが発生した場合には、既存のデータベースに問題があると判断し、新たなバージョンのデータベースを作成します。実際にデータベースをアップグレードする方法については後ほど詳しく説明します。

17. 最後に、`CatchSceneController`から呼び出される`CreateMonster`メソッドを見てみましょう。

```
public Monster CreateMonster()
{
    var m = new Monster
    {
        Name = "Chef Child",
        Level = 2,
        Power = 10,
        Skills = "French"
    };
    _connection.Insert(m);
    return m;
}
```

18. 現時点の`CreateMonster`メソッドは、ハードコーディングで`Monster`オブジェクトを作成し、それを`_connection.Insert`メソッドを使ってデータベースに挿入した後に、新しいオブジェクトを呼び出し元に戻り値として返しています。リレーショナルデータベースの使用経験がありSQLのコードを書いたことがあれば、このように簡単に挿入できることのすばらしさが理解できるでしょう。次節では、この`CreateMonster`やその他の`Monster`オブジェクト操作に関するメソッドを修正していきます。

6.5　MonsterオブジェクトのCRUD操作

　現状のままでは、`InventoryService`は常に同じモンスターしか作成しませんので、新しいモンスターの作成や、モンスターの読み込み、更新、削除などの操作を実行できるようにする必要があります。なお、Create、Read、Update、Deleteの標準的なデータベース操作のことを**CRUD**と呼ぶことがあります。ここで少し気合を入れて実際にコーディングを行い、モンスターのCRUDを構築していきましょう。

お使いのエディターでInventoryServiceスクリプトを開き、CreateMonsterメソッドがある箇所まで下にスクロールします。現状のCreateMonsterメソッドを削除し、以下の説明を見ながら書き換えてください。さらに他の新しいメソッドも追加していきます。

CREATE

CreateMonsterメソッドを次の内容で置き換えてください。

```
public Monster CreateMonster(Monster m)
{
    var id = _connection.Insert(m);
    m.Id = id;
    return m;
}
```

モンスターを作成する処理をハードコーディングするのではなく、モンスターのオブジェクトを取得し、それを新たなオブジェクトやレコードとしてデータベースに挿入します。これにより自動でインクリメントされた新しいIDが返されるので、この値をMonsterオブジェクトに設定し、呼び出し元のコードに戻します。モンスターの詳細情報については、コードの別の部分で設定しています。

READ（単一）

2種類のreadメソッドを取り扱います。ひとつはそれぞれの単一のモンスターを読み出すもの、もうひとつはすべてのモンスターを読み出すものです。下記のコードを追加して単一のモンスターを読み出せるようにしてください。

```
public Monster ReadMonster(int id)
{
    return _connection.Table<Monster>().Where(m => m.Id == id).FirstOrDefault();
}
```

このメソッドはidを引数とし、デリゲートをパラメーターとして取るWhereメソッドを使ってテーブル中に合致するモンスターのオブジェクトを探すものです。このコードはLinq to SQLを使用しているように見えますが、そうではありません。WhereとFirstOrDefaultは、クロスプラットフォームを保つためにSQLiteの実装の一部として組み込まれています。

従来のC#を使った経験のある開発者が混乱しがちなことですが、iOSはLinqをサポートしていません。LinuxやMacなどの他のプラットフォームでも、このことがよく混乱を招きます。アプリケーションのプラットフォーム間の互換性を保つためにも、System.Linqの名前空間を決して使用しないようにしてください。

READ（すべて）

すべてのモンスターを抽出する処理はさらに簡単です。

```csharp
public IEnumerable<Monster> ReadMonsters()
{
    return _connection.Table<Monster>();
}
```

データベースからすべてのモンスターを抽出するために必要なコードは1行だけです。これ以上シンプルなものはありません。

UPDATE

モンスターを更新するコードは次のとおりです。

```csharp
public int UpdateMonster(Monster m)
{
    return _connection.Update(m);
}
```

`UpdateMonster`メソッドは`Monster`オブジェクトを引数に取り、その内容でデータベースを更新します。ここで、更新されたレコード（モンスター）の数を示す`int`値を返していますが、この値は常に1となるはずです。`UpdateMonster`メソッドに渡されるオブジェクトは、すでにIDが設定されている必要があります。`Monster`オブジェクトの`Id`プロパティが0であるなら、代わりに`CreateMonster`メソッドを使うべきです。`CreateMonster`メソッドは、新しいモンスターをデータベースに作成し、`Id`プロパティを設定します。

DELETE

最後に、必要がなくなったモンスターのオブジェクトは、次のコードを使って削除することができます。

```csharp
public int DeleteMonster(Monster m)
{
    return _connection.Delete(m);
}
```

`DeleteMonster`メソッドは`UpdateMonster`メソッドによく似ています。削除したいモンスターを抽出し、それをデータベースから削除します。削除されたオブジェクトの数を戻り値として返しますが、この値は常に1であるはずです。もう一度述べますが、オブジェクトには有効な`Id`プロパティが必要です。有効な`Id`が設定されていないオブジェクトは、実際にはデータベースには存在しません。

ここまでにモンスターに対する基本的なCRUD操作をコーディングしてきましたが、おそらくとても簡単だと感じたのではないでしょうか。SQLite4Unity3dラッパーの一部としてオブジェクトリレーショナルマッピングを使用できるようにすることで、モンスターインベントリーのデータベースへの永続化をとても手軽に実装することができました。いずれの時点においても、SQLをコードとして記述する必要がないことは言うまでもなく、SQLという言葉さえ登場しません。その上、今後インベントリーサービスで他のオブジェクトの操作を実装する場

合も簡単に行えるはずです。

6.6　Catchシーンの修正

InventoryServiceにモンスターを格納するCRUD操作を新たに実装した際に、CatchSceneControllerスクリプトの既存の実装を壊してしまいました。もともとあったCreateMonsterメソッドのサンプル実装を削除し、データベースにモンスターのエントリを作成するだけのメソッドを新たに記述したことを覚えているでしょうか。つまり、コードを修正するだけでなく、ランダムなプロパティが設定されたモンスターを新たにインスタンス化する方法も必要になるということです。

CatchSceneControllerを修正する前に、ランダムなプロパティが設定された新しいモンスターを生成するという課題に取り組みましょう。ここで示す最適な解決策は、ランダムにモンスターを生成するMonsterFactoryというシンプルな静的クラスを作成することです。このMonsterFactoryスクリプトを作成していきます。

1. [Project] ウィンドウからAssets/FoodyGo/Scripts/Servicesフォルダーを右クリック（Macの場合はcontrolキーを押しながらクリック）し、コンテキストメニューから [Create] → [C# Script] を選択します。作成したこのスクリプトの名前をMonsterFactoryに変更してください。
2. このスクリプトをダブルクリックし、お使いのエディターで開きます。
3. このファイルを次のように修正します。

    ```csharp
    using packt.FoodyGO.Database;
    using UnityEngine;

    namespace packt.FoodyGO.Services
    {
        public static class MonsterFactory
        {
        }
    }
    ```

4. シンプルな静的クラスが欲しいだけですので、初期状態のスクリプトはすべて削除します。
5. 次に、モンスター名に紐付けるランダムな名前のリストを追加しましょう。クラスの中に次のフィールドを追加してください。

    ```csharp
    public static class MonsterFactory
    {
        public static string[] names = {
            "Chef",
            "Child",
            "Sous",
            "Poulet",
            "Duck",
    ```

```
        "Dish",
        "Sauce",
        "Bacon",
        "Benedict",
        "Beef",
        "Sage"
    };
```

6. ご自由に他の名前のエントリもリストにたくさん追加してかまいませんが、リストの最後の要素を除くすべてのエントリにカンマを付ける必要があることに気をつけてください。

7. 次に、スキルを示すフィールドと、他のプロパティの最大値を保持するフィールドをいくつか作成していきます。

```
    public static string[] skills = {
        "French",
        "Chinese",
        "Sushi",
        "Breakfast",
        "Hamburger",
        "Indian",
        "BBQ",
        "Mexican",
        "Cajun",
        "Thai",
        "Italian",
        "Fish",
        "Beef",
        "Bacon",
        "Hog",
        "Chicken"
    };

    public static int power = 10;
    public static int level = 10;
```

8. 名前のリストと同じく、スキルのリストにもオリジナルのエントリを追加してもかまいません。ここで言うスキルとは料理や食べ物に関する得意分野のようなものです。後ほどこのスキルは、ゲーム内でモンスターをレストランに送って仕事を探す際に利用します。

9. プロパティについての作業が済んだら、次は CreateRandomMonster メソッドとヘルパーメソッドを書いていきましょう。

```
    public static Monster CreateRandomMonster()
    {
        var monster = new Monster
        {
            Name = BuildName(),
            Skills = BuildSkills(),
            Power = Random.Range(1, power),
```

```
            Level = Random.Range(1, level)
        };
        return monster;
    }

    private static string BuildSkills()
    {
        var max = skills.Length - 1;
        return skills[Random.Range(0, max)] + "," + skills[Random.Range(0, max)];
    }
    private static string BuildName()
    {
        var max = names.Length - 1;
        return names[Random.Range(0, max)] + " " + names[Random.Range(0, max)];
    }
```

10. このコードは非常に簡単なものですが、何点か確認していきます。メインとなる`CreateRandomMonster`メソッドとヘルパーメソッド（`BuildName`と`BuildSkills`）の中で、`Random.Range`を使って指定した範囲のランダムな値を生成しています。ランダムな名前とスキルを作成するヘルパーメソッドである`BuildName`と`BuildSkills`では、`names`配列や`skills`配列のインデックスとしてこのランダムな値が使われます。そしてスペースやカンマを区切り文字として結合され、名前やスキルが文字列として返されます。

11. `Power`プロパティと`Level`プロパティも`Random.Range`メソッドを使って簡単に設定できます。1から、手順7で設定した各プロパティの最大値までの範囲の値を使用します。

12. スクリプトの修正が完了したら、いつものように保存してください。

13. Unityエディターで、`Assets/FoodyGo/Scripts/Controllers`フォルダーの中にある`CatchSceneController`スクリプトを開きます。

 お使いのコードエディターによっては、スクリプトエディター内で特定のファイルを見つけることが難しい場合があります。そのため、本書では新しいスクリプトを開く際に必ずUnityエディターに戻って開くようにしています。

14. このファイルの最初のほうにある`Start`メソッドを次のように書き換えてください。

```
void Start()
{
    var m = MonsterFactory.CreateRandomMonster();
    print(m);
}
```

15. この`Start`メソッドのコードは、`CatchScene`シーンの初期化時に、ランダムなモンスターを新たに生成するものです。

16. 修正が完了したらこのファイルを保存し、Unityエディターに戻ります。スクリプトが

コンパイルされるのを待ち、［Play］を押してシーンを開始します。新しいモンスターのプロパティを［Console］ウィンドウの出力で確認してください。図6-7のように、ランダムな値になるはずです。

```
Starting CUDLR Server on port : 55055
UnityEngine.Debug:Log(Object)
Monster: Chef Beef, Level: 9, Power:6, Skills:Mexican,Indian
UnityEngine.MonoBehaviour:print(Object)
Final PATH: Assets/StreamingAssets/foodygo.db
UnityEngine.Debug:Log(Object)
```

図6-7　［Console］ウィンドウにランダムなプロパティのモンスターが出力される例

　これでCatchSceneが開始されると、プレイヤーが捕まえることができるモンスターがランダムに作成されるようになります。ここで、モンスターの属性からそのモンスターの捕まえやすさを判断するような処理を追加したいと思います。ここでやるべきことは、モンスターを捕まえにくくしたり、プレイヤーから逃げたりするコードを追加することです。以下の手順で、モンスターを捕まえにくくする仕組みをCatchSceneに追加していきます。

1. まず初めにCatchSceneControllerスクリプトに新しいフィールドを追加しましょう。Assets/FoodyGo/Scripts/ControllersフォルダーからCatchSceneControllerスクリプトを開きます。

2. 既存のフィールド定義の下部、Startメソッドのすぐ上部に新しいフィールドを追加します。

    ```
    public Transform escapeParticlePrefab;
    public float monsterChanceEscape;
    public float monsterWarmRate;
    public bool catching;
    public Monster monsterProps;
    ```

3. escapeParticlePrefabは、モンスターが逃げるときのパーティクルエフェクトです。monsterChanceEscapeはモンスターの逃げやすさを示します。monsterWarmRateは、アイスボールがヒットした後にモンスターが少しずつ温まり息を吹き返すまでの速さを示します。catchingはループから抜けるために使う単なるフラグ変数です。最後のmonsterPropsはランダムに生成されたモンスターのプロパティを格納するためのものです。

4. Startメソッドのコードを次のように変更します。

    ```
    monsterProps = MonsterFactory.CreateRandomMonster();
    print(monsterProps);

    monsterChanceEscape = monsterProps.Power * monsterProps.Level;
    monsterWarmRate = .0001f * monsterProps.Power;
    catching = true;
    StartCoroutine(CheckEscape());
    ```

5. まず、ランダムに生成された新しいモンスターのプロパティをmonsterPropsとい

う変数に格納します。そして、このコードで示しているように、モンスターのパワーとレベルを掛け合わせて`monsterChanceEscape`を計算します。それから、モンスターのパワーを基本の値として`monsterWarmRate`を計算します（`.0001f`という値がハードコーディングされていますが、この値について今はあまり気にする必要はありません）。次に`catching`の状態を`true`に設定し、最後に`CheckEscape`というコルーチンを開始します。

6. では、次のように`CheckEscape`コルーチンを追加してください。

    ```csharp
    IEnumerator CheckEscape()
    {
        while (catching)
        {
            yield return new WaitForSeconds(30);
            if (Random.Range(0, 100) < monsterChanceEscape && monster!= null)
            {
                catching = false;
                print("Monster ESCAPED");
                monster.gameObject.SetActive(false);
                Instantiate(escapeParticlePrefab);
                foreach (var g in frozenDisableList)
                {
                    g.SetActive(false);
                }
            }
        }
    }
    ```

7. `CheckEscape`コルーチンの中には、`catching`の状態が`true`の間処理を継続する`while`ループがあります。ループ内の最初のステートメントでは、効率的にループを30秒間一時停止させています。つまり、`while`ループの中の処理は30秒ごとに実行されることになります。一時停止を終えたら、0から100までのランダムな値を生成し、この値が`monsterChanceEscape`より小さいかどうかをチェックしています。もしこの値が小さければ、かつ、対象のモンスター（`MonsterController`）が`null`でなければ、このモンスターは逃げ出します。

8. モンスターが逃げ出すときにいくつかの処理が実行されます。まず、`catching`の状態を`false`に設定し、このループから抜けるようにします。次に、［Console］ウィンドウにメッセージを出力します。常にログを出力することはいいことです。その後、`monster.gameobject`を無効化し、逃亡時のエフェクトとしてパーティクルのインスタンスを生成します。そして最後にシーンの要素を無効化します。ここでは`frozenDisableList`のすべての要素に対して反復して処理することでシーンの要素を無効化しています。

9. `OnMonsterHit`メソッドの`if`文の中に、次に示す強調表示しているコードを新たに追加します。

```
        monster = go.GetComponent<MonsterController>();

        if (monster != null)
        {
            monster.monsterWarmRate = monsterWarmRate;
```

10. この行での処理は、このモンスター（MonsterController）のmonsterWarmRateを、Startメソッドで計算したものと同じ値に更新しているだけです。

11. 続けて、OnMonsterHitメソッド内のprint("Monster FROZEN");ステートメントの直後に、以下で強調表示している2行を新たに追加します。

```
    print("Monster FROZEN");
    // プレイヤーのインベントリーの中にモンスターを保存
    InventoryService.Instance.CreateMonster(monsterProps);
```

12. このコードは、モンスターを捕まえた後に、このモンスターの属性（モンスターのオブジェクト）をインベントリーデータベースに保存するものです。新しいモンスターをインベントリーに追加するときは、CreateMonsterメソッドを使用する必要があることを思い出してください。

13. Monsterクラスを参照するためのusingディレクティブを先頭に追加します。
    ```
    using packt.FoodyGO.Database;
    ```

14. 修正が済んだら、このファイルを保存してUnityエディターに戻ります。コードが問題なくコンパイルできることを確認してください。

15. 変更した内容をテストする前に、新たにEscapePrefabを作成しCatchSceneControllerに追加する必要があります。

16. [Project]ウィンドウのAssets/Elemental Free/Mobile/Prefabs/Fireフォルダーから、ET_M_Explosionプレハブをドラッグして[Hierarchy]ウィンドウにドロップします。シーンの中で爆発のパーティクルエフェクトが再生されている様子が確認できるでしょう。

17. [Hierarchy]ウィンドウからET_M_Explosionオブジェクトを選択します。このオブジェクトの名前をEscapePrefabに変更し、[Transform]コンポーネントの[Position]のZの値を-3に設定してください。

18. 次に、このEscapePrefabオブジェクトをAssets/FoodyGo/Prefabsフォルダーにドラッグし、新しいプレハブを作成します。新しいプレハブを作成した理由は、このオブジェクトのデフォルトの位置を我々のシーンに合わせて変更したためです。

19. [Hierarchy]ウィンドウでこのEscapePrefabオブジェクトを選択した状態で右クリックしてメニューからDeleteを選択し、シーンから削除します。

20. [Hierarchy]ウィンドウでCatchSceneオブジェクトを選択します。Assets/FoodyGo/PrefabsフォルダーからEscapePrefabをドラッグし、[Inspector]ウィンドウの[Catch Scene Controller]コンポーネントにある、空の状態の[Escape Particle Prefab]の上にドロップしてください。

21. シーンとプロジェクトを保存します。エディターのウィンドウで［Play］を押し、ゲームを実行してテストしましょう。シーンを何度か実行し、今捕まえようとしているモンスターが捕まえやすいか、それともなかなか捕まえることができないか、その違いを確認してみましょう。
22. それでは、ゲームをモバイルデバイス向けにビルドし、デプロイしてテストしてください。現時点では、モンスターが逃げたり、モンスターを捕まえたりすると、シーンが応答しなくなるように見えます。これについては後ほど、GameManagerの中ですべての要素を統合する際に修正します。

ここまでを振り返ります。MonsterFactoryはランダムなモンスターを生成するようになっています。そして、モンスターの属性に応じた捕まえやすさがCatchシーンに設定され、モンスターを捕まえると、その属性がInventoryServiceのSQLiteデータベースに格納されるようになりました。それではいよいよInventoryのUIを作っていきます。さっそく次の節に取りかかりましょう。

6.7 Inventoryシーンの作成

ゲームコンテンツを複数のシーンに分割することの良い点は、各機能を部品化し個別に開発してテストできることです。他のゲームの初期処理やイベントといった機能の実装の進捗によって自分の開発が遅れてしまうといった心配をする必要はありません。しかし、いずれはこれらのすべての要素をひとつにまとめる必要があります。加えて、定期的にゲーム全体をテストすることも重要です。

Inventoryシーンに関する作業を開始する前に、前章で行ったのと同じように、すべてのスクリプトを完全にリセットして、再度インポートし直します。これにより、数々の新しいスクリプトや更新されたスクリプトをインポートすることになりますが、変更が多岐にわたるため、その詳細をここで説明することはできません。本章の残りで、これらのコードの興味深い部分を強調する余裕はありませんので、お手すきの時間にご自身でコードを眺めることをお勧めします。スクリプトに対して独自の変更を加えた場合は、ご自身の手でそれらの内容をバックアップすることをお勧めします。アセットをインポートする手順を以下に示します。

1. シーンとプロジェクトを保存します。残しておきたい変更がある場合にはプロジェクトのバックアップを別の場所に作成します。
2. メニューから［Assets］→［Import Package］→［Custom Package...］を選択し、［Import package...］ダイアログを開きます。
3. このダイアログから、ダウンロードしたリソースフォルダーを開きChapter6_import2.unitypackageファイルを選択します。次に［Open］ボタンをクリックしてファイルのインポートを開始します。
4. ［Import Unity Package］ダイアログが表示されたら、すべての項目が選択されている

ことを確認し [Import] ボタンをクリックします。

更新されたスクリプトと新しいスクリプトのロードが完了したら、次の手順に従って新しい`Inventory`シーンを構築していきましょう。

1. メニューから [File] → [New Scene] を選択します。カメラと指向性ライトのある空のシーンが新たに作成されます。
2. メニューから [File] → [Save Scene as...] を選択します。ダイアログが開いたら、このシーンに`Inventory`という名前を付けて保存します。
3. メニューから [GameObject] → [Create Empty] を選択します。新しいオブジェクトの名前を`InventoryScene`に変更して、[Inspector] ウィンドウからトランスフォームをゼロにリセットします。
4. [Hierarchy] ウィンドウで、`Main Camera`オブジェクトと`Directional Light`オブジェクトを`InventoryScene`オブジェクトの上にドラッグします。他のシーンでも同じことを行いましたが、これらのオブジェクトの親子関係を設定しています。
5. メニューから [GameObject] → [UI] → [Panel] を選択します。これにより、`Panel`を子要素とする`Canvas`オブジェクトと、`EventSystem`オブジェクトが追加されます。
6. [Hierarchy] ウィンドウで`EventSystem`を選択し、右クリックしてメニューから Delete を選択してこのオブジェクトを削除します。このオブジェクトは、Unityが後で追加してくれることを思い出してください。
7. [Hierarchy] ウィンドウで、親オブジェクトである`Canvas`を選択し、[Inspector] ウィンドウから、このオブジェクトの名前を`InventoryBag`に変更します。
8. [Hierarchy] ウィンドウでこの`InventoryBag`オブジェクトをドラッグし、`InventoryScene`の上に重ねて子オブジェクトとして設定します。
9. [Hierarchy] ウィンドウから`Panel`オブジェクトを選択します。[Inspector] ウィンドウで [Image] コンポーネントの [Color] の領域をクリックすると、[Color] 選択ダイアログが開きます。ダイアログの下部にあるHex Colorを #FFFFFF に変更し、このダイアログを閉じます。これにより、[Game] ウィンドウの全面が白い背景で覆われたことでしょう。

これで`InventoryScene`の土台ができました。これらのコンポーネントの詳細を見ていく前に、まずインベントリーのアイテムのプレハブを作成していきます。

1. [Hierarchy] ウィンドウで`InventoryBag`オブジェクトを選択し、そしてメニューから [GameObject] → [UI] → [Button] を選択します。こうすることで、`InventoryBag`オブジェクトの子要素となる`Button`オブジェクトが新たに作成されます。
2. このボタンの名前を`MonsterInventoryItem`に変更し、[Inspector] ウィンドウ

から、[Rect Transform] の [Anchors] ラベルの上にある四角形のアイコンを押して [Anchor Presets] を開き、pivot（Shiftキー）と position（Altキー）を押したまま top-stretch に設定します。

3. [Image] コンポーネントの右脇にある歯車アイコンをクリックし、ドロップダウンメニューから [Remove Component] を選択して、このコンポーネントを削除します。

4. [Button] コンポーネントに警告メッセージが表示されていることがわかります。[Button] コンポーネントの [Transition] プロパティを None に変更してください。この警告が出なくなります。

5. [Project] ウィンドウの Assets/FoodyGo/Scripts/UI フォルダーの中にある MonsterInventoryItem スクリプトをドラッグし、[Hierarchy] ウィンドウの MonsterInventoryItem ボタンオブジェクトの上にドロップします。こうすることで、インベントリーのスクリプトがこのオブジェクトに追加されます。

6. [Hierarchy] ウィンドウで、この MonsterInventoryItem を右クリック（Macの場合は control キーを押しながらクリック）し、コンテキストメニューから、[UI] → [Raw Image] を選択します。

7. [Inspector] ウィンドウでこの RawImage オブジェクトを選択した状態で、[Raw Image] コンポーネントの [Texture] プロパティの右側にある ⊙ アイコンをクリックします。[Select Texture] ダイアログが表示されたら、monster のテクスチャーを選択してください。併せて、[Rect Transform] コンポーネントの [width] プロパティと [height] プロパティの値を 80 に変更してください。

8. [Hierarchy] ウィンドウから MonsterInventoryItem の子オブジェクトの Text オブジェクトを選択し、Ctrl＋Dキー（Macの場合は、command＋Dキー）を押し、このオブジェクトを複製します。

9. 元からある Text オブジェクトを [Inspector] ウィンドウで選択し、このオブジェクトの名前を TopText に変更します。併せて、[Text] コンポーネントの [Paragraph] → [Alignment] を、図6-8のように、center-top となるように変更します。

図6-8　テキストの位置を center-top に変更した設定画面

10. 先ほど複製した Text(1) オブジェクトにも同じ手順を繰り返しますが、オブジェクトの名前を BottomText に、[Alignment] を center-bottom に設定します。

11. [Hierarchy] ウィンドウで、Raw Image オブジェクトを少し上にドラッグし、MonsterInventoryItem の一番先頭の子要素となるようにします。

12. [Hierarchy] ウィンドウから MonsterInventoryItem をドラッグし、[Project] ウィンドウの Assets/FoodyGo/Prefabs フォルダーの中にドロップします。こうすることで、MonsterInventoryItem プレハブが作成されます。元のオブジェクトは

シーンの中に残したままにしておいてください。

インベントリーのアイテムが作成できましたので、インベントリーのバッグを完成させる作業に戻ります。

1. [Hierarchy] ウィンドウで InventoryBag オブジェクトを選択した状態で、メニューから [GameObject] → [UI] → [Scroll View] を選択します。Panel の並びに Scroll View が追加されますので、この Scroll View を Panel の上にドラッグし、図6-9 のように Panel の子オブジェクトにします。

図6-9 現時点の InventoryScene の階層

2. [Hierarchy] ウィンドウで Scroll View オブジェクトを選択します。それから [Inspector] ウィンドウで [Rect Transform] の [Anchors] ラベルの上にある四角形のアイコンを押して [Anchor Presets] を開き、pivot（Shift キー）と position（Alt キー）を押したまま図6-10のように stretch-stretch に変更します。

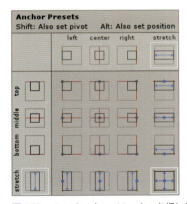

図6-10 pivot キーと position キーを押したまま Anchor Presets を stretch-stretch に設定した状態

3. Scroll View を選択したままの状態で、[Scroll Rect] コンポーネントの [Horizontal] オプションのチェックをオフにします。このインベントリーの領域を垂直方向にのみスクロールできるようにしたいためです。

4. [Hierarchy] ウィンドウから Scroll View オブジェクトを開き、さらに子オブジェクトである Viewport オブジェクトを開きます。最下層に Content というオブジェクトがあることがわかります。この Content オブジェクトを選択してください。

5. [Inspector] ウィンドウで [Rect Transform] の [Anchors] ラベルの上にある四角形のア

アイコンを押して［Anchor Presets］を開き、pivot（Shiftキー）とposition（Altキー）を押したまま、今回は`top-stretch`に設定します。

6. ［Hierarchy］ウィンドウで`Content`を選択したままの状態で、メニューから［Component］→［Layout］→［Grid Layout Group］を選択し、`Content`オブジェクトにこのコンポーネントを追加します。同じように［Component］→［Layout］→［Content Size Fitter］も追加してください。

7. ［Project］ウィンドウの`Assets/FoodyGo/Scripts/UI`フォルダーから`InventoryContent`をドラッグし、［Hierarchy］ウィンドウの`Content`オブジェクトの上、または［Inspector］ウィンドウの上にドロップします。

8. ［Hierarchy］ウィンドウで`Content`オブジェクトを選択したままの状態で、`Scroll View`オブジェクトをドラッグし、［Inventory Content］スクリプトコンポーネントの［Scroll Rect］プロパティの上にドロップします。

9. 次に、［Project］ウィンドウの`Assets/FoodyGo/Prefabs`フォルダーから`MonsterInventoryItem`プレハブをドラッグし、［Inventory Content］スクリプトコンポーネントの［Inventory Prefab］プロパティの上にドロップします。

10. 図6-11のように［Rect Transform］、［Grid Layout Group］、［Content Size Fitter］、［Inventory Content］の各値を設定し、その内容を確認します。

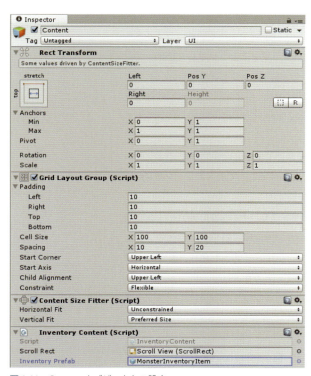

図6-11 Contentオブジェクトの設定

11. 最後に、[Hierarchy] ウィンドウで MonsterInventoryItem を Content オブジェクトの上にドラッグし、子オブジェクトとして設定します。それから [Inspector] ウィンドウでこのオブジェクトの名前の脇にあるチェックボックスのチェックを外して、このオブジェクトを非アクティブにしてください。このオブジェクトはリファレンスとしてのみ使用します。変更後の [Hierarchy] ウィンドウは図6-12のようになっているはずです。

図6-12 Inventoryの階層

ここまでで Inventory シーンの大部分を作成しました。後はそれぞれの要素をひとつにまとめ上げるだけです。以下の手順でこのシーンを完成させましょう。

1. [Project] ウィンドウから Assets/FoodyGo/Scripts/Controllers フォルダーの中にある InventorySceneController スクリプトをドラッグし、[Hierarchy] ウィンドウの InventoryScene オブジェクトの上にドロップします。

2. InventoryScene オブジェクトを選択し、[Hierarchy] ウィンドウから Content をドラッグして [Inspector] ウィンドウの [Inventory Scene Controller] コンポーネントの [Inventory Content] の上にドロップします。

3. [Project] ウィンドウの Assets フォルダーから Catch シーンをドラッグし、[Hierarchy] ウィンドウの上にドロップします。こうすることで両方のシーンが互いにオーバーラップできるようになります。

4. Catch シーンの Services オブジェクトをドラッグし、それを Inventory シーンの上にドロップします。これにより Inventory シーンにこの Services オブジェクトが追加されました。これらのサービスはテストの目的でのみ利用し、後で Catch シーンから削除する予定だったことを覚えているでしょうか。

5. Catch シーンを右クリック（Macの場合は Ctrl を押してクリック）してコンテキストメニューを開き、[Remove Scene] を選択します。もし保存を求めるダイアログが表示されたら [Save] ボタンを押して保存してください。

6. [Play] を押してシーンを実行し結果を確認します。図6-13は、Catch シーンのテストプレイを通して捕まえたモンスターの例です。

図6-13 捕まえたモンスターを表示するInventoryシーンの例

 この3DキャラクターはReallusion iClone Character Creatorがデザインしたものです。キャラクターのカスタマイズに関する詳しい情報についてはhttp://www.reallusion.com/iclone/character-creator/default.htmをご覧ください。

以前Inventoryサービスをつなげた後に、テスト用のCatchシーンでいくらか時間をかけてモンスターを何匹か捕まえたでしょうから、以前に捕えたこれらのモンスターがおそらく表示されているのではないかと思います。何もモンスターが表示されていなくとも今のところは問題ありません。また、インベントリーのアイテムであるモンスターが実際にはボタンであるにもかかわらず、このボタンを押しても何も動作しないことにお気づきかもしれませんが、これも問題ありません。インベントリーの詳細については後ほど追加で表示されるようにします。よってここでは、本章を終えるにあたりすべてのシーンを適切なゲームの形として結びつ

けておきたいと思います。

6.8 メニューボタンの追加

　複数のシーンをつなげるには、プレイヤーの入力をトリガーとしてイベントを発生させる必要があります。プレイヤーがMapシーンでモンスターをクリックした際のイベントについてはすでにセットアップしましたが、さらに、プレイヤーがMapシーンやCatchシーンからInventoryシーンに移ったりそこから戻ったりできるようにします。それぞれのシーンにUIボタンをいくつか追加してこれを実現していきます。

　Inventoryシーンをすでに開いているので、まず初めにこのシーンに新しいボタンを追加してみましょう。

1. [Hierarchy]ウィンドウでInventoryBagオブジェクトを選択して右クリック（Macの場合はcontrolキーを押しながらクリック）し、コンテキストメニューから[UI]→[Button]を選択します。これによりPanelのすぐ下にボタンが追加されました。このButtonオブジェクトを開き、子要素のTextを選択して右クリックしてメニューからDeleteを選択し、このオブジェクトを削除します。

2. Buttonオブジェクトを選択し、[Inspector]ウィンドウでこのオブジェクトの名前をExitButtonに変更します。

3. [Inspector]ウィンドウで[Rect Transform]の[Anchors]ラベルの上にある四角形のアイコンを押して[Anchor Presets]を開き、pivot（Shiftキー）とposition（Altキー）を押しながらbottom-centerに変更します。それから[Rect Transform]の[Width]プロパティと[Height]プロパティを75に、[Pos Y]プロパティを10に変更します。

4. [Image]コンポーネントの[Source Image]の右側にある⦿アイコンをクリックし、[Select Sprite]ダイアログを開きます。このダイアログでbutton_set11_bスプライトを選択してください。

5. 最後にこのボタンが実際に動作するようにします。[Button]スクリプトコンポーネントの[On Click]イベントプロパティの下部にある＋をクリックしてください。これにより、イベントスロットが新たに作成されます。次に、[Hierarchy]ウィンドウからInventorySceneオブジェクトをドラッグし、このNone (Object)スロットにドロップしてください。それからNo Functionと表示されているドロップダウンメニューをクリックし、[InventorySceneController]→[OnCloseInventory]を選択します。

6. ExitButtonのすべての設定を図6-14に示します。

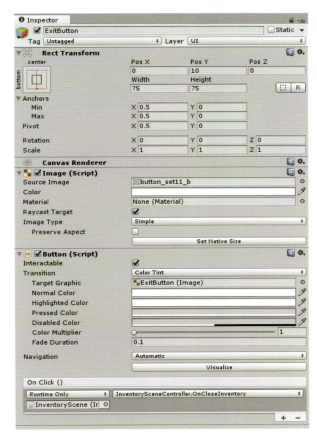

図6-14 ExitButtonコンポーネントの設定

　先ほど追加したExitButtonは、Inventoryシーンを閉じてそれまでに開いていたシーンに戻るためのものです。MapシーンとCatchシーンの作業に取りかかる前に、まずGameシーンにサービスを移し、細かな修正をする必要があります。Gameシーンを修正する手順を以下に示します。

1. [Project]ウィンドウのAssetsフォルダーから、Gameシーンを[Hierarchy]ウィンドウにドラッグします。
2. ServicesオブジェクトをInventoryシーンからGameシーンにドラッグします。この場所がServicesオブジェクトの最終的な配置場所になります。[Inspector]ウィンドウでこのオブジェクトの名前を_Servicesに変更します。_を使うことで、このオブジェクトが外部から破壊されないことを明示しています。
3. [Hierarchy]ウィンドウでInventoryシーンオブジェクトを選択して右クリック（Macの場合はcontrolキーを押しながらクリック）し、コンテキストメニューから[Remove Scene]を選択します。ダイアログが表示されたら、[Save]をクリックして

シーンを保存してください。

4. [Hierarchy] ウィンドウで_GameManagerオブジェクトを選択し、[Game Manager] スクリプトコンポーネントの各シーン名を図6-15のように変更してください。

図6-15 Game Managerの変更後のシーン名

次に、新たにボタンを追加してMapシーンからInventoryシーンにアクセスできるようにします。以下の手順でこのボタンを追加してください。

1. [Project] ウィンドウのAssetsフォルダーの中にあるMapシーンをダブルクリックしてください。そうすると現在のGameシーンが閉じられますが、もしダイアログが表示されたら、変更を保存してください。

2. [Hierarchy] ウィンドウでMapSceneオブジェクトを選択し、右クリック（Macの場合はcontrolキーを押しながらクリック）してコンテキストメニューを開きます。このメニューから [UI] → [Button] を選択して新たにボタンを追加します。

3. 先ほどの手順で作成したこのボタンを選択し、[Inspector] ウィンドウでこのオブジェクトの名前をHomeButtonに変更します。[Rect Transform] の [Anchors] ラベルの上にある四角形のアイコンを押して [Anchor Presets] を開き、pivot（Shiftキー）とposition（Altキー）を押しながらbottom-centerに設定し、[Rect Transform] の [Width] プロパティと [Height] プロパティを80に、[Pos Y] プロパティを10に変更します。[Image] スクリプトコンポーネントの [Source Image] の右端にある◉アイコンをクリックし、[Select Sprite] ダイアログでbutton_set06_bを選択します。

4. [Hierarchy] ウィンドウでHomeButtonオブジェクトの下の階層を開き、子要素のTextを選択して右クリックしてメニューからDeleteを選択し、このオブジェクトを削除します。

5. [Project] ウィンドウのAssets/FoodyGo/Scripts/UIフォルダーからHomeButtonスクリプトをドラッグし、[Hierarchy] ウィンドウのHomeButtonオブジェクトの上にドロップします。

6. [Hierarchy] ウィンドウのHomeButtonオブジェクトを選択します。このオブジェクトを [Project] ウィンドウのAssets/FoodyGo/Prefabsフォルダーにドラッグし、新しいプレハブを作成します。

最後に修正が必要なシーンはCatchシーンで、これでシーン間の遷移がひととおり完成します。以下の手順でHomeButtonをシーンに追加します。

1. ［Project］ウィンドウのAssetsフォルダーの中にあるCatchシーンをダブルクリックしてください。そうすると現在のMapシーンが閉じられますが、もしダイアログが表示されたら、変更を保存してください。
2. ［Hierarchy］ウィンドウでCatchSceneオブジェクトを開きます。［Project］ウィンドウのAssets/FoodyGo/PrefabsフォルダーからHomeButtonプレハブをドラッグして、Catch_UIオブジェクトの上にドロップしてください。現状のシーンではHomeButtonがCatchBallの上に重なって描画されていることがわかります。
3. このHomeButtonオブジェクトを選択し、［Inspector］ウィンドウで［Rect Transform］の［Anchor Presets］をtop-rightに変更します。もちろん［Anchors］ラベルの上にある四角形のアイコンを押して［Anchor Presets］を開き、pivot（Shiftキー）とposition（Altキー）押した状態で操作します。それから［Pos X］プロパティと［Pos Y］プロパティを-10に変更します。
4. シーンとプロジェクトを保存します。

これで、シーンを遷移するボタンを追加でき、すべてのスクリプトの更新が終わりました。後はすべてをまとめてゲームを実行するだけです。

6.9　ゲームの統合

このゲームは合計5つのシーンで構成されています。ついにこれらすべてをひとつにまとめて完全なゲームにするときがやってきました。すべてのシーンをつなげるにあたり、いくつか必要なことがあります。次の手順に従い、ビルド設定を変更してゲームをテストしてください。

1. エディターでGameシーンを開いてください。このシーンをスタートのシーンにしましょう。
2. メニューから［File］→［Build Settings］を選択し、［Build Settings］ダイアログを開きます。［Project］ウィンドウのAssetsフォルダーからシーンをドラッグして、ダイアログの［Scenes in Build］の区画にドロップします。図6-16と同じ順になるようにシーンをドラッグして並べ直してください。

図6-16 ビルド対象のシーン

3. ゲームをビルドし、お使いのモバイルデバイスにデプロイしてテストしてみましょう。ゲームをプレイし、モンスター達を捕まえたり、インベントリーを確認したり、いろいろと試してみてください。

ゲームはうまく動作するものの、いくつかの不具合があります。おそらく真っ先に目につくことは、ボタンとインベントリーのアイテムが、我々がデザインした寸法と一致していない点です。心配しないでください。次節でUIの寸法に関する課題を扱います。また、皆さんが他の章を読み進める中で、もしかすると気になっていたかもしれない他の不具合も修正していきます。

6.10　モバイル開発の苦悩

注意深く見ていれば、モバイルデバイスで動作させた際にSplashシーンの文字列のサイズが正しくないことに気づいたかもしれません。今までこの問題を残したままにしていたのは、画面サイズに依存せずにUIを設計することの要点を理解してもらいたかったからです。

モバイル開発者の大きな悩みは、ほぼ無限とも言えるほどのさまざまな画面サイズを統一的にサポートする必要があることです。あるプラットフォームでは、UI要素のイメージやスプライトを複数の解像度ごとに用意する必要があります。幸いにも、UnityのUIシステムには、スクリーンサイズのスケーリングを扱うすばらしい機能があり、ほぼすべてのプラットフォームでうまく動作します。ただし、100%完璧なソリューションは存在しませんので、一部のプラットフォームではサイズの異なる要素を作成しなければならない可能性があることに留意してく

ださい。

　現在のUIのレンダリングに関する悩みを解消するために、すべてのUIキャンバスに対してCanvas Scalerコンポーネントを設定していきます。次の手順に従いCanvas Scalerを設定してください。

1. UI要素を持っているシーン（Mapシーン、Catchシーン、Splashシーン、Inventoryシーン）をどれでもよいので開きます。
2. シーンからCanvas要素を探して選択します。それぞれのシーンのCanvas要素の一覧を以下に示します。

    - **Splash**シーン —— Canvas
    - **Map**シーン —— UI_Input
    - **Catch**シーン —— Catch_UIとCaught_UI
    - **Inventory**シーン —— InventoryBag

3. そのCanvas要素にCanvas Scalerスクリプトコンポーネントが設定されていないようなら、［Add Component］ボタンを押して追加します。
4. Canvas Scalerコンポーネントのプロパティを図6-17のように設定します。

図6-17　Canvas Scalerコンポーネントのプロパティ

5. この手順をすべてのシーンのCanvasオブジェクトに対して繰り返します。忘れずにシーンを保存して変更を反映するようにしてください。
6. すべての変更が済んだらビルドし、お使いのモバイルデバイスにデプロイします。ゲームをテストすると、UI要素がデザインしたとおりのサイズに調整されていることがわかります。

6.11　まとめ

　本章は、プレイヤーが捕まえたモンスターを保管する方法についてじっくりと理解するところから始めました。その後に、複数のデータベースの選択肢について確認し、最終的にSQLite4Unity3dと呼ばれるSQLite向けのクロスプラットフォームなオブジェクトリレーショナルマッピングツールを利用することに決めました。新しいインベントリーサービスでデータベースをラップし、インベントリーのアイテムであるモンスターに対するCRUD操作を記述しました。それから、より優れた方法でランダムにモンスターを生成する必要があると考え、

MonsterFactoryを開発することにしました。Catchシーンの開発に戻って、モンスターを生成するMonsterFactoryと、捕まえたモンスターを保管するインベントリーサービスを組み込むことで、このシーンを完成させることができました。捕まえたモンスターはデータベースに保存され、新たに開発したInventoryシーンでこれらのモンスターを閲覧することができるようになりました。最後に、すべての要素をUI上のメニューボタンと結びつけ、すべてのシーンを完全なゲームとしてひとつにまとめました。そしていくつかのプラットフォームへのデプロイ時に生じる問題を解決して締めくくりました。

　次章では、再びプレイヤーと地図を取り巻くARの世界に触れます。気の利いたサービスを使用して、地図上でプレイヤーが対話できるオブジェクトや場所をさらに拡張していきます。また、GISやGPSの知識にもう一歩踏み込み、空間クエリやその他の高度な概念についても理解していきます。

7章
ARの世界の構築

 これまではプレイヤーと実験動物であるクッキングモンスターとのやりとりに焦点を当てて開発を進めてきました。その結果、地図上のモンスターを追跡することができるようにはなりましたが、置き換えられた現実の要素となるものはモンスターの他には何もありません。もちろんこの問題は修正したいところです。プレイヤーの周囲でアイテムを見つけて補充したり、モンスターを鍛えてクッキングミッションに送り込むような豊富なやりとりが可能なARワールドを作成しましょう。それには現実世界に存在するアイテムをゲーム世界のプレイヤーの周りに配置しなければいけません。

 この章では地図の話に戻り、プレイヤーの周りの世界に現実の位置と関係するアイテムを新しく配置します。ただしこれらの位置アイテムはゲーム内で完全な現実感を持つわけではありません。実際には現実世界での位置情報をゲームワールド内で置き換える土台として使用します。このARワールドで配置するために必要な位置情報は、位置情報ベースのWebサービスから取得します。この章で学ぶ内容は次の一覧のとおりです。

- 地図について復習
- シングルトン
- Google Places APIの紹介
- JSONの利用
- Google Places APIサービスの設定
- マーカーの作成
- 検索の最適化

 この章は短いですが重要な章です。短時間に多くのこと学びます。本書の前の章を飛ばしてこの章を読むのであれば、本書の内容を確認するためにとりあえずざっと読みたいということでないかぎり、Unityの開発については十分に慣れている必要があります。いつものように、本書の前の章を省略してここに来た場合は、サポートサイトからChapter_6_Endをダウンロードして FoodyGOプロジェクトを開いてください。

7.1 地図について復習

　地図の話題にいずれ戻ってくる必要があることはもちろんわかっていたはずです。地図は位置情報を使用するゲームの核であり土台となる要素です。地図はゲーム内で置き換えられた現実に触れる手段であり、またプレイヤーに現実世界との関連を感じさせるものでもあります。これまではモンスターを追跡したり観察したりすることだけが置き換えられた世界を示唆する手段でした。しかしモンスターの発生は完全にランダムで、我々の周囲にある現実世界とは一切つながりを持っていません。このことはゲームの体験を低下させることになりますので、どうにかしてこれを修正しなければいけませんが、モンスターが現実世界に合わせて行動するように修正するとなるともう一冊の本が必要になりかねません。ここではその代わりにGoogle Maps APIを使用して、現実世界にある何らかのものを仮想的なオブジェクトやプレイスに再現しプレイヤーの周りの地図を充実させることにします。

　新機能を追加する前に少し時間をとって先ほどの章の最後で見逃すことにした問題を解決しておきましょう。ゲームをしばらくプレイすればおそらく皆さんもこの問題に気づくでしょう。気づいてない場合に備えて説明すると、その問題とはユーザーが捕獲シーンまたはインベントリーシーンから戻ってきたときにGPSサービスが実行を停止して、マップも更新されなくなるということです。

　プロフェッショナルな開発者であれば、コードを書き直して、リファクタリングし、修正することこそがソフトウェアとゲームの進化のすべてであるということをわかっているはずです。開発者になりたての新人は完璧なコードの断片を書くことと、それを継続することに力を注ぐあまり時間を使いすぎてしまいがちです。コードは変更され、作りなおされ、ほぼ確実に削除されてしまうものです。それに早く気づけばそれだけ開発者として優れた物の見方が身につきます。もちろんリファクタリングのための時間も場所もあり、しかもそれがゲームや製品を出荷する前日ではないということは当然です。

　GPSの問題を解決するために、GPSLocationServiceクラスはSingletonとして書き直されています。またこのサービスに依存するすべてのクラスも併せて変更が必要でした。次のとおり、まず初めに書き直されたスクリプトをインポートし、それからそれに関係するのいくつかのサービスのコードを変更します。

1. 先ほどの章の最後の状態のまま残してあるプロジェクトか、Chapter_6_EndをダウンロードしてUnityで開きます。
2. メニューから [Assets] → [Import Package] → [Custom Package...] を選択し、[Import Package...] ダイアログが開いてから、ダウンロードしたリソースフォルダーにあるChapter7_import1.unitypackageを選択します。
3. 以前と同じようにパッケージをインポートします。
4. [Project] ウィンドウのAssetsフォルダーのGameシーンをダブルクリックして開きます。

5. ［Project］ウィンドウのAssetsフォルダーからMapシーンをドラッグして［Hierarchy］ウィンドウにドロップします。
6. ［Hierarchy］ウィンドウで、MapシーンのMapSceneオブジェクトを展開します。そしてその配下のServicesオブジェクトも同じく展開します。さらにGameシーンの_Servicesオブジェクトも展開します。この時点で［Hierarchy］ウィンドウは図7-1の更新前の状態になっているはずです。

更新前　　　　　　　　　　　　　更新後

図7-1　更新前後のシーン

7. MapシーンのMapScene | Services | CUDLR[*1]オブジェクトを選択して、右クリックしてメニューから［Delete］を選択して削除します。マスターとなるGameシーンにCUDLRがあるので、複数インスタンスは必要ありません。
8. MapシーンのMapScene | Services | GPSオブジェクトをドラッグしてGameシーンの_Servicesオブジェクトにドロップし、子要素にします。これによりGPSサービスがマスターサービスに昇格されます。図7-1の更新後の状態のように、最終的にMapシーンに残るサービスはMonsterサービスだけになります。
9. ［Hierarchy］ウィンドウでMapシーンを右クリック（MacではcontrolキーをNしながらクリック）してコンテキストメニューを開きます。メニューから［Remove Scene］を選択し、確認画面が表示された場合は確認して保存します。
10. Ctrl＋S（Macではcommand＋S）を入力してGameシーンを保存します。
11. ［Play］を押下してゲームをもう一度実行します。GPSシミュレーションモードが起動していることを確認してください（確認の仕方がわからない場合は「2章 プレイヤーの位置のマッピング」を参照します）。MapシーンからInventoryシーンに切り替えたり元のシーンに戻ったりを何度か繰り返してみてください。今度は期待どおりにGPSが動き続けていることがわかるはずです。

[*1] 訳注：これは、MapSceneオブジェクトの子要素であるServicesオブジェクトのさらに子要素のCUDLRオブジェクトに対する操作であることを示します。［Hierarchy］ウィンドウからオブジェクト階層をたどる操作を、以降このように表記することがあります。

これは一見いくつかのサービスの場所を移し替えるだけでよかったように見えますが、必要な変更はそれだけではありません。先ほど説明したとおり、インポートされたこのGPSLocationServiceはシングルトンに変更されています。シングルトンパターンはGameManagerクラスとInventoryServiceクラスでも使用しましたが、シングルトンの詳細な動作についてはまだ説明していませんでした。次の節ではシングルトンパターン自体に焦点を当てます。

7.2　シングルトン

このゲームの開発を始めたときは、すべてのオブジェクトをシーンの内部でローカルに管理していました。サービスやマネージャの寿命について考えたくありませんでしたし、その必要もありませんでした。しかしいつまでもそういう訳にはいきません。ゲームの開発が進み、今では使用するシーンもひとつだけではありません。そろそろ子要素となる他のシーンやコードのあらゆる場所からサービスクラスやマネージャクラスへ簡単にアクセスできるようにする必要があります。

以前のゲーム開発では、シーンやスクリプトにまたがる状態を記録するために単純にグローバル変数や静的変数を作成していました。もちろん今でもグローバル静的クラスを使用することはできますが、それには次に挙げるような制約があります。

- Unityでは静的クラスは遅延読込され、特に脆弱なものになりがちです[*1]。
- 静的クラスはインタフェースを実装できません。
- 静的クラスは自ずとobject型を継承することになります[*2]。MonoBehaviourを継承できないため、Unity内でコンポーネントとして扱うことができません。つまりStartやUpdateなどのUnityコルーチンや基本的なメソッドを使用することもできません。

MonoBehaviourゲームオブジェクトを宣言する標準的な方法と、新しいGPSLocationServiceスクリプトで使用されているSingletonを使用する方法でどのような違いがあるのかを見てみましょう。

以降の手順に従っている間、変更されたスクリプトを好きなエディターで開いて自由に確認してください。

[*1] 訳注：最初に参照されるときに遅延読込されますが、空のstaticコンストラクタを持つ必要があります。これは間違いやすく、気をつけないとコードを壊しやすいことを意味します。
[*2] 訳注：C#では静的クラスは任意の基底クラスを指定した継承を使えないため、objectという型を継承することになります。

GPSLocationServiceの以前の実装では次のように宣言されていました。

```
public class GPSLocationService : MonoBehaviour
```

何度も見てきたとおり、これはUnityでコンポーネントを宣言する標準的な方法です。これをGPSLocationServiceの新しいクラス宣言と比較してみましょう。

```
public class GPSLocationService : Singleton<GPSLocationService>
```

Singletonクラスの定義を確認してどのように動作するのかを理解してください。スクリプトはAssets/FoodyGo/Scripts/Managersフォルダーにあります。

これは少し奇妙に見えます。自分自身を仮型引数として持つ総称型のSingletonを継承しているオブジェクトを宣言しています。Singletonクラスは、インスタンスをコードのどこからでもアクセスできるグローバル静的変数に変換するラッパーであると考えましょう。GPSサービスが以前はどのようにアクセスされていて、今はどのようにアクセスできるのかを示す例は次のとおりです。

```
// 以前、GPSサービスオブジェクトはエディターで設定しなければいけない
// クラスのフィールドに設定されていました
public GPSLocationService gpsLocationService;
gpsLocationService.OnMapRedraw += gpsLocationService_OnMapRedraw;

// 以降、GPSサービスはSingletonとしてどこからでもアクセスできます
GPSLocationService.Instance.OnMapRedraw += GpsLocationService_OnMapRedraw;
```

Singletonの実装に取り組むにあたり注意すべき重要な要素があります。それは、Singletonマネージャあるいはサービスがシーン内でゲームオブジェクトとしてインスタンス化されているかどうかを常に確認すべきであるということです。もし問題なければ、Start、Awake、Updateなどさまざまなメソッドを利用できます。しかしもしオブジェクトがシーンに追加されていなければ、コード内で直接アクセスしようとしたときにオブジェクトは存在してアクセスはできるけれどAwakeメソッドやStartメソッドなどの重要な初期化処理が実行されていないということがありえます。

GPSLocationServiceを使用しているクラス、MonsterService、CharacterGPSCompassController、GoogleMapTileを確認してみましょう。見てわかるとおり、変更はわずかですが大きな影響があります。

この章ではこれからGPSLocationServiceを使用するクラスを追加して、さらに別のSingletonサービス、GooglePlacesAPIServiceを作成します。ここのサービスについては次の節で説明します。

7.3　Google Places APIの紹介

　プレイヤーの周囲の仮想空間に実際のロケーションやプレイスを追加するためにGoogle Places APIを使用します。すでにGoogle Static Maps APIを使用しているので、Googleのサービスをもうひとつ追加するのは簡単です。しかしMaps APIとは違いPlaces APIは使用により制限があります。つまりセットアップ手順を追加で実行して、サービスにアクセスする方法を変更する必要があります。言うまでもなく、リリース後のビジネスモデルに直接的な影響があります。

　　　Google Places APIの直接の競合はFoursquareです。利用にあたっての制約はFoursquareのほうがずっと少ないのですが、より複雑な認可プロセスを要求されます。この話題については「9章 ゲームの仕上げ」に入ったときに、もう一度触れます。

　Google Places APIの利用を開始するには、登録して新しいAPIキーを作成する必要があります。このキーを使用するとアプリ／ゲームは1日に1,000クエリを発行することができます。ゲームが成長して多くのプレイヤーが利用するようになるとこの発行数では十分とは言えませんが、幸いGoogleに課金用の情報を登録すると、1日に150,000リクエストにまで制限が緩和されます。とはいえ、この章で使用するコードはできるだけリクエスト回数を少なくするように最適化されているので、テストで使用しているかぎりは1,000リクエストの制限を超えることはないでしょう。

　　　Google Static Maps APIには「1日の無料のマップロード数上限は25,000回」という制限があります。これは非常に緩やかな制限なので、登録しませんでした。しかも、今回のゲームではプレイヤーが地図タイル境界の外に出たときにだけ新しいマップをリクエストするので一層余裕があります。

　好きなWebブラウザを開き、次の指示に従ってGoogle Places APIキーを生成してください。

1. https://developers.google.com/places/web-service/get-api-keyをクリックするか、上記をコピーしてブラウザに貼り付けてください。
2. ページのほぼ中央にあるGET A KEYというラベルの青いボタンをクリックしてください（図7-2）。
3. 自分のGoogleアカウントでサインインするか、もし持っていなければアカウントを作成してください。
4. サインインすると、プロジェクトを選択するか新しく作成するかを確認するダイアログが開きます。図7-3のようにプロジェクトの新規作成を選択して名前をFoody GOもしくは何か他の適切な名前にします。

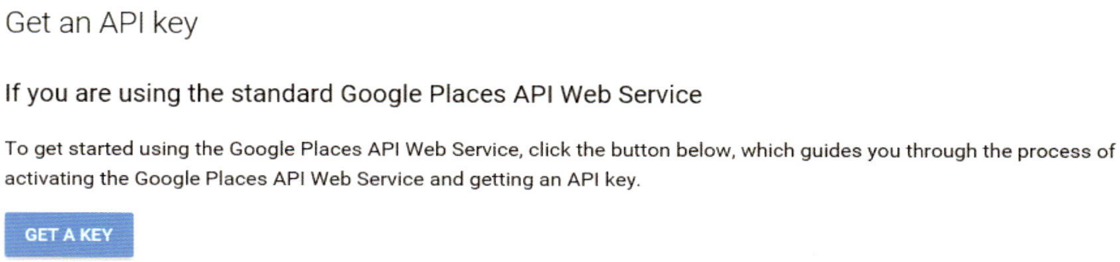
Get an API key
If you are using the standard Google Places API Web Service
To get started using the Google Places API Web Service, click the button below, which guides you through the process of activating the Google Places API Web Service and getting an API key.
GET A KEY

図7-2　Google開発者キーを取得

Enable Google Places API Web Service
Enter new project name
Foody GO
CANCEL
CREATE AND ENABLE API

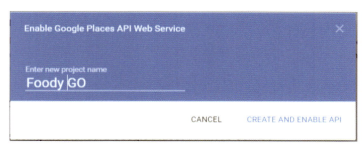

図7-3　Google Places APIプロジェクトを新規作成

5. CREATE AND ENABLE APIリンクをクリックすると、APIキーと最初に読むべき参考ドキュメントへのリンクがあるダイアログが開きます。キーをコピーしておくことを忘れないようにしましょう（**図7-4**）。

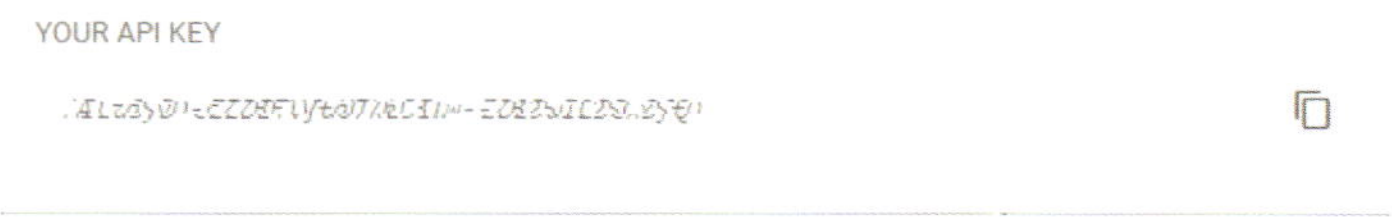
YOUR API KEY

図7-4　APIキーの例（意図的に読めなくしています）

これでAPIキーが手に入り、Google Places APIのRESTサービスを試すことができるようになりました。一度試しておくことによって、検索の結果どのような情報が得られるかがわかるだけではなく、APIの動作を理解する助けにもなります。次の指示に従って試してみてください。

1. 次のURL（https://www.hurl.it/）をクリックするか、ブラウザにコピーしてください。hurl.itを使用するとREST API呼び出しをブラウザウィンドウですばやく簡単に試してみることができます。
2. フォームの一番上のyourapihere.comテキストフィールドにGoogle Places APIのベースURLを入力します。APIのベースURLはhttps://maps.googleapis.com/maps/api/place/nearbysearch/jsonです。
3. 次にAdd Parameterリンクをクリックして名前に`type`、値に`food`と入力します。今回の実験で使用するパラメーターと値の定義は**表7-1**のとおりです。

表7-1 Google Places APIのパラメーター

名前	値	説明
type	food	検索したいプレイスのタイプ。もちろんここではfoodを使用
location	-33.8670,151.1957	カンマで区切られた緯度と経度
radius	500	検索の対象となる円形領域の半径をメートルで指定
key	YOUR KEY	先ほどの手順に従って生成したAPIキーを使用

4. 表を参考にしてパラメーターを入力し、図7-5と一致しているか確認します。

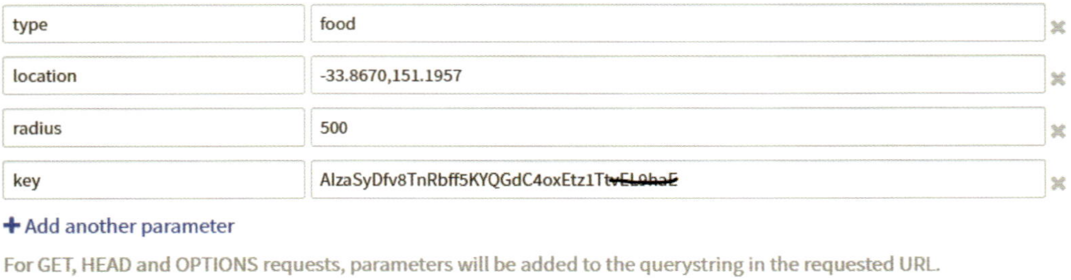

type	food
location	-33.8670,151.1957
radius	500
key	AIzaSyDfv8TnRbff5KYQGdC4oxEtz1Tt⋯

+ Add another parameter

For GET, HEAD and OPTIONS requests, parameters will be added to the querystring in the requested URL.

図7-5 周辺検索のために追加したパラメーター

5. パラメーターの追加が完了すると、チェックボックスをクリックして自身がロボットではないことを証明し、Launch Requestをクリックします。
6. パラメーターが正しく入力されていれば、フォームの下のレスポンスメッセージが変わるのがわかるはずです。メッセージは非常に長く、これまでのJSONの経験に拠りますがあまりなじまないと感じる人もいるかもしれません。

結果のページはブラウザで開いたままにしておいてください。次の節の出力を確認するために利用します。

7.4　JSONの利用

JSONはJavaScript Object Notationの略で、オブジェクトをシリアライズしてデータ送信するための非常に軽量なフォーマットです。つまりGoogle Places APIから受け取るメッセージは実際にはひとまとまりのオブジェクトです。オブジェクトを適切にパースする必要がありますが、検索結果を読み解くのは非常に簡単です。実のところUnityには組み込みのJSONライブラリがあるのですが、本書執筆時点ではGoogle Places APIのレスポンスはパースできませんでした。幸い、JSONをパースできるライブラリは他にもたくさんあります。

Unityエンジンがレスポンスをうまくパースできなかったので、TinyJsonというライブラリを使用することにしました。TinyJsonはGitHubから取得できるオープンソースライブラリですが、iOSをサポートするために一部を修正しました。しかしSystem.Linq名前空間の呼び

出しはいくつか残ってしまいました。このコードをiOS端末で実行するつもりならスクリプトのバックエンドがIL2CPPに設定されていることを確認してください。

すでに説明したとおり、iOSで開発するときにはC#で使用する名前空間に気をつけなければいけません。`System.Linq`名前空間はiOSにデプロイするときに問題になる場合がありますので、利用を避けたほうが無難です。

これで全体像がつかめました。それではAPIの検索リクエストをどのように作成するかを簡単なコードスニペットで確認してみましょう。

```
// このコードはコルーチンの一部として実行されます
var req = UnityWebRequest.Get(
    "https://maps.googleapis.com/maps/api/place/nearbysearch/\
    json?location=-33.8670,151.1957&type=food&radius=500&key={yourkeyhere}");

// サービスのレスポンスを待ちます
yield return req.Send();

// レスポンスからJSONを抜き出します
var json = req.downloadHandler.text;

// TinyJsonライブラリのJSONParserを使用して結果をデシリアライズして
// SearchResultというオブジェクトにします
var searchResult = TinyJson.JSONParser.FromJson<SearchResult>(json);
```

Google Static Maps APIから画像をダウンロードするために使用したコードと今回のコードを比較すると、`UnityWebRequest`クラス[*1]の`Get`メソッドを使用してそのレスポンスを`text`として`JSON`テキスト文字列を取得し、その結果をパースして`SearchResult`というオブジェクトを得ていることを除けば、両者は非常によく似ています。`SearchResult`クラスの定義はJSONを読んでプロパティとオブジェクト階層を抜き出して自動的に生成されています。残念ながらiOSではこのような動的なコード生成ができないので、iOSをサポートする場合はこのようなクラスの実装を自分で行わなければいけません。といっても、JSONから必要なクラス定義を生成できるツールは他にもたくさんあります。

プロセスの全体とJSONのマジックを実際に確認するために、オンラインツールを使用して`SearchResult`クラス階層を構築します。次の指示に従って例を実行してください。

1. Hurl.itページに戻り、JSONレスポンスをコピーします。全体が波括弧（{）で始まり最後が波括弧（}）で終わっていることを確認してください。
2. Ctrl＋C（Macではcommand＋C）を入力してJSONテキストをクリップボードにコピーします。
3. 別のブラウザでhttp://json2csharp.com/を開きます。

[*1] 訳注：原書では`WWW`クラスを使用していましたが、iOSでの動作に問題があったため、より新しい（Unity 5.4以降に導入）`UnityWebRequest`を使用するよう変更しました。

4. Ctrl＋V（Macではcommand＋V）を入力してJSONフィールドに先ほどコピーしたJSONをペーストします。
5. ［Generate］ボタンをクリックしてC#クラスを作成すると図7-6のようになります。

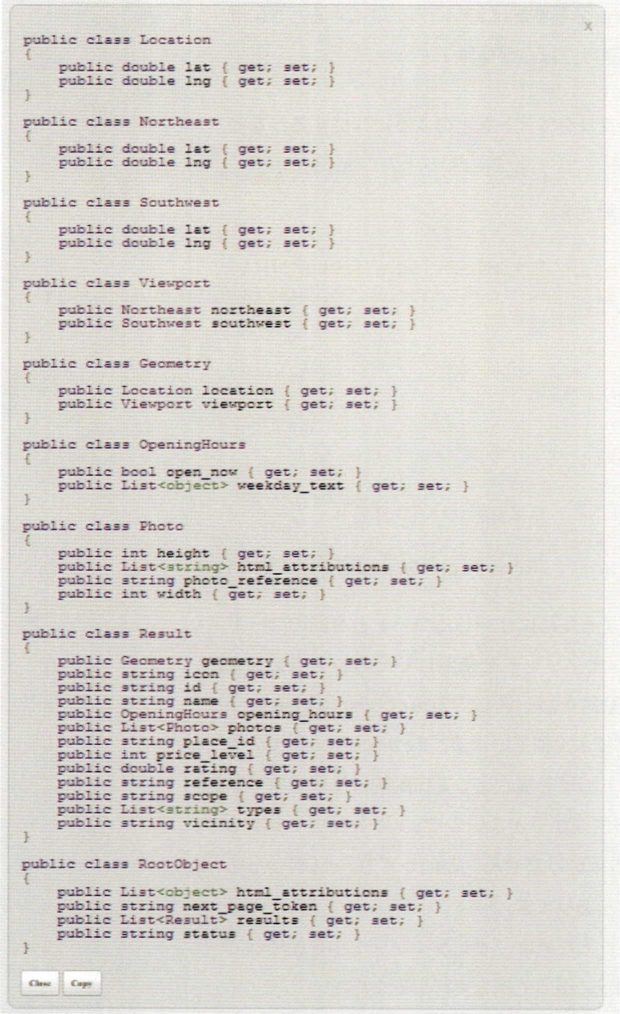

```csharp
public class Location
{
    public double lat { get; set; }
    public double lng { get; set; }
}
public class Northeast
{
    public double lat { get; set; }
    public double lng { get; set; }
}
public class Southwest
{
    public double lat { get; set; }
    public double lng { get; set; }
}
public class Viewport
{
    public Northeast northeast { get; set; }
    public Southwest southwest { get; set; }
}
public class Geometry
{
    public Location location { get; set; }
    public Viewport viewport { get; set; }
}
public class OpeningHours
{
    public bool open_now { get; set; }
    public List<object> weekday_text { get; set; }
}
public class Photo
{
    public int height { get; set; }
    public List<string> html_attributions { get; set; }
    public string photo_reference { get; set; }
    public int width { get; set; }
}
public class Result
{
    public Geometry geometry { get; set; }
    public string icon { get; set; }
    public string id { get; set; }
    public string name { get; set; }
    public OpeningHours opening_hours { get; set; }
    public List<Photo> photos { get; set; }
    public string place_id { get; set; }
    public int price_level { get; set; }
    public double rating { get; set; }
    public string reference { get; set; }
    public string scope { get; set; }
    public List<string> types { get; set; }
    public string vicinity { get; set; }
}
public class RootObject
{
    public List<object> html_attributions { get; set; }
    public string next_page_token { get; set; }
    public List<Result> results { get; set; }
    public string status { get; set; }
}
```

図7-6 JSONレスポンスメッセージから生成されたクラス階層

6. 次にこのコードをコピーしてコードエディターにスクリプトをペーストし、RootObjectクラスの名前をSearchResultクラスに変更します。RootObjectはレスポンスのルートまたはトップレベルの無名オブジェクトに割り当てられる仮の名前です（GooglePlacesAPIServiceのスクリプトには反映済みです）。

ここまでで紹介したサンプルコードとそのために生成したクラス階層はGooglePlacesAPIServiceを作成するためにも使用されました。サービス自身の機能は他にもいくつかにありますが、少なくともこれでサービスの作り方と、JSONを処理する同様のサービスを構築する方法が理解できたのではないでしょうか。次の節ではこの新しいサービスを利用するための準備をします。

7.5　Google Places APIサービスの設定

　変更されたスクリプトをすでにインポートしているので、この新しいサービスの準備はたいした問題ではないはずです。次の指示に従ってGooglePlacesAPIServiceを設定し、動作を確認してください。

1. Unityエディターに戻ります。[Project]ウィンドウのAssetsフォルダーからMapシーンをドラッグして[Hierarchy]ウィンドウにドロップします。
2. [Hierarchy]ウィンドウでMapSceneオブジェクトを展開し、さらにServicesオブジェクトも展開します。
3. Servicesオブジェクトを右クリック（Macではcontrolキーを押しながらクリック）して、コンテキストメニューで[Create Empty]を選択します。新しいオブジェクトの名前をGooglePlacesAPIにします。
4. Assets/FoodyGo/Scripts/ServicesフォルダーからGooglePlacesAPIServiceスクリプトをドラッグして、[Hierarchy]ウィンドウまたは[Inspector]ウィンドウのGooglePlacesAPIオブジェクトにドロップします。
5. [Hierarchy]ウィンドウのMapSceneオブジェクトを右クリック（Macではcontrolキーを押しながらクリック）し、コンテキストメニューで[Create Empty]を選択します。新しいオブジェクトの名前はPlaceMarkerにします。
6. [Hierarchy]ウィンドウのPlaceMarkerオブジェクトを右クリック（Macではcontrolキーを押しながらクリック）し、コンテキストメニューで[3D Object]→[Cylinder]を選択します。
7. 新しく作成したPlaceMarkerオブジェクトをAssets/FoodyGo/Prefabsフォルダーにドロップして新しいプレハブを作成します。元のオブジェクトはシーンに残しますが、[Inspector]ウィンドウのオブジェクト名の脇にあるチェックボックスのチェックを外して無効にしてください。
8. GooglePlacesAPIオブジェクトを選択します。作成したばかりのPlaceMarkerプレハブを[Place Marker Prefab]スロットの空スロットにドラッグします。
9. GooglePlacesAPIオブジェクトはまだ選択したままにして、図7-7のようにプロパティを入力します。

図7-7 Google Places APIサービス設定

10. ［API Key］の入力欄には前の節で生成したAPIキーを間違えずに入力します。
11. Mapシーン上で右クリック（Macではcontrolキーを押しながらクリック）し、コンテキストメニューで［Remove Scene］を選択します。確認ダイアログが開いたらシーンを保存するのを忘れないようにしましょう。
12. ［Play］を押下してゲームをエディター内で実行します。GPSサービスのシミュレーションが設定されていることを確認してください。シミュレーションの開始位置がまだGoogle本社（37.62814, −122.4265）のままであれば、プレイスマーカーの円柱オブジェクトがキャラクターの周りにたくさん発生していることがわかるはずです。

GPSシミュレーションでGoogleの座標を使用していなければ周りに何も表示されないことがあります。その場合は、レストランや食料品店、それ以外の食品に関係するプレイスがたくさんある位置に設定して動作を確認してください。それでも問題が解決しなければ、いつものように「10章 トラブルシューティング」を参照してください。

　これでプレイスサービスが動作している間は、プレイヤーの周囲に新しいオブジェクトが見られるようになります。プレイヤーがこれらのオブジェクトとやりとりできるようにするのはもう少し先の話ですが、だからといってただの円柱をマーカーとして使用し続けるのもおもしろくありません。もっと見た目のいいマーカーを作成する必要があります。次の節ではこの問題に取り組みます。

7.6　マーカーの作成

　一般的に開発者がゲームやゲームシーンをプロトタイピングするときには、見た目の詳細などお構いなしにセンスのないマーカーを使用します。大体の場合はいずれデザインチームがもっといいものを提供してくれるまでの間だけなので、これでうまくいきます。ただ今回デザインチームはいないので、代わりに自分たちの手で見た目のいいマーカーを作成しなければなりません。

　［Map］シーンをドラッグして［Hierarchy］ウィンドウにドロップし、次の指示に従って新しい`PlaceMarker`を作成します。

1. Mapシーンに残していたPlaceMarkerオブジェクトを配置して選択し、[Inspector]ウィンドウの名前の脇にあるチェックボックスをクリックして再び有効にします。
2. Cylinderオブジェクトを選択して名前をBaseに変更します。[Inspector]ウィンドウで、オブジェクトの[Transform]の[Scale]をX=0.4、Y=0.1、Z=0.4に変更し、同じく[Position]をX=0、Y=-0.5、Z=0に変更します。[Capsule Collider]コンポーネントの横にある歯車アイコンをクリックして[Remove Component]を選択し、コンポーネントを削除します。
3. PlaceMarkerを右クリック（Macではcontrolキーを押しながらクリック）して、コンテキストメニューから[3D Object]→[Cylinder]を選択します。この手順を繰り返して、SphereとCubeも子要素として作成します。
4. 新しく作成した子要素のプロパティをそれぞれ表7-2のように設定します。

表7-2 オブジェクトとプロパティ

ゲームオブジェクト	プロパティ／コンポーネント	値
Cylinder	Name	Pole
	Transform.Position	(0,0.5,0)
	Transform Scale	(0.05,1,0.05)
	Capsule Collider	Remove
Sphere	Name	Holder
	Transform.Position	(0,1.5,0)
	Transform Scale	(0.2,0.2,0.2)
	Sphere Collider	Remove
Cube	Name	Sign
	Transform.Position	(0,2,0)
	Transform Scale	(1,1,0.1)
	Box Collider	Remove

5. [Project]ウィンドウのAssets/FoodyGoフォルダーを右クリック（Macではcontrolキーを押しながらクリック）して、コンテキストメニューから[Create]→[Folder]を選択します。新しいフォルダーの名前はMaterialsとします。
6. [Project]ウィンドウで新しく作成したAssets/FoodyGo/Materialフォルダーを選択し、空のフォルダー上で右クリック（Macではcontrolキーを押しながらクリック）して、コンテキストメニューから[Create]→[Material]を選択します。マテリアルの名前をBaseに変更します。この手順を繰り返してもう2つマテリアルを追加し、それぞれ名前をHighlightとBoardにします。
7. [Project]ウィンドウからBaseマテリアルをドラッグして、[Hierarchy]ウィンドウのBaseオブジェクトにドロップします。同様にしてHighlightマテリアルをPoleオブジェクトとHolderオブジェクトにドロップしてください。最後にBoardマテリアルをドラッグしてSignオブジェクトにドロップします。
8. 新しく作成されたマテリアルはまだデフォルトのままの白色なので、何も変化が見ら

れません。しかし、マテリアルをオブジェクトに適用するとマテリアルを変更したときの変化がオブジェクト上で直接見られるようになります。

9. [Project] ウィンドウから Base マテリアルを選択すると、[Inspector] ウィンドウの表示内容はマテリアルプロパティの編集画面に変わります。シェーダーについては次の章で説明しますので、詳しくなくても心配する必要はありません。今のところはウィンドウ上のプロパティを図7-8と同じように編集してください。

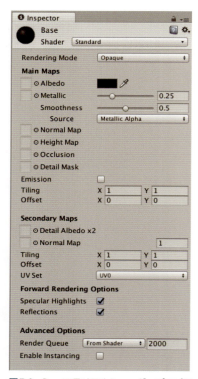

図7-8　Baseマテリアルシェーダープロパティを編集

10. 明確な意図がなければ、Baseマテリアルの [Albedo] カラーは黒（#00000000）にしておくべきです。またマテリアルを編集したときに、PlaceMarkerマテリアルプロパティの土台部分がどのように変化するかにも注意してください。

11. それぞれのマテリアルのシェーダーマテリアルプロパティを**表7-3**のように編集します。

12. [Hierarchy] ウィンドウでPlaceMarkerプレハブを選択して、その [Inspector] ウィンドウの上部にある [Prefab] オプションの中にある [Apply] ボタンをクリックしてください。これでプレハブに加えたすべての変更が反映されます。

13. それから、名前の脇にあるチェックボックスのチェックを外してシーン内のオブジェクトを無効にします。

表7-3 シェーダーマテリアルのプロパティ

マテリアル	プロパティ	値
Base	Albedo color	#00000000
	Metallic	0.25
Highlight	Albedo color	#00FFE9FF
	Metallic	1
Board	Albedo color	#090909FF
	Metallic	0
	Smoothness	0

14. 保存して、[Hierarchy]ウィンドウからMapシーンを削除します。
15. エディターの[Play]ボタンを押してゲームの動作を確認します。今回は**図7-9**の[Scene]ウィンドウのように、地図上に新しい見た目のPlaceMarkerが表示されているのを確認できるはずです。

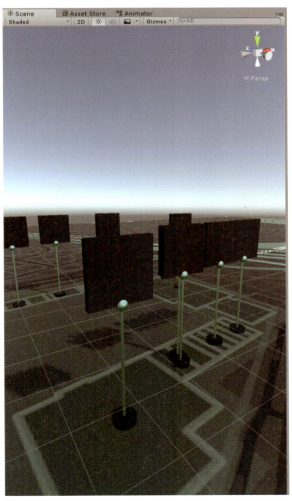

図7-9 [Scene]ウィンドウに表示されている新しいPlaceMarker

作成したプレイスマーカーはレストランのテーブルマーカーと料理のメニューが書かれた黒板を組み合わせたものに似せたつもりです。次の章でプレイヤーがプレイスマーカーとやりとりできるようにするまで、黒板のメニューは空白のままにしておきます。今のところはまだ現在のGoogle Places API検索に関係するいくつか問題を解決しなければいけません。次の節ではそのことについて議論します。

7.6.1　検索の最適化

　現時点では、Google Places API検索サービスは地図を再描画するたびに周辺検索を実行して1ページ分（20件）の詳細な結果を返します。当然、検索エリア内で条件に合うプレイスが20件よりも多ければいくつかの検索結果は失われることになります。検索結果をすべて得られるように全ページをリクエストすることもできますが、それでは地図を更新するたびに大量のリクエストの送信が始まってしまいます。我々が使用しているAPIは自由に使えるわけではなく、リクエスト回数に厳しい制限があることを忘れてはいけません。

　幸い、プレイヤーの周りのプレイスを得るために別の検索オプションが利用できます。APIはレーダー検索もサポートしています。このレーダー検索を使用すると検索エリア内のプレイスを最大200件まで得ることができる代わりに、その結果にはジオメトリとIDしか含まれません。この特徴は私たちの用途に非常に適しています。コードを編集してこのAPIを使うように変更を加え、動作を確認してみましょう。

1. ［Project］ウィンドウにあるAssets/FoodyGo/Scripts/Servicesフォルダーの GooglePlacesAPIService スクリプト上でダブルクリックして好きなエディターでスクリプトを開きます。
2. IEnumerator SearchPlaces() メソッドまでスクロールして、コードを次のように変更してください。

    ```
    // 変更する行
    var req = UnityWebRequest.Get(GOOGLE_PLACES_NEARBY_SEARCH_URL + "?" + queryString);

    // RADARを使うように変更
    var req = UnityWebRequest.Get(GOOGLE_PLACES_RADAR_SEARCH_URL + "?" + queryString);
    ```

3. 変更したファイルを保存してUnityエディターに戻り、スクリプトがコンパイルされるのを待ちます。
4. ［Play］ボタンを押下してゲームを再び実行し、すべてが以前実行したときと同じように動作することを確認してください。
5. 次に［Hierarchy］ウィンドウにMapシーンを読み込み、MapScene | Services | GooglePlacesAPIオブジェクトを選択します。［Visual Distance］プロパティの値を2000に変更してください。Mapシーンを保存し、右クリックして［Remove Scene］を選択して［Hierarchy］ウィンドウから削除します。
6. エディター内でもう一度ゲームの動作を確認してください。今度は視界内どころか地

図の外にもプレイスマーカーがいくつかあることに気づくでしょう。今回の2000という値は視距離または検索半径としては明らかに大きすぎます。検索結果がマップ上だけに配置されるようにするにはどのような値を使用すべきなのでしょうか？ 率直に言えば、それは場合によります。

おそらく問題を可視化できれば、検索距離に関する問題に対してどちらの解決策を選ぶべきか決定できるでしょう。図7-10を見てください。

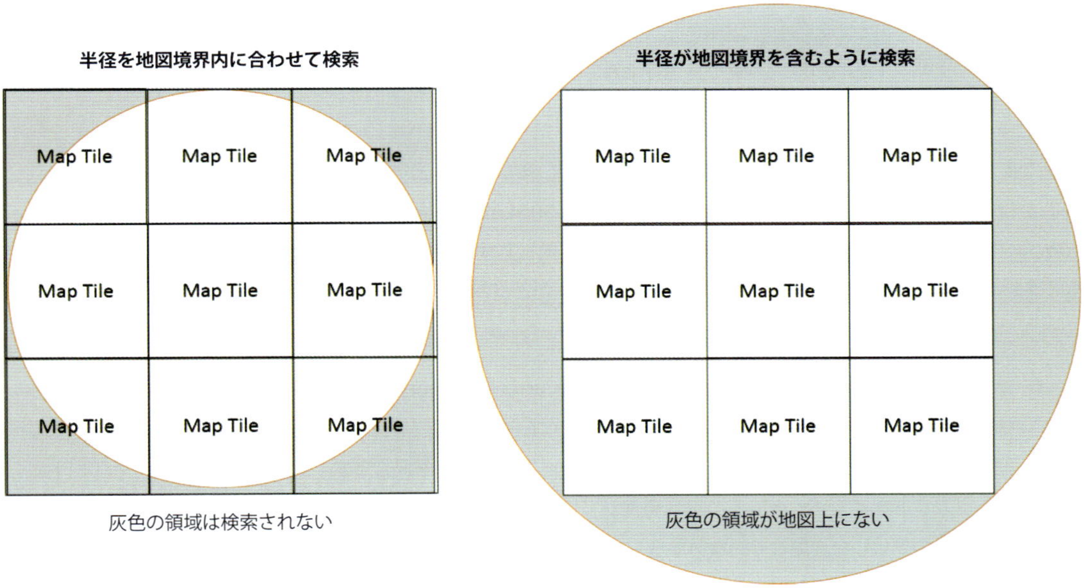

図7-10 検索半径と地図をオーバーラップさせて比較

図を見ればわかるように、いま直面しているのは検索半径を小さくして地図の境界内に含まれるようにするか、地図の境界を含むようにするかという問題です。検索半径が地図の境界内に含まれていれば、地図の一部（灰色の部分）にプレイスが表示されません。逆に境界を含むように半径を設定すると、検索の結果得られたプレイスの多く（灰色の部分）が地図上に表示できません。理想的には、地図の境界を指定して検索ができればいいのですが、残念ながらGoogle Places APIはそのような検索をサポートしていません。そのため検索半径を境界内に納めるか、境界を含むようにするかを選ばなければいけません。

他の標準的な地図サービスでは検索に使用する地図の境界をバウンディングボックスの形式で指定します。この長方形は一般的には地図の北西の座標と南東の座標を検索パラメーターとして設定することで定義されます。先進的な地図サービスにはより汎用性の高い多角形領域を指定した検索もサポートしているものもあります。

ここでは課題を問題／解決策リストとして整理し、**表7-4**でもう一度それぞれの選択肢について長所と短所を検討しましょう。

表7-4　検索半径の違いによる長所と短所

問題	解決策	長所	短所
地図境界に含まれる半径で検索	地図の幅の大きさを半径に設定して検索	● 検索のフィルタリングが不要	● 高頻度な検索が必要 ● 対角線方向の角に向かって移動しているプレイヤーにとっては地図上のオブジェクトが突然更新されたように見える
地図境界を含む半径で検索	地図の対角線の大きさを半径に設定して検索	● 検索頻度が少ない ● 表示されているマップ全体を網羅可能	● 検索したプレイスのフィルタリングが必要

　表の長所と短所を見れば、地図境界をすべて含めて検索するほうが優れた手法であることは明らかでしょう。この方法を使用するには`GPSLocationService`クラスと`GooglePlacesAPIService`クラスのコードを少し変更して検索結果をフィルタリングする必要があります。次の指示に従ってこれらのスクリプトがどう変更されるかを確認してください。

1. メニューから [Assets] → [Import Package] → [Custom Package...] を選択すると [Import package...] ダイアログが開くので、ダウンロードしたリソースフォルダーに移動して、`Chapter7_import2.unitypackage`ファイルを選択します。更新されたスクリプトをインポートするのは変更点が多いからではなく、大量のファイルのうち、ほんの少ししか変更していないからです。

2. 好きなエディターで`GPSLocationService`スクリプトを開き、`CenterMap`メソッドを探します。このメソッドでは再描画ごとに地図のさまざまな重要パラメーターを再計算しています。このメソッドの末尾で次のようにして`mapBounds`という新しい変数を計算しています。

    ```
    lon1 = GoogleMapUtils.adjustLonByPixels(Longitude,
        -MapTileSizePixels*3/2 , MapTileZoomLevel);
    lat1 = GoogleMapUtils.adjustLatByPixels(Latitude,
        MapTileSizePixels*3/2 , MapTileZoomLevel);
    lon2 = GoogleMapUtils.adjustLonByPixels(Longitude,
        MapTileSizePixels*3/2 , MapTileZoomLevel);
    lat2 = GoogleMapUtils.adjustLatByPixels(Latitude,
        -MapTileSizePixels*3/2 , MapTileZoomLevel);
    mapBounds = new MapEnvelope(lon1, lat1, lon2, lat2);
    ```

3. このコードでは地図境界の緯度と経度を計算しています。このコードの前半部分は最後に確認してから（「2章 プレイヤーの位置のマッピング」）しばらく経っているのでここでもう一度確認してもいいでしょう。

4. 次に、エディターで`GooglePlacesAPIService`スクリプトを開き、ファイルの最初のほうにある`UpdatePlaces`メソッドを探します。`UpdatePlaces`メソッドは

新しい検索結果を順に走査して地図上にオブジェクトを配置して、地図のプレイスを更新します。このメソッドに次のようなコードがあることがわかるでしょう。

```
if(GPSLocationService.Instance.mapBounds.Contains(
    new MapLocation((float)lon, (float)lat))==false)
{
    continue;
}
```

5. このコード片では`GPSLocationService`に新しく追加された`mapBounds`フィールドを使用して検索結果の緯度と経度が地図の境界内に含まれているかどうかを判定しています。検索結果が地図境界の外側にあれば、検索結果は無視され、`continue`文でループ処理が継続されます。

6. ［Play］を押下してゲームを実行してください。今回はSceneウィンドウに移動してカメラの向きを地図の上に移動して見下ろしてください。**図7-11**に示されるとおり、地図の境界内すべてにプレイスマーカーがあることがわかるでしょう。

`GooglePlacesAPIService`は地図全体にわたる結果を返すようになり、検索の問題が解決されました。少し時間をとってスクリプトの残りの部分も確認し、全体としてどのように動作しているのかを忘れずに理解しておいてください。

図7-11 地図の境界内にすべてのプレイスマーカーがあることを示す地図の［Scene］ウィンドウ

7.7　まとめ

　この章ではゲームに現実世界の位置情報ベースの機能をいくつか追加するために再び地図を扱いました。前章の最後に加えた変更によって問題がいくつか発生していたので新しい機能を追加する前に解決しなければいけませんでした。この解決にはGPSサービスを変更してシングルトンパターンを使用する必要がありました。変更作業の一部として、シングルトンがどのように動作するかについて簡単に説明しました。それからGoogle Places APIについても簡単に説明しました。これはプレイヤーの周囲に興味深いプレイスを配置するために必要となるWebサービスです。このAPIを試すためにAPIキーを作成し、Hurl.it（https://www.hurl.it/）を使用してサービスへのリクエストを作成する方法を学びました。Hurl.itを使用してリクエスト

をテストした後で、TinyJsonを利用してAPIの実行結果であるJSONをC#のオブジェクトに変換する方法を学びました。その後、準備としてスクリプトをインポートして、Mapシーンに新しいサービスを追加しました。その次に3Dプリミティブオブジェクトとカスタムマテリアルを使用してもう少し見た目のいいプレイスマーカーのプロトタイプを作成しました。最後に検索についていくつか解決すべき問題があることがわかったので、簡単なスクリプトをインポートして対応しました。その後で変更された部分を実行して問題が解決していることを確認しました。

　地図上にプレイスマーカーが表示されるようになったので、次の章ではオブジェクトを集めたりモンスターを配備して、プレイヤーがそれらのマーカーとやりとりできるようにしていきます。それには以前作成したインベントリー画面を拡張する必要があります。

8章
ARの世界とのやりとり

　今では仮想ゲーム世界の中に現実世界に基づいたプレイスが配置されていて、プレイヤーがそこを訪れて何かやりとりをすることが望まれています。本章で作成するゲームでは周囲にあるプレイスを訪れたプレイヤーに、捕獲したクッキングモンスターを売ってほしいと思っています。プレイスまたはレストランがプレイヤーの持っているコックのどれかを気にいると、買い取り料が提示されます。その料金が満足できるものであればプレイヤーは売却することもできますし、そうでなければそのまま立ち去ってもかまいません。ただしプレイヤーが料金を受け取るとコックはレストランに売られてしまい、そこのモンスターシェフになってしまいます。モンスターシェフのいるレストランはそのシェフが去ってしまうまで、他のコックを一切購入しなくなります。シェフはある期間がすぎるとレストランを去ってしまいます。

　この章では周囲を探索するプレイヤーとプレイスとのやりとりを完成させることに焦点を当てます。それには新しくPlacesシーンを構築する必要があります。このシーンでプレイヤーはモンスターを売って、アイスボールなどのアイテムや経験値を集めることができます。そのためにはデータベースに新しいインベントリーアイテム、プレイヤーの経験値、レベルなどを扱うための新しいテーブルを追加して、プレイスの履歴を追跡する必要があります。またそれに合わせて小さな機能もいくつか追加します。それでは準備はいいですか？　この章ではこれらの要素を手早く実現して、さらに次のような内容を学びます。

- Placesシーン
- Google Street Viewの背景
- Google Places API photosを使用したスライドショー
- 販売のためのUIを追加
- 販売のためのゲームメカニクス
- データベースの更新
- 要素をつなぎ合わせる

　この章で導入される新しい要素もいくつかありますが、ゲームに追加される内容のほとんどは前の章までで導入されたいくつかのコンセプトの拡張です。いつものように前の章のままのプロジェクトから開始します。

8.1 Placesシーン

　このシーンは置き換えられたゲーム世界のコンテンツと現実世界が混ざり合うもうひとつの場所です。Catchシーンでも現実世界の上に描画されたゲーム世界で仮想のやりとりが行われましたが、ここでも同じようなことを行います。ただし今回の背景はGoogle Street Viewです。ゲームの現実感を強調するためにマーカー内にプレイスの現実世界における写真も表示します。

　それでは新しいシーンの作成を始めましょう。まずは次の手順に従って基礎とのなる主要素を配置します。

1. 前の章でそのままにしているFoodyGoプロジェクトを開きましょう。前の章を飛ばしてここまで来た場合は、この節の説明に従う前にサポートサイトからChapter_7_EndをダウンロードしてFoodyGOプロジェクトを開いてください。
2. Ctrl + N（Macではcommand + N）を入力して新しいシーンを作成します。
3. Ctrl + S（Macではcommand + S）を入力してシーンを保存します。シーンの名前はPlacesとします。
4. Ctrl + Shift + N（Macではcommand + shift + N）と入力して、空のGame Objectを新しく作成します。オブジェクトの名前をPlacesSceneに変更し、[Transform] をリセットしてゼロにします。
5. Main CameraオブジェクトとDirectional LightオブジェクトをPlacesSceneにドラッグ＆ドロップして子オブジェクトにします。
6. [Hierarchy] ウィンドウのMain Cameraオブジェクトを選択し、[Inspector] ウィンドウで [Transform] コンポーネントの [Position] の [Y] の値を2、[Z] の値を-2に設定して、カメラを上に持ち上げ前方に移動します。
7. メニューから [GameObject] → [UI] → [Panel] の順に選択すると、子要素としてPanelを持つCanvasが [Hierarchy] ウィンドウに新しく追加されます。このCanvasオブジェクトを選択します。
8. [Inspector] ウィンドウで [Canvas] コンポーネントを表示して、[Render Mode] を [Screen Space - Camera] に設定します。次にMain Cameraオブジェクトを [Hierarchy] ウィンドウから [Canvas] コンポーネント上の空の [Render Camera] スロットにドロップします。
9. [Hierarchy] ウィンドウのPanelオブジェクトを選択します。そして [Inspector] ウィンドウで [Image] コンポーネントの [Color] スロットをクリックして [Color] ダイアログを開き、[Hex Color] フィールドの値をFFFFFFFFに変更します。
10. [Project] ウィンドウのAssets/FoodyGo/PrefabsフォルダーのPlaceMarkerプレハブを配置します。プレハブを選択してCtrl + D（Macではcommand + D）を入力し、プレハブを複製します。プレハブの名前をPlacesMarkerに変更し、[Hierarchy]

ウィンドウに新しいプレハブをドロップします。

11. 最後にCanvasオブジェクトとPlacesMarkerオブジェクトをドラッグして[Hierarchy]ウィンドウのPlacesSceneオブジェクト上にドロップし、子要素にします。[Game]ウィンドウと[Hierarchy]ウィンドウは**図8-1**のような状態になっているはずです。

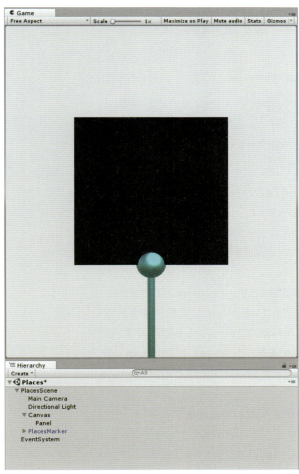

図8-1 Placesシーンの最初の段階

これでPlacesシーンの基礎が準備できました。これから背景として使用される新しいAR要素を追加していきたいと思います。それでは次の節に進みましょう。

8.2 Google Street Viewの背景

以前作成したCatchシーンでカメラ画像を背景として使用したときと同じように、ここでも現実世界の要素を背景として使用したいと思います。ただしこのシーンではカメラの代わりにGoogle Street Viewを使用します。Street Viewを利用すると、端末のカメラを使用せずにシーンにおもしろい背景を提供できます。

作業を始める前に、前の章で行ったようにGoogle Maps APIキーを作成する必要があります。以前と同様に次のGoogle Street View Image APIのURLをクリックして開発者キーを生成してください。

https://developers.google.com/maps/documentation/streetview/

ページの上部にある [キーの取得] ボタンをクリックして、以前キーを生成したのと同じ手順に従ってください。

開発者キーの生成が終われば、次の指示に従ってGoogle Street View Image APIで背景をセットアップしましょう。

1. メニューから [Assets] → [Import Package] → [Custom Package...] を選択して [Import package] ダイアログを開き、ダウンロードしたリソースフォルダーにある `Chapter8_import1.unitypackage` を選択し、クリックして開きます。

2. [Import Unity Package] ダイアログが開き、すべてが選択されていることを確認してから [Import] をクリックします。

3. [Hierarchy] ウィンドウで `Panel` オブジェクトを選択します。次に [Inspector] ウィンドウで [Image] コンポーネントの横にある歯車アイコンをクリックしてコンテキストメニューから [Remove Component] を選択して [Image] コンポーネントを削除します。

4. メニューから [Component] → [UI] → [Raw Image] を選択し、`Panel` に [Raw Image] コンポーネントを新しく追加します。パネルの名前を `StreeViewTexturePanel` に変更します。

5. [Project] ウィンドウの `Assets/FoodyGo/Scripts/Mapping` フォルダーから `GoogleStreetViewTexture` をドラッグして [Hierarchy] ウィンドウか [Inspector] ウィンドウの `StreetViewTexturePanel` オブジェクト上にドロップします。

6. [Inspector] ウィンドウで、[Google Street View Texture] コンポーネントのプロパティを図8-2の値に設定します。

7. [Play] をクリックしてエディター内でゲームを実行し、今度は背景がGoogleオフィス周辺の道路になっていることを確認してください。

8. メニューから [File] → [Build Settings...] の順に選択し、[Add Open Scenes] ボタンをクリックして [Scenes in Build] に `Places` シーンを追加します。その後、[Build Settings] ダイアログで他のシーンのチェックを外します (図8-3)。

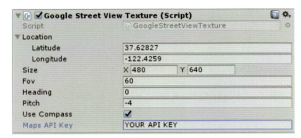

図8-2 Google Street View Texture コンポーネントの設定

図8-3 端末でCatchシーンを実行するためにビルド設定を更新

9. ゲームを開発機用にビルドしてデプロイします。シーンを実行しながらデバイスの向きを変えてみて背景が変更されることを確認してください。背景は端末の向きに合うように変更されます。

プレイヤーがStreet Viewに表示されているエリアにいるときにGoogle Street View Image APIを使用して背景画像を設定すると効果は絶大です。しかし残念なことにあらゆる座標（緯度／経度）についてStreet View画像があるわけではありません。画像がない場所のための背景を用意することで対応できますが、今のところはこのままにしておきます。

`GoogleStreetViewTexture`スクリプトは以前開発したGoogle PlacesスクリプトやGoogle Maps APIスクリプトとほとんど同じ動作をします。以下のスクリプトを開き、実際にクエリを実行しているメソッドを見てみましょう。

```
IEnumerator LoadTexture()
{
    var queryString = string.Format(
        "location={0}&fov={1}&heading={2}&key={3}&size={4}x{5}&pitch={6}",
        location.LatLong, fov, heading, MapsAPIKey, size.x, size.y, pitch);

    var req = UnityWebRequest.GetTexture(GOOGLE_STREET_VIEW_URL + "?" + queryString);
    // サービスがレスポンスを返すまで待つ
    yield return req.Send();
    // 初めに古いテクスチャーを削除
    Destroy(GetComponent<RawImage>().material.mainTexture);
    // 返ってきた画像をタイルテクスチャーとして設定
    GetComponent<RawImage>().texture =
        ((DownloadHandlerTexture)req.downloadHandler).texture;
    GetComponent<RawImage>().material.mainTexture =
        ((DownloadHandlerTexture)req.downloadHandler).texture;
}
```

先ほど述べたとおり、このコードは以前他のGoogle APIにアクセスするために使用したコードとほとんど同じです。そのためここではAPIに送信するクエリパラメーターに焦点を当てます。

location

カンマで区切られた緯度と経度です。後ほどこのスクリプトをGPSサービスと接続すると、このパラメーターの値が自動的に設定されます。

fov

画像の視野角（field of view）を度で表したもので、本質的にはズームと同様です。今回の値は60を使用しますが、これはデバイスのスクリーンサイズに合わせるために世界を丁度いい範囲で狭く切り取るためです。

heading

北向きからの角度で示したコンパスの向きです。オプションが有効なら端末のコンパスを使用してこの値を設定できますが、そうでなければ0に設定されます。

size

要求する画像のサイズで、最大サイズは640 x 640です。今回は縦長のビューを使用するので430 x 640を指定します。

pitch

水平線からの上向きまたは下向きに傾く角度です。−90から90の間の値を取ります。今回は−4を使用してStreet View画像を少し地面に向けます。

key

Google Street View API用に生成したAPIキーです。

GoogleStreetViewTextureスクリプトの他の部分は自身で自由に確認してください。Google PlacesスクリプトとGoogle Mapsスクリプトで使用したコードとほとんど同じであることがわかるでしょう。次の節ではGoogle Places APIを使用して別のクエリを送ります。

8.3　Google Places API photosを使用したスライドショー

前の章でGoogle Places APIのレーダー検索を使用して周辺の地図にプレイスマーカーを配置しました。今回はプレイヤーがマーカーとやりとりできるようになっているのでプレイスについての情報を閲覧できるようにしようと思います。詳細検索を実行すると場所に紐付けられた画像に加えて他の情報も得られ、これを実現できます。この画像を使用してその場所を訪れているプレイヤーにスライドショーを提供します。

スライドショーに合わせて場所の名前と現在のレーティングについての説明文も表示します。後ほど、このレーティングを使用してそのプレイスではどのクッキングモンスターを購入したいと考えているか、またその値段はいくらになるかを決定します。

この後の設定を完了するには前の章で生成したGoogle Places APIキーが必要になります。前の章を飛ばしてここを読んでいる場合は、前の章のAPIキーの生成手順を確認しておいてください。

まずは次の指示に従ってシーンで必要となる新しい要素を追加します。

1. `Places`シーンに戻り、[Hierarchy]ウィンドウで`PlacesMarker`を見つけます。
2. `PlacesMarker`を展開して、[Hierarchy]ウィンドウの`Sign`オブジェクトを選択します。Ctrl＋D（Macではcommand＋D）を押下し、オブジェクトを複製します。新しいオブジェクトの名前は`Photo`とします。
3. [Inspector]ウィンドウで新しい`Photo`オブジェクトが選択されている状態で、[Mesh Renderer]コンポーネントの[Materials]を展開し、[Element 0]の右にある⊙アイコンをクリックして[Select Material]ダイアログを開きます。そしてリストの一番下までスクロールし、`Default-Material`を選択します。その後、ダイアログを閉じてマテリアルが変更されていることを確認します。
4. `Photo`オブジェクトの[Transform]プロパティを**図8-4**と同じになるように変更します。

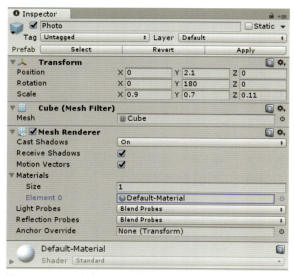

図8-4 Photoオブジェクトのプロパティ

5. メニューから [GameObject] → [UI] → [Canvas] を選択して新しくCanvasオブジェクトを作成し、ドラッグして [Hierarchy] ウィンドウのPlacesMarkerオブジェクトにドロップします。オブジェクトにキャンバスを追加したのでオブジェクト上にテキストを直接追加できるようになりました。

6. [Hierarchy] ウィンドウで新しいCanvasが選択されている状態で、[Inspector] ウィンドウで [Canvas] コンポーネントの [Render Mode] を [World Space] に変更して、他のプロパティの値を図8-5のように変更します。

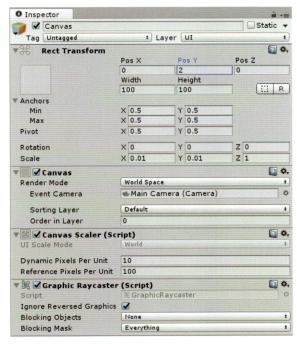

図8-5　World Space Canvas設定

　［Canvas］コンポーネントの［Render Mode］を［World Space］に変更した後で、［Rect Transform］のすべてのプロパティを自分で設定する必要があります。

7. Canvasオブジェクト上で右クリック（Macではcontrolキーを押しながらクリック）してコンテキストメニューから［UI］→［Text］を選択します。新しい要素の名前をHeaderに変更します。
8. ［Inspector］ウィンドウで、Headerオブジェクトのプロパティを次の値に変更します。
    - ［Rect Transform］コンポーネント
        — ［Pos Z］：-.1
        — ［Width］：90
        — ［Height］：70
    - ［Text］コンポーネント
        — ［Font Size］：10
        — ［Paragraph］→［Alignment］：左揃え、下揃え
        — ［Color］：#FFFFFFFF（白）
9. ［Hierarchy］ウィンドウでHeaderオブジェクトを選択してCtrl＋D（Macではcommand＋D）を押下してオブジェクトを複製します。オブジェクトの名前を

Ratingに変更します。

10. 作成したRatingオブジェクトを選択し、[Inspector]ウィンドウでプロパティを次のように変更します。
    - [Rect Transform]コンポーネント
      - [Height]：90
    - [Text]コンポーネント
      - [Font Size]：7
      - [Font]：fontawsome-webfont
      - [Paragraph]→[Alignment]：右揃え、下揃え
      - [Color]：#00FFFFFF（シアン）
11. Ratingオブジェクトを選択し、Ctrl＋D（Macではcommand＋D）を押下してオブジェクトを複製します。[Inspector]ウィンドウでオブジェクトの名前をPriceに変更し、[Text]コンポーネントの[Paragraph Alignment]をLeft - Bottomに設定します。
12. [Project]ウィンドウのAssets/FoodyGo/Scripts/UIフォルダーからGooglePlacesDetailInfoスクリプトをドラッグして[Hierarchy]ウィンドウのPlacesMarkerにドロップします。
13. [Hierarchy]ウィンドウでPlacesMarkerオブジェクトを選択し、[Inspector]ウィンドウの[Google Places Detail Info]コンポーネントのそれぞれのスロットへ、以下のとおりにコンポーネントをドラッグします。
    - Photo Panel：PhotoオブジェクトをPlacesMarker | Photoから
    - Header：HeaderテキストオブジェクトをPlacesMarker | Canvas | Headerから
    - Rating：RatingテキストオブジェクトをPlacesMarker | Canvas | Ratingから
    - Price：PriceテキストオブジェクトをPlacesMarker | Canvas | Priceから
14. このコンポーネントの他のプロパティを図8-6の値に設定します。

図8-6　Google Places Detail Infoコンポーネントの設定

この例で使用されている［Place ID］の値は(ChIJ7cdd3ed5j4AR7NfUycQnKvg)です。前の章で行ったように、Google Places APIの周辺検索をマニュアルで実行してPlace IDとして他の値を使用してもかまいません。

15. 最後に、［Inspector］ウィンドウの`Prefab`オプションの横にある［Apply］ボタンをクリックして`PlacesMarker`プレハブを保存します。
16. ［Play］を押してシーンを実行します。シーンはある意味作られたものですが、追加した機能を確認することができます。そのまましばらく待ち、標識上の画像がスライドショーのように変更されるのを確認しましょう。図8-7はシーンが実行されている［Game］ウィンドウです。

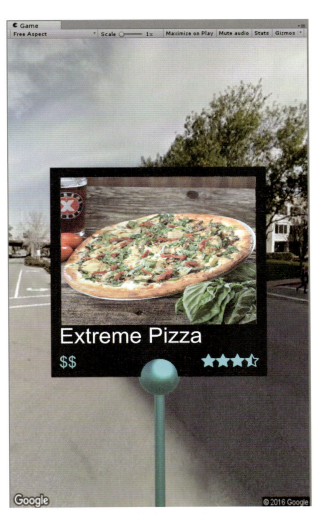

図8-7 ［Game］ウィンドウで実行されているPlacesシーン

シーンがだんだんと良くなっていることが見て取れるでしょう。GooglePlacesDetailInfoスクリプトの主なメソッドを2つ簡単に確認しておきましょう。初めにLoadPlacesDetailメソッドです。

```
IEnumerator LoadPlacesDetail()
{
    var queryString = string.Format("placeid={0}&key={1}",
        placeId, PlacesAPIKey);

    var req = UnityWebRequest.Get(GOOGLE_PLACES_DETAIL_URL + "?" + queryString);
    // サービスがレスポンスを返すまで待つ
    yield return req.Send();
    var json = req.downloadHandler.text;
    ParseSearchResult(json);
}
```

今ではCoroutineメソッドのコードはもう見慣れたものでしょう。このコードは前の章でGoogle Places Radar検索を実行するために使用したものとよく似ています。1行目のクエリ文字列変数を作成している部分を見るとわかるとおりURLのパラメーターはplaceidとkeyで、それぞれplaceidが場所のidで、keyはもちろん自身のGoogle Places APIキーです。

スクリプトは場所の詳細な情報を得るためのリクエストを実行した後で、ヘッダーにテキストとレーティングを設定します。その場所に何かしらの写真があれば、LoadPhotoTextureメソッド内でGoogle Places API Photosエンドポイントに新しいクエリを投げます。

```
private IEnumerator LoadPhotoTexture(Photo photo)
{
    var queryString = string.Format("photoreference={0}&key={1}&maxwidth=800",
        photo.photo_reference, PlacesAPIKey);

    var url = GOOGLE_DETAIL_PHOTO_URL + "?" + queryString;
    var req = UnityWebRequest.GetTexture(url);
    // サービスがレスポンスを返すまで待つ
    yield return req.Send();
    // 初めに古いテクスチャーを削除
    Destroy(photoRenderer.material.mainTexture);
    // 返ってきた画像をタイルテクスチャーとして設定
    photoRenderer.material.mainTexture =
        ((DownloadHandlerTexture)req.downloadHandler).texture;
}
```

このコードは本章で以前作成したStreet Viewテクスチャーをロードした部分とよく似ています。唯一の大きな違いは渡しているパラメーターです。このエンドポイントに必要なパラメーターはphotoreference（実質的なID）、key（再びAPIキー）、maxwidth（もしくはmaxheight）の3つだけです。photoreferenceの値は先ほど実行した主となるクエリから抜き出したものです。

最後に確認するのはSlideShowという名前のメソッドで、スライドショーを実行する

Coroutineです。

```
private IEnumerator SlideShow(Result result)
{
    while(doSlideShow && idx < result.photos.Count - 1)
    {
        yield return new WaitForSeconds(showSlideTimeSeconds);
        idx++;
        StartCoroutine(LoadPhotoTexture(result.photos[idx]));
    }
}
```

　このメソッドが受け取るResult引数は場所を説明する結果オブジェクトです。このメソッドは内部にdoSlideShowが真であるか、そしてresultにまだ表示すべき写真が残っているかを確認して処理を繰り返すwhileループを持ちます。idxは現在表示されている写真を指す0から始まるインデックスです。見てわかるとおり、result変数にはその場所で撮影されたすべての写真のphotoreferenceの値を保持しているphotosというArray型のプロパティがあります。このwhileループでは現在のインデックス（idx）と写真の数を比較して、もし写真がまだあればループ内の処理を実行します。ループの最初の文はshowSlideTimeSecondsで定義された秒数だけ待ってから先に進むようにするものです。その後でidxの値をひとつ増やして次の写真を読み込みます。

　背景とプレイスを説明する標識が動作するようになったので、次の節でモンスターを販売する機能を追加することができます。

8.4　販売のためのUIを追加

　本章の始めに説明したとおり、プレイヤーはプレイスに行き、ボタンをタップしてモンスターを販売することができます。プレイスやレストランはプレイヤーのモンスターを評価してもっとも適切だと思われる価格を提示します。プレイヤーはYesボタンをタップして提示額を受け入れてもいいですし、Noボタンをタップして断ってもかまいません。このように非常に単純な処理の流れでもまだ組み合わせるべき要素、特にUIがたくさんあります。

　理解が容易になるようにUIの構築を細かい手順に分けます。最初に次の指示どおりUIキャンバスと主なボタンの追加に取りかかることとします。

1. メニューから［GameObject］→［UI］→［Canvas］の順に選択します。新しいキャンバスの名前をUI_Placesに変更します。数えているかもしれませんが、これがこのシーンで3つめのキャンバスで、それぞれ違う空間（スクリーン空間オーバーレイ、スクリーン空間カメラ、ワールドスペース）に描画されます。
2. 新しいキャンバスを選択し、［Inspector］ウィンドウでCanvas Scalerコンポーネントのプロパティを次のように変更します。
    - ［Canvas Scaler］
        - ［UI Scale Mode］：Scale With Screen Size

- ［Reference Resolution］→［X］:500
- ［Reference Resolution］→［Y］:900

3. UI_Placesオブジェクトを右クリック（Macではcontrolキーを押しながらクリック）して、コンテキストメニューから［UI］→［Button］の順に選択します。新しいボタンの名前をSellButtonに変更します。
4. ［Hierarchy］ウィンドウのSellButtonを展開して、Textオブジェクトを選択します。右クリックしてメニューから［Delete］を選択してSellButtonからTextオブジェクトを削除します。
5. ［Hierarchy］ウィンドウからSellButtonを選択して、Ctrl＋D（Macではcommand＋D）を入力して、ボタンを複製します。新しいボタンの名前をExitButtonに変更します。
6. 新しいボタンのコンポーネントのプロパティをそれぞれ表8-1に従って変更します。

表8-1　ボタンのプロパティ

ボタン	プロパティ	値
SellButton	Rect Transform - Anchor Rect Transform - Pos Y Rect Transform - Width, Height Image - Source Image	Top-center pivot and position −130 100 button_set03_a
ExitButton	Rect Transform - Anchor Rect Transform - Pos Y Rect Transform - Width, Height Image - Source Image	Bottom-center pivot and position 10 75 button_set11_b

　インタフェースとしてのボタンの追加は完了しました。ボタンにまだ機能がないことは心配しないでください。残りのシーンに必要なUI要素の追加を先に済ませてしまいます。次はOfferDialogの作成です。

1. ［Hierarchy］ウィンドウのUI_Placesキャンバス上で右クリック（Macではcontrolを押しながらクリック）して、コンテキストメニューから［UI］→［Panel］の順に選択します。パネルの名前をOfferDialogに変更します。これが使用するすべてのダイアログコンポーネントの親オブジェクトになります。
2. ［Hierarchy］ウィンドウのOfferDialogパネルを選択して、メニューから［Component］→［Layout］→［Vertical Layout Group］の順に選択します。次にメニューから［Component］→［UI］→［Effects］→［Shadow］を選択します。
3. ［Inspector］ウィンドウで、［Rect Transform］、［Image］、［Vertical Layout Group］コンポーネントプロパティを図8-8と同じように設定します。

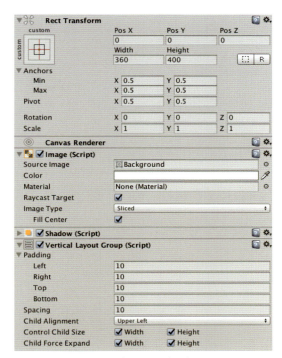

図8-8 OfferDialogコンポーネントプロパティ

4. ［Hierarchy］ウィンドウの`OfferDialog`上で右クリック（Macではcontrolキーを押しながらクリック）し、コンテキストメニューから［UI］→［Panel］を選択します。パネルの名前を`PromptPanel`に変更します。

5. ［Hierarchy］ウィンドウで`PromptPanel`を選択してCtrl＋D（Macではcommand＋D）を入力してオブジェクトを複製します。新しいパネルは3つあるのでこの作業をもう2回繰り返します。新しいパネルの名前はそれぞれ`MonsterDetailPanel`、`OfferPanel`、`ButtonPanel`とします。

6. レイアウトグループの中でパネルの配置がどのように調整されて領域内に均等に収まるかを確認してください。これでレイアウトを追加してUI階層を構築する方法がわかりました。**表8-2**のとおりにダイアログの構築を進めてください。

7. 最終的に完成したダイアログとその階層が**図8-9**と一致するか確認してください。

表8-2 パネルの構成

パネル	UI階層			コンポーネント	プロパティ	値
PromptPanel				Image:remove		
	PromptText [Text]			Rect Transform	width	300
				Text	Text	モンスターを売りたいですか？
				Text	FontSize	18
MonsterDitailPanel				Vertical Layout Group	Spacing	10
	HeaderPanel [Panel]			Horizontal Layout Group	Left, Right, Top, Bottom, Spacing	10
		NameText [Text]				
	DescriptionPanel [Panel]			Horizontal Layout Group	Left, Right, Top, Bottom, Spacing	10
				Horizontal Layout Group	Control Child Size - Width	ON
		CP [Text]		Text	Text	CP:
				Text	Font Style	Bold
		CPText [Text]				
		Level [Text]		Text	Text	Level
				Text	Font Style	Bold
		LevelText [Text]				
	SkillsPanel [Panel]			Horizontal Layout Group	Left, Right, Top, Bottom, Spacing	10
		SkillsText [Text]		Text	Text	Skills
OfferPanel				Vertical Layout Group	Left, Right, Top, Bottom, Spacing	10
	OfferText [Text]					
ButtonPanel				Horizontal Layout Group		
	YesButton [Button]					
		Text		Text	Text	Yes
	NotButton [Button]					
		Text		Text	Text	No

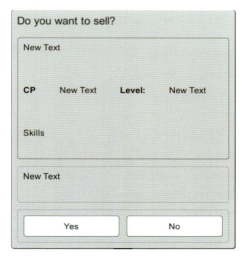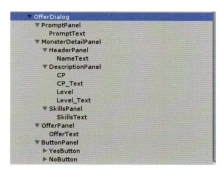

図8-9 完成したOfferDialogとオブジェクト階層

OfferDialogが完成すれば、次の手順に従って簡単にRefuseDialogを追加できます。

1. ［Hierarchy］ウィンドウでOfferDialogパネルを選択してCtrl＋D（Macではcommand＋D）を入力し、ダイアログを複製します。パネルの名前をRefuseDialogに変更します。
2. ［Inspector］ウィンドウで、［Rect Transform］の［Height］を150に変更します。
3. RefuseDialogを展開して、MonsterDetailPanelとOfferPanelを削除します。
4. PromptPanelを展開して［Hierarchy］ウィンドウでPromptTextを選択します。［Inspector］ウィンドウで［Rect Transform］の［Width］を340、［height］を100に設定し、［Text］コンポーネントの［Text］を「このプレイスはあなたのモンスターを雇い入れていません！」に変更します。
5. ［Hierarchy］ウィンドウのButtonPanelを展開して、ボタンをひとつ削除します。どちらを削除してもかまいません。残ったボタンの名前をOKButtonに変更します。ボタンを展開して子要素のTextオブジェクトを選択します。［Inspector］ウィンドウで［Text］コンポーネントの［Text］をOKに変更します。
6. 最後にUI_Placesオブジェクトを［Hierarchy］ウィンドウのPlacesSceneオブジェクト上にドラッグしてシーンのルートオブジェクトの子要素にします。

UI要素がすべて準備できたので、シーンで販売を実行するために必要なスクリプトをすべて接続することができます。以下の指示に従ってさまざまなコンポーネントにスクリプトを追加してください。

1. ［Project］ウィンドウのAssets/FoodyGo/Scripts/Controllersフォルダーの

PlacesSceneUIControllerスクリプトを[Hierarchy]ウィンドウのUI_Placesオブジェクトにドラッグします。

2. UI_Placesオブジェクトを選択して、SellButtonとOfferDialog、RefuseDialogをそれぞれ[Inspector]ウィンドウの[Places Scene UI Controller]コンポーネント上の適切なスロットにドラッグ&ドロップします。

3. [Project]ウィンドウのAssets/FoodyGo/Scripts/UIフォルダーからMonsterOfferPresenterスクリプトを[Hierarchy]ウィンドウのOfferDialogオブジェクトにドラッグします。

4. OfferDialogオブジェクトを選択して、NameText、CPText、LevelText、SkillsText、OfferTextをそれぞれを[Inspector]ウィンドウの[Monster Offer Presenter]コンポーネントの適切なスロットにドラッグ&ドロップします。

5. [Project]ウィンドウのAssets/FoodyGo/Scripts/Controllersフォルダーから PlacesSceneControllerスクリプトをPlacesSceneルートオブジェクト上にドラッグします。

6. PlacesSceneオブジェクトを選択して、StreeViewTexturePanel、PlacesMarker、UI_Placesオブジェクトを[Inspector]ウィンドウの[Places Scene Controller]コンポーネントの適切な場所までドラッグします(図8-10)。

図8-10 Places Scene Controllerコンポーネントオブジェクトの設定

7. [Hierarchy]ウィンドウのExitButtonを選択して、[Inspector]ウィンドウの[Button]コンポーネントで[+]ボタンを押下し、イベントハンドラーを新しく追加します。次に、PlacesSceneオブジェクトをオブジェクトスロットまでドラッグし、関数ドロップダウンを開きます。図8-11のようにPlacesSceneController.OnCloseScene関数を選択します。

図8-11 ExitButtonのイベントハンドラーの設定

8. SellButtonについても同じ手順を繰り返しますが、今度は関数ドロップダウンからPlacesSceneController.OnClickSell関数を選択します。

9. YesButtonを選択して新しいイベントハンドラーを追加します。UI_Placesオブジェクトをオブジェクトスロットまでドラッグし、関数として

PlacesSceneUIController.AcceptOffer()を選択します。
10. NoButtonを選択して新しいイベントハンドラーを追加します。UI_Placesオブジェクトをオブジェクトスロットまでドラッグし、関数としてPlacesSceneUIController.RefuseOffer()を選択します。
11. OKButtonを選択して新しいイベントハンドラーを追加します。UI_Placesオブジェクトをオブジェクトスロットまでドラッグし、関数としてPlacesSceneUIController.OK()を選択します。

これでシーンのつなぎ合わせが終わりました。あと必要なのはPlacesシーンが単独で動作できるようにサービスをいくつか追加するだけです。次の指示に従ってサービスを追加してください。

1. シーンにServicesという名前で空のゲームオブジェクトを新しく作成し、PlacesSceneオブジェクトまでドラッグして、ルートシーンオブジェクトの子要素にします。
2. InventoryとMonsterExchangeという名前の子オブジェクトを2つ、Servicesオブジェクトに新しく追加します。
3. [Project]ウィンドウのAssets/FoodyGo/Scripts/Servicesフォルダーから、InventoryServiceスクリプトをInventoryオブジェクトまで、そしてMonsterExchangeServiceスクリプトをMonsterExchangeオブジェクトまでドラッグします。
4. [Play]をクリックしてシーンを実行し、Sellボタンやその他のさまざまなボタンをクリックしてみましょう。気づくと思いますが、まだモンスターを実際に売ることはできません。しかしもちろんExitButton以外のUIはすべて期待どおりに動作しているはずです。

シーンで必要となるUI要素はすべて完成しました。単純なシーンでも非常にたくさんのUI要素が必要になることがわかったでしょう。現在のUIはまだ非常に基本的なものしかなく、改善の余地がたくさん残されているので、後で開発者として独自の機能拡張をしたり追加したりしてください。UIダイアログも内部を確認して好きなように変更してかまいません。アイテムを販売したときにユーザーに何もフィードバックがないことが気になったかもしれませんが、適切なダイアログやサウンドを組み込むという作業は開発者の皆さんにお任せします。

次の節ではMonsterExchangeServiceを取り上げ、モンスターがどのように評価されるかについて詳しく見ていきます。

8.5　販売のためのゲームメカニクス

　ゲーム開発者にとって楽しいと思えることはたくさんありますが、そのリストの一番上に来るのがゲームメカニクスとゲームアルゴリズムを考えることであるのはほぼ間違いないでしょう。それを駆動しているゲームメカニクスほど、作成したゲームまたは仮想世界を他のものからはっきりと際立たせるものはありません。ゲーム開発者またはゲームデザイナーとしてゲームメカニクスを定義するためにはさまざまな選択肢があります。強力な武器やクリーチャーを作成したり、物理法則を組み込んだり、もしくは単にクッキングモンスターを販売するだけでもかまいません。しかし一般的に言えば物事は単純さを保つのがもっともいい方法です。販売のゲームメカニクスを考えるときにはこの哲学を守ることにしましょう。

　理解を容易にするために、プレイヤーのモンスターインベントリーを評価するサービスである`MonsterExchangeService`について、実際のソースコードを見る代わりにより基本的な部分に限定した擬似コードを見ていきましょう。

```
MonsterOffer PriceMonsters(PlaceResult result)
{
    // Inventoryからプレイヤーのモンスターを取得
    var monsters = InventoryService.ReadMonsters();

    // 場所のすべてのレビューをループして
    // ひとつのテキスト文字列に追加
    var reviews = string.empty;
    foreach(var r in result.reviews)
    {
        reviews += r.text + " ";
    }

    // モンスターとプレイスについてそれぞれの値をループ
    List<MonsterOffer> offers = new List<MonsterOffer>();

    // クッキングモンスターに支払うプレイス予算を計算
    var budget = result.rating * result.price * result.types * 100;

    foreach(var m in monsters)
    {
        var value = 0;
        // レビュー内のワードに一致する
        // すべてのスキルワードを元にボーナスを追加
        // 例：skill=pizzaの場合、レビューでpizzaというワードが5回言及されていれば500
        value += CountMatches(m.skills, reviews)*100;

        // クッキングパワーを追加（CP）
        value += m.power * m.level * 100;

        if(budget > value)
        {
            // モンスターの新しいオファーを追加
            offers.Add(new MonsterOffer{ Monster = m, Value = value });
```

```
            }
        }
        offers.sort();      // もっとも低いものからもっとも高いものへオファーをソート
        offers.reverse();   // もっとも高いものを最初にするために順序を逆転

        return offer[0];    // もっとも高いオファーを返す
    }
```

プレイスレビューで言及されたスキルを持っているモンスターに対してボーナスを与えようとしているところを除けば、ここで説明に使用しているアルゴリズムは非常に単純です。実際の`MonsterExchangeService`スクリプトを開いてみても、同じパターンのコードが使用されていることがわかるでしょう。もちろんこのゲームメカニクスは皆さんが好きなように変更してかまいません。

クッキングモンスターに対応する数値が作成できれば、オファーをプレイヤーに対して表示するまでは、数値をゲーム的な用語に変換する必要はありません。オファーをプレイヤーに表示するときには`MonsterExchangeService`の`ConvertOffer`メソッドで数値を経験値とアイテムに変換します。

`ConvertOffer`ではコイン問題を解く[*1]のと同じような方法で値を単純に境界値で分解しているだけなので、ここで処理の詳細に立ち入るつもりはありません。スクリプト内で定義されている境界値のリストは以下のとおりです。

- 1000: Nitro-Ball
- 250: DryIce-Ball
- 100: Ice-Ball

例として、もしオファーされた値が2600なら、`ConvertOffer`は値を次のように分解します。

- 2: Nitro-Balls (2000)
- 2: DryIce-Balls (500)
- 1: Ice-Ball (100)
- 260 Experience: 経験値は値の10分の1で計算されます

再び`MonsterExchangeService`スクリプトを開いて自由に新しいアイテムを追加したり、値を変更してください。これでクッキングモンスターを査定するゲームメカニクスが理解できたので、次は実際に交換を行わなければいけません。次の節ではその交換を扱います。

[*1] 訳注：動的計画法。

8.6 データベースの更新

　PlacesシーンのUIを試しているときに気づいたかもしれませんが、まだモンスターを実際に売ることはできません。これはデータベース（Inventory）に必要なテーブルが足されていないからです。覚えているかもしれませんが幸い今回のデータベースにはORM（object relational mapping）があるため、新しいテーブルを作成するのはそれほど大変な作業ではありません。

　それでは好きなエディターでAssets/FoodyGo/Scripts/Servicesフォルダーにある InventoryServiceスクリプトを開き、CreateDBメソッドまでスクロールして、次のハイライトされているコードを探し、その下がデータベースに新しいテーブルを作成している部分です。

```csharp
Debug.Log("DatabaseVersion table created.");  // 初めにこの行を探す
// InventoryItemテーブルを作成
var iinfo = _connection.GetTableInfo("InventoryItem");
if (iinfo.Count > 0) _connection.DropTable<InventoryItem>();
_connection.CreateTable<InventoryItem>();
// Playerテーブルを作成
var pinfo = _connection.GetTableInfo("Player");
if (pinfo.Count > 0) _connection.DropTable<Player>();
_connection.CreateTable<Player>();
```

　このコードはデータベースに2つの新しいテーブル、InventoryItemとPlayerを追加しているだけです。次に同じメソッド内で少し下にスクロールして、ハイライトされた行の下にある初期プレイヤーを新しく作成するためのコードを見てください。

```csharp
Debug.Log("Database version updated to " + DatabaseVersion);
// ここから開始
_connection.Insert(new Player {
    Experience = 0,
    Level =1
});
```

　CreateDBの中で新しいテーブルを追加して最初のPlayerテーブルを作成したときから、UpgradeDBメソッドも同様に更新されました。古いUpgradeDBは次のコードで置き換えられています。

```csharp
private void UpgradeDB()
{
    var monsters = _connection.Table<Monster>().ToList();
    var player = _connection.Table<Player>().ToList();
    var items = _connection.Table<InventoryItem>().ToList();
    CreateDB();
    Debug.Log("Replacing data.");
    _connection.InsertAll(monsters);
    _connection.InsertAll(items);
    _connection.UpdateAll(player);
    Debug.Log("Upgrade successful!");
}
```

データベースのアップグレードを開始すると、UpgradeDBメソッドが実行されます。初めに現在のテーブルの値を一時変数に保存して、それからCreateDBメソッドが実行され、新しいテーブルが作成されます。最後に先ほど保存されたデータがデータベースに追加、または更新されます。この方法でデータベースを更新できるようにしておくと、後からオブジェクトに新しいプロパティを追加できます。しかし、古いオブジェクトが壊れる可能性があるので、既存のプロパティを削除したり、名前を変更してはいけません。

これでテーブルが準備できたので、新しいテーブル、InventoryItemとPlayerにCRUDメソッドを追加できます。InventoryServiceファイルの一番下までスクロールすると次のような新しいメソッドがあります。

```csharp
// InventoryItemのCRUD
public InventoryItem CreateInventoryItem(InventoryItem ii)
{
    var id = _connection.Insert(ii);
    ii.Id = id;
    return ii;
}

public InventoryItem ReadInventoryItem(int id)
{
    return _connection.Table<InventoryItem>()
        .Where(w => w.Id == id).FirstOrDefault();
}

public IEnumerable<InventoryItem> ReadInventoryItems()
{
    return _connection.Table<InventoryItem>();
}

public int UpdateInventoryItem(InventoryItem ii)
{
    return _connection.Update(ii);
}

public int DeleteInventoryItem(InventoryItem ii)
{
    return _connection.Delete(ii);
}
```

このコードは前の章で作成したMonsterテーブルのCRUDを実行するコードとほとんど同じです。それでは次にPlayerのCRUDコードを見てみましょう。

```csharp
// PlayerのCRUD
public Player CreatePlayer(Player p)
{
    var id = _connection.Insert(p);
    p.Id = id;
    return p;
}
```

```
    public Player ReadPlayer(int id)
    {
        return _connection.Table<Player>()
            .Where(w => w.Id == id).FirstOrDefault();
    }

    public IEnumerable<Player> ReadPlayers()
    {
        return _connection.Table<Player>();
    }

    public int UpdatePlayer(Player p)
    {
        return _connection.Update(p);
    }

    public int DeletePlayer(Player p)
    {
        return _connection.Delete(p);
    }
```

　なぜPlayerにCRUDメソッドがすべて必要なのか疑問に思ったかもしれません。それらを用意した理由は、後でゲームがマルチプレイヤーを扱えるようにして、ユーザーが別のキャラクターを選択してプレイすることや、可能であれば複数プレイヤーが同時にプレイできるようにするためです。

　次に、Placesシーンに戻りデータベースのアップグレードを実行して、実際に新しいテーブルを作成したいと思います。すべてのスクリプトを保存していることを確認して、Unityエディターに戻ってください。[Hierarchy]ウィンドウでInventoryオブジェクトを探して選択します。[Inspector]ウィンドウで[Inventory Service]コンポーネントの[Database Version]を(現在のバージョンが1.0.0と仮定して)1.0.1に変更します。[Play]ボタンを押してエディター内でPlacesシーンを実行し、[Console]ウィンドウを確認します。データベースが正しくアップグレードされたことを確認するために、ログメッセージからUpgrade Successfulという表示を探します。

将来、データベースをアップグレードしたいときには、バージョン番号をその時よりも大きな値にするだけでかまいません。バージョン1.0.3は1.0.1より大きく、バージョン2.0.0は1.0.22よりも大きいと判断されます。

　InventoryServiceのコードを変更しデータベースも更新できたので、次にプレイヤーがモンスターをプレイスに渡したときにお返しとして経験値とアイテムをもらえるように交換処理を実装する必要があります。エディターでPlacesSceneUIControllerスクリプトを開いてAcceptOfferメソッドまでスクロールしてください。

```
    public void AcceptOffer()
    {
        OfferDialog.SetActive(false);
        SellButton.SetActive(true);

        var offer = CurrentOffer;
        InventoryService.Instance.DeleteMonster(offer.Monster);
        var player = InventoryService.Instance.ReadPlayer(1);
        player.Experience += offer.Experience;
        InventoryService.Instance.UpdatePlayer(player);
        foreach(var i in offer.Items)
        {
            InventoryService.Instance.CreateInventoryItem(i);
        }
    }
```

　このメソッドの最初の2行は単にダイアログとボタンを有効化／無効化しているだけです。その次にCRUDメソッドを使用してインベントリーからモンスターを削除します。それからプレイヤーの経験値を更新して、新しい`InventoryItem`テーブルにアイテムを追加します。この章でこの新しいアイテムを使用することはありませんが、ひとまずここでは新しいインベントリーを保存する場所を用意しておきます。

　Unityに戻り、Placesシーンを実行します。今度はモンスターの販売を試してみましょう。モンスターをプレイスに売ることができるようになっていることがわかるはずです。さらに連続でモンスターを売ってみて動作を確認してください。新しいモンスターを売るたびに、新しい名前と異なるスキルが得られるはずです。

デバッグを容易にするために、エディターからゲームを実行しているときはInventory Serviceは常にInventory内にランダムなモンスターがいることを保証しています。しかしもしプレイスがインベントリー内で最後のモンスターを買えないというようなことが起きたならテストが続けられなくなります。その場合は「10章 トラブルシューティング」のデータベースを直接調査して修正する方法を参考に対応してください。

　Placesシーンはとりあえず完成しました。シーン内の要素は好きなように拡張してください。次の節ではまたゲームのPlacesシーンに戻り、プレイヤーがプレイスを訪問できるようにします。

8.7　要素をつなぎ合わせる

　Placesシーンが完成したので、シーンを統合してGameシーンに戻れるようにする必要があります。次の指示に従ってPlacesシーンを設定し、GameManagerからロードできるようにしてください。

1. ［Project］ウィンドウのAssetsフォルダーからGameシーンを［Hierarchy］ウィンドウにドロップします。
2. PlacesシーンのInventoryサービスを選択し、［Inspector］ウィンドウで［Inventory Service］コンポーネントの［Database Version］がいくつに設定されているかを記録します。次に、GameシーンでInventoryサービスを選択して、［Inventory Service］コンポーネントの［Database Version］をその値に変更します。

この手順を実行しなければ、データベースが更新されたオブジェクトで完全に書き換えられて破損する可能性があります。これは現時点では致命的にはなりませんが、すでにリリースされているゲームの更新版を作成している場合はユーザーが非常に不便を感じることになります。

3. Inventoryサービスはひとつしか必要ないので、PlacesシーンのInventoryサービスオブジェクトを選択し、右クリックしてメニューから［Delete］を選択して削除します。［Places］シーンの［Event System］オブジェクトも同じく選択して削除します。
4. ［Hierarchy］ウィンドウのPlacesSceneオブジェクトを選択して、Inspectorウィンドウのオブジェクト名の横にあるチェックボックスのチェックを外し、無効化します。開始時にシーンをロードするためにルートオブジェクトを無効化します。
5. Placesシーンで右クリック（Macではcontrolを押しながらクリック）して、コンテキストメニューから［Remove Scene］を選択します。シーンに先ほど加えた変更が保存されていることを確認してください。
6. ［Hierarchy］ウィンドウで_GameManagerオブジェクトを選択します。［Inspector］ウィンドウで［Game Manager］コンポーネントの［Places Scene Name］プロパティをPlacesに設定します。
7. メニューから［File］→［Build Settings］を選択して、［Build Settings］ダイアログを開きます。追加されたすべてのシーンを取り込むためにチェックボックスにチェックされていることを確認してください（図8-12）。

図8-12 追加されたPlacesシーンのビルド設定

　エディターでゲームを実行しても、残念ながらまだプレイスをクリックしてPlacesシーンを開くことはできません。それにはPlaceMarkerをコライダーとして動作するように設定する必要がありますが、前の章では省略していたからです。次の指示に従ってPlaceMarkerにコライダーと他の設定を追加しましょう。

1. ［Project］ウィンドウのAssets/FoodyGo/Prefabsフォルダーから前の章で作成したPlaceMarkerプレハブをドラッグします。この章で修正するのはPlacesMarkerプレハブではなくPlaceMarkerなので、注意してください。
2. ［Hierarchy］ウィンドウでPlaceMarkerを選択して、メニューから［Component］→［Physics］→［Box Collider］の順に選択してください。
3. PlaceMarkerをダブルクリックしてオブジェクトが［Scene］ウィンドウの中心になるようにします。オブジェクトの底部に緑色のボックスが見えるはずです。これがコライダーです。
4. ［Inspector］ウィンドウで［Box Collider］コンポーネントの［Center］と［Size］の値を次のリストのように変更します。

   - Box Collider: Center: X = 0, Y = 2, Z = 0
   - Box Collider: Size: X = 1, Y = 1, Z = .2

5. 次にオブジェクトのレイヤーをMonsterに変更します。［Change Layer - Do you want to set layer to Monster for all child objects as well?］という、子要素のオブジェク

トのレイヤーも同様にMonsterに変更するかと確認するダイアログが出たら、コライダーは一番上のオブジェクトだけなので、子要素の変更については考えなくてかまいません。衝突検知のために新しいレイヤーを追加するべきなのかもしれませんが、今のところはこのままで動作します。

6. [Inspector]ウィンドウでオブジェクトのプロパティと[Scene]ウィンドウの見た目が図8-13と同じようになっていることを確認してください。
7. [Inspector]ウィンドウのPrefabオプションの横にある[Apply]ボタンをクリックして変更を保存します。その後で[Hierarchy]ウィンドウからPlaceMarkerを削除します。
8. [Play]を押下してエディターでゲームを実行します。GPSサービスがシミュレーションモードで起動していることを確認してください。シーンにあるPlaceMarker標識のどれかをクリックするとPlacesシーンが表示されるはずです。
9. もちろんこれまでと同じく、モバイル端末にもゲームをビルドしてデプロイし、すべての画面の遷移と見た目が期待どおりであることを確認してください。

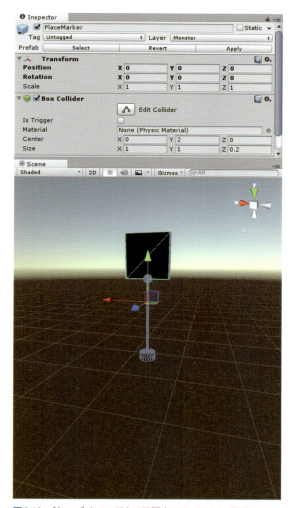

図8-13 ［Scene］ウィンドウで確認中のBox Collider設定

 ゲームを実行していて問題が発生したら、「10章 トラブルシューティング」を参考にしてください。

　準備は比較的簡単でした。それでは衝突と紐付いているコードを簡単に見てみましょう。好きなエディターでGameManagerスクリプトを開き、HandleHitGameObjectメソッドまでスクロールします。メソッドの一番上にあるのがCatchシーンでプレイヤーがモンスターをクリックしたときに処理される元のコードです。そのすぐ下でPlaceMarkerが衝突した（選択された）ときの処理を実行します。

```csharp
    if (go.GetComponent<PlacesController>() != null)
    {
        print("Places hit, need to open places scene ");
        // シーンがすでに実行されているかどうかを確認
        if (PlacesScene == null)
        {
            SceneManager.LoadSceneAsync(PlacesSceneName, LoadSceneMode.Additive);
        }
        else
        {
            // シーンが以前実行されていれば再び有効化
            var psc = PlacesScene.RootGameObject.GetComponent<PlacesSceneController>();
            if (psc != null)
            {
                var pc = go.GetComponent<PlacesController>();
                psc.ResetScene(pc.placeId, pc.location);
            }
            PlacesScene.RootGameObject.SetActive(true);
        }
        MapScene.RootGameObject.SetActive(false);
    }
```

このコードブロックはモンスターオブジェクト（`MonsterController`）が衝突もしくは選択されたときに使用されたコードと非常によく似ています。コメントを読めば内容は自明でしょう。見てわかるとおり、同じパターンを使用するとすばやくやりとりできるオブジェクトを簡単に追加できます。

プレイヤーとプレイスがどんなに離れていても問題なくやりとりできることにも気づいたかもしれません。これはこの時点では意図的なものですが、衝突検知に使用するレイの距離を設定するだけで簡単に修正できます。コードを`RegisterHitGameObject`メソッドまで上にスクロールするとレイの長さを無限大に設定している部分が確認できるでしょう。

```csharp
    public bool RegisterHitGameObject(PointerEventData data)
    {
        int mask = BuildLayerMask();
        Ray ray = Camera.main.ScreenPointToRay(data.position);
        RaycastHit hitInfo;
        if (Physics.Raycast(ray, out hitInfo, Mathf.Infinity, mask))
        {
            print("Object hit " + hitInfo.collider.gameObject.name);
            var go = hitInfo.collider.gameObject;
            HandleHitGameObject(go);

            return true;
        }
        return false;
    }
```

この値を例えば100のようなハードコードされた値に変更したり、GPSの精度に関する説明を参考にしてデバイスの現在の精度に応じた値に設定することもできます。いずれにしても現

在とは異なるゲームメカニクスを設定することは簡単ですが、ゲームがどのようにプレイされるかを広く検証した後に行うべきです。

8.8 まとめ

　この章はPlacesシーンを構築することに焦点を当て、プレイヤーが仮想世界とある程度混ざり合ったゲームワールドとやりとりを行うことを可能にした重要な章でした。シーンの土台を構築することから始め、現実世界とやりとりしているという感覚をゲームを通して与えるために、シーンの背景としてGoogle Street View画像を組み込むところまで進みました。その次にマーカーサインを拡張して、Google Places Photosを使用したフォトスライドショーに加え、名前やレーティング、価格など他の要素を表示しました。この時点で場所に関する詳細な情報を提供できるようになったので、やりとりに必要なボタンとダイアログを追加しました。ここではレイアウトやスタック要素のようなUnityの新しいGUI要素を使用する挑戦もしました。プレイスにインタラクティブな要素を追加した後で、販売をどのように動作させるかというゲームメカニクスの説明を行いました。この実現にはインベントリデータベースをアップグレードして、新しいテーブルを追加し、インベントリアイテムとプレイヤーにもCRUDメソッドを追加する必要がありました。次にすべての要素をつなぎ合わせて、Placesシーンをゲームに追加しました。最後にすべてがまとめて動作するように、マーカーにbox colliderを追加し、Mapシーン上でプレイヤーがやりとりできるようにしました。

9章
ゲームの仕上げ

前の章の最後まででゲームに含める予定であった主機能の大部分の実装を終えました。本書の最後の章としてできるかぎりゲームの細かい詰めを進めることもできますが、それではこれまで学んだことと同じ内容の繰り返しになり、ついてこられない読者も現れそうです。このゲームはつまるところロケーションベースのARゲームを構築するというコンセプトの良いデモンストレーションになることをめざしているだけです。大事なのはこのゲームの完成度を高めることではなく、読者が本書を通して独自のゲームをデザインし、その開発の進め方を自分で考えられるようになることです。そのためこの章ではFoody GOゲームの構築を進めるのではなく、代わりに次のようなことについて学びます。

- 開発の残タスク
- 省略した開発スキル
- アセットの整理
- ゲームのリリース
- ロケーションベースのゲーム開発に伴う問題
- ロケーションベースのマルチプレイヤーゲーム
- マルチプレイヤープラットフォームとしてのFirebase
- その他のロケーションベースゲームのアイデア
- このジャンルの未来

9.1　開発の残タスク

Foody GOデモの開発が完了したので、ここで将来のためにこれまで触れられなかった商用版のゲームをリリースするのであれば開発者が行わなければいけないタスクについて説明しておきます。ここで説明する内容は将来商用ゲームをリリースすることを計画しているのであれば、必ず役に立つでしょう。

20%の努力があれば80%のタスクを完了することができるが、最後の20%を完了するために努力の残り80%が必要になるという、80/20ルールというものを聞いたことがあるでしょうか。このルールはほとんどのタスクにうまく当てはまりますが、中でも特にソフトウェアやゲームの開発によく当てはまります。この法則に則れば、いまデモゲームの80%まで完了して

いると思っているのなら、ゲーム全体を完成させるにはさらに4倍の努力（開発に関わる章は6つあったので、4倍して24章分）が必要になることになります。完了しなければいけない作業をすべて考えると圧倒的な量になると思われますが、まずはシーンごとに残っている作業をまとめてみましょう。

Map シーン

- 効果音と音楽
- 時間帯に応じて雲や太陽のあるスカイボックスや夜のスカイボックス
- モンスター発生の改善、中央サーバー
- シェーダーを使用した視覚効果
- Mapのスタイル

Catch シーン

- 効果音と音楽
- シェーダーを使用した視覚効果
- ジャイロカメラ
- AR（バックグランドカメラ）を有効化／無効化するオプション
- インベントリーでのフリーズボール切り替え
- シーンから逃走
- デバイスカメラで画像を撮影

Inventory（Home）シーン

- Item インベントリー
- Monster 詳細
- Character 詳細、ステータス、レベル
- Monster インデックス（さらにモンスターや他のクリーチャーを開発する場合）

Places シーン

- 効果音と音楽
- シェーダーを使用した視覚効果
- ジャイロカメラ
- ARやストリートビューの背景を有効化／無効化するオプション
- プレイスがその位置にいるシェフを追跡
- Monster アニメーション
- UI改善

Splash シーン

- 音と音楽
- ローディング効果

- 画像

Game シーン
- キャラクターを選択／カスタマイズするオプション（スタイル）
- さまざまなモンスターやキャラクターの開発
- Sound サービスまたはマネージャ
- オプションとして MMO（Massively Multiplayer Online：大規模参加型オンラインゲーム）
- アセットの整理
- バグフィックス（すべてのシーンで）

多くの項目がリストに含まれていますが、マルチプレイヤーの項目を除いて（これについては後ほど説明します）極端に複雑なものはありません。とはいえ実現するにはさらに数時間は努力する必要があるでしょう。視覚効果（シェーダー）、スタイル、バグフィックスは特に問題で、開発時間を文字どおりブラックホールのように消費することがあります。特定のゲームに適した特殊な表示を実現するだけのために、特殊なシェーダーを数ヶ月以上かけて開発する場合があることを開発者は知っているはずです。幸いデモゲームには 80/20 ルールが適用されるということすでによく理解しているはずです。

もちろん今のデモゲームを元に独自の機能やゲームメカニクスを追加して望むようなロケーションベースの AR ゲームを完成させてもかまいません。とはいえ、特にこれが初めてのゲーム開発になる場合は、ゲームの開発や完成させるために必要となる労力について意識しておくことは重要です。必ず事前にリリース日を決め、アルファ／ベータ／リリースを期日どおりに行って、ゲームを公開できるように最善を尽くしましょう。それにより確実に適切なタイミングでゲームをプレイヤーに届けることができ、すぐに何らかの形でフィードバックを得られるようになります。この戦略に従えば締め切りをより意識するようになるだけではなく、見返り（フィードバック）と紐付けて作業量を見積もる能力を鍛えることができるでしょう。

視覚効果に取り組む、もしくは調査するとどれほど簡単に時間が消費されるかを実感するために次の手順に従ってください。

1. 先ほど作成したばかりのデモゲームからでも自分で選んだ他のシーンでもかまいませんので、Unity で好きなシーンを開いてください。
2. メニューから［Assets］→［Import Package］→［Effects］の順に選択します。これで Unity Standard Assets Effects パッケージがインポートされます。以前行った手順でインポートを続けてください。
3. シーンの中で Main Camera を見つけます。どこにあるかわからない場合は、［Hierarchy］ウィンドウの上部にある検索機能を使用してください。検索エリアで main camera もしくは camera と入力を始めると［Hierarchy］ウィンドウにシーンのカメラが表示されます。

フィルターやその他の視覚効果を導入することは簡単ですが、そのようなフィルターはパフォーマンスやメモリ使用量、ゲームプレイに直接的でしかも重大な影響を与える場合があることを忘れないようにしてください。最終的にどのようなゲームになるのか注意しながら使用しましょう。

4. カメラを選択して、メニューから ［Component］→［Bloom & Glow］→［Bloom］を選択します。これでカメラに ［Bloom］ フィルターが追加され、［Game］ウィンドウがより明るい色相で表示されます。
5. さまざまな効果（フィルター）を自由にカメラに追加してみてください。フィルターが実行中のシーンにどのような効果を与えるのかを確認することができます。おそらく数時間試せば選択肢や各種オプションが大量にあることがわかるでしょう。Foody GO ゲームの Map シーンを使用した例を図9-1に示します。

図9-1 画像効果の適用前と適用後（雲のスカイボックスは事前に追加されたものであることに注意）

6. さまざまな効果を追加するだけでなく、カメラ自身のエフェクトコンポーネントの順
   番の変更も試してみましょう。図9-2は先ほどの例で使用していたカメラの視覚効果
   設定です。

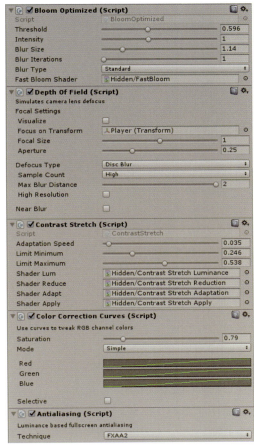

図9-2　先ほどのシーンで使用したCamera image effects

Post Processing Stack

Unity 5.5以降にはアセットストアにて、同等以上の機能のものがPost Processing Stackと
して用意されるようになりました。

1. メニューから［Window］→［Asset Store］の順に操作して［Asset Store］ウィンド
   ウを開きます。
2. ウィンドウが開き［Asset Store］ページがロードされたら、検索ボックスに`Post
   Processing Stack`と入力してEnterキーを押します。

> 3. Unity Technologiesが提供するPost Processing Stackアセットを一覧から探して選択します。
> 4. アセットのページの［Download］ボタンをクリックし、ダウンロードしてインポートします。
> 5. ［Project］ウィンドウのAssets/FoodyGoフォルダーで右クリックして［Create］→［Folder］の順に選択して新しいフォルダーを作成し、Profilesと名前を付けます。
> 6. 作成したProfilesフォルダーで右クリックして［Create］→［Post-processing Profile］の順に選択し、FoodyGoTestという名前でプロファイルを作成します。
> 7. 作成したFoodyGoTestプロファイルを選択すると、［Inspector］ウィンドウに各種エフェクトが表示されるので、［Bloom］をチェックして有効にします。
> 8. メニューから［Component］→［Effects］→［Post Processing Behaviour］の順に選択します。これでカメラに［Post Processing Behaviour］コンポーネントが追加されます。
> 9. ［Post Processing Behaviour］コンポーネントの［Profile］の右側の⊙アイコンを押して［Select Post ProcessingProfile］ダイアログを開き、FoodyGoTestを選択します。これで効果が追加されるようになります。
> 10. 作成したFoodyGoTestプロファイルの［Bloom］以外の各種エフェクトも試してみましょう。

残タスクリストでは本書でほとんど触れていない、もしくは一切触れられていないスキルセットを確認しました。これらのスキルは今回作成しているゲームの機能的な要素を実現するためには必須ではなかったので意図的に触れませんでしたが、これらの要素が重要なゲームもあります。触れていなかったスキルを皆さんが将来どうしても開発で使わなければいけなくなることもありえますので、次の節ではそれらのスキルを再確認しましょう。

9.2　省略した開発スキル

デモゲーム開発に含まれる領域のいくつかは省略もしくはほんの触りにしか触れませんでしたが、このジャンルに衝撃を与えるような商用ゲームや、そうではなくとも単純によくできたゲームを完成させるには確実になくてはならないものです。以下に挙げているのは優先度付きで開発スキルを一覧したもので、さらに本書を読み終わった後で目を通しておくべき情報リソースをサブリストとして記しています。

シェーダー（視覚効果とライティング）

これは幅広いトピックで、おそらくシェーダーを自分で記述する必要はありませんが、効果的にそれらを利用する方法は学んでおかなければいけないでしょう。シェーダーはゲー

ム開発にとって呼吸に必要な空気のようなものです。なくてはならないもので、どこにでもあります。シェーダー自体の開発は学習するには高度なスキルですが、ほんの少しでも知識があればいろいろと役立てることができるでしょう。シェーダーを自作する予定がなかったとしても、次のリソースは目を通しておく価値があります。

- WikiBooks（https://en.wikibooks.org/wiki/Cg_Programming/Unity）── シェーダープログラミングのよくできた入門文書と優れたリソースのセットがあります。初心者、もしくは例えば良書を通して学習を進めたい人にとって、このサイトは圧倒的かもしれません。
- Jamie Dean著『Mastering Unity Shader and Effects』（Packt Publishing刊）── すばらしい本です。シェーダー開発に詳しくない人にとって初めて読む本としてよくできています。
- Alan Zucconi、Kenny Lammers著『Unity 5.x Shaders and Effects Cookbook』（Packt Publishing刊）── すばらしい本です。ただし、非常に高度な内容を扱っているので、この本は最後に読むのがよいでしょう。
- Particle effects ── 先ほども書きましたが、これはなくてもやっていけるであろうスキルです。しかし特殊なパーティクルエフェクトを追加したいときがいずれ来るかもしれません。そのときにはカスタムパーティクルエフェクトを作成または修正する知識が必要となります。Unityのパーティクルシステムのさまざまな設定方法について知っているだけでも、必要に応じてパーティクルシステムを微調整するだけで済むような場合に役に立つでしょう。次に挙げるのはUnityパーティクルシステムの知識を向上するために役に立つと思われるリソースのリストです。
  - Unity Learning（https://unity3d.com/learn/tutorials/topics/graphics/particle-system）── パーティクルエフェクトシステムを利用する際に最初に読む資料として非常によくできています。

マルチプレイヤー（ネットワーキング）

デモゲームを**MMO**（Massively Multiplayer Online：大規模参加型オンラインゲーム）にしたければ、もちろんこのスキルが絶対に必要です。しかし残念ながらこの領域で必要とされるスキルや知識はゲームが依存しているネットワークインフラストラクチャによって違うことがほとんどです。本章の後半でなぜそうなのかを説明し、さまざまなネットワーキングに関するソリューションととそれについてのリソースを紹介します。

アニメーション（Mecanim）

多くの開発者はアニメーションとMecanimは単にキャラクターやヒューマノイドを動かすためのものだとつい考えてしまいます。それも実際間違ってはいませんが、Mecanimアニメーションを使用すると、もちろんキャラクターアニメーションを含みますが、それ以外にもさまざまなことが実現できます。Unityでのアニメーションに関するすばらしい

リソースを以下で紹介します。

- Unity Learning（https://unity3d.com/learn/tutorials/topics/animation/animate-anything-mecanim）── Mecanimの利用方法に関するわかりやすい速習チュートリアルです。
- Alan Thorn著『Unity Animation Essentials』（Packt Publishing刊）── アニメーションについての簡潔でわかりやすい入門書です。
- Jamie Dean著『Unity Character Animation with Mecanim』（Packt Publishing刊）── これもJamie Deanによる一冊です。この本では、すばらしいサンプルがたくさん紹介されています。

音響

これはいいゲームを作成するには必須であるにもかかわらず見過ごされがちなスキルのひとつです。もちろん、Unity製のゲームに効果音や音楽を追加するベストプラクティスを紹介するような情報が世の中にほとんどないこともまた別の問題としてあります。このような効果音はまた別の書籍のいい題材になりますが、とりあえずはリソースをいくつか紹介するにとどめます。

- Unity Learning（https://unity3d.com/learn/tutorials/topics/audio/audio-listeners-sources?playlist=17096）── 学習のいい起点になります。
- Unity Learning（https://unity3d.com/learn/tutorials/topics/audio/sound-effects-unity-5?playlist=17096）── 効果音について深い議論が交わされています。

テクスチャー

これは3Dモデル上に2Dの画像をオーバーレイする技術です。開発スキルとはまた異なりますが、自作ゲームを作成している小さなインディー開発者であれば、この領域についていくらか知識があれば役に立つでしょう。このスキルは3Dモデリングと合わせて使用される、もしくはその一部であると考えられています。またシェーダーとシェーダープログラミングの延長線上の技術でもあります。Unityで物理ベースの物質（textures/materials）を使い始めるために最初に見るべき資料が以下にあります。

- Unity Learning（https://unity3d.com/learn/tutorials/modules/intermediate/graphics/substance/introduction）── AllegorithmicのSubstance designerを使用したやや高度なチュートリアルシリーズですが、ゲーム開発の次のレベルがどのようなものか少し見てみたいと思っているあらゆる人にとっては、必見の資料です。

3Dモデリング（キャラクター開発）

先ほどと同様にゲーム開発者が持っていなくてもやっていけるスキルですが、知っていると便利です。たしかにそのまま利用できる3Dコンテンツはたくさんあります。しかし3Dオブジェクトやキャラクターのモデリングの流れを理解しておくだけでもすばらしい周辺スキルになります。いうまでもありませんが、もしインディー開発者ならどこかの時点で

3Dモデリングツールを開いて独自のモデルを作成する必要があるでしょう。この領域について学ぶ場合、もちろんスキルのいくつかは使っているソフトウェアに依存するものになります。次の2つは学習を始めるために利用できるチュートリアルが付属しているソフトウェアパッケージです。

- iClone Character Creator（https://www.reallusion.com/iclone/game/）——選び抜かれたチュートリアルビデオを見るだけで簡単に独自のキャラクターを作成できるようになるすばらしいソフトウェアパッケージです。忘れているかもしれませんが、このゲームで使用しているキャラクターはReallusionから無料で提供されているiCloneキャラクターです。
- Blender（https://www.blender.org/）——標準的な3Dコンテンツの無料モデリングツールです。ツールに慣れるための調査にはある程度の時間が必要になるでしょう。

もちろんスキルを磨く時間がとれなければ、いつでもUnityアセットストアでアセットを検索して機能を完成させることができます。次の節ではそのようなアセットを選択して利用する場合のガイドラインをいくつか紹介します。

9.3　アセットの整理

最初にUnityでの開発を始めると、Unityアセットストアが祝福のように思えることもあれば呪いに感じられることもあるでしょう。ストアには卓越したアセットもいくつかあり、利用することでゲーム開発を大幅に加速できます。しかし大量のアセットや、デモシーン、他のパッケージのような追加のリソースを含むアセットを利用するには料金がかかることもよくあります。アセットについては以前説明しましたが、ここではアセットをいつどのようにして購入したりダウンロードするかを考える際に参考にすべきガイドラインをいくつか紹介します。

なぜアセットが必要なのかを自問しましょう

- **自分で作成するには時間がかかりすぎる**——必要となるアセットの値段の大部分が100ドル以下で済むと考えられる場合は、これは購入の理由として十分でしょう。特にアセットに求められることが多く、時間が重要であると考えている場合には。仮にアセットが無料であったとしても、リストの以降にあるガイドラインに従ってそのアセットが本当に必要かどうかを考えるようにしてください。
- **自分の経験にない内容を提供している**——おそらくアセットを利用する一番の理由はUnityやゲーム開発の初心者であるからでしょう。このリストの他のガイドラインを確認して、外れていないことを確認し、利用する十分な理由があることを確信してから採用してください。
- **セール品である**——この罠にはまらないようにしましょう。これは決定の理由としては二次的なものであるべきです。
- **すばらしいレビューが付いている**——レビューはすばらしいものです。しかしいちば

ん大切なことはそのアセットが必要な理由ということを理解しておきましょう。もしアセットがただの編集ツールだとしても、プロジェクトのスペースを専有することになるということは気に留めておきましょう。

- **他のかっこいいゲームで使用されている**——これがもうひとつの罠です。そのゲームと完全に同じ機能と基盤を実現しようとしているのでなければ、これ以外にも納得ができる理由があるかどうかを確認すべきです。

そのアセットにどのようなサポートがあるのか確認しましょう

- **アセットのバージョンを使用しているUnityのバージョンに互換性がある**——バージョン間の衝突を扱うのは悪夢のような作業になりかねないため、初心者にとってこれは非常に重要です。経験のある開発者であれば、これは問題にはならないかもしれません。

- **開発者がアセットの更新をサポートしている**——アセットのページを見て、開発者がアセットをサポートしているかどうか確認しましょう。例えばアートワークのようなアセットではこのことが大きな問題にならない場合もあります。ソースコードを含むアセットでも、大きな問題にはなりません。しかし水や地形、アニメーションのようにハイパフォーマンスであったり密に統合されているアセットに関しては、開発者が頻繁に更新しているものが望ましいです。

- **レビューが好意的で新しい**——アセットにレビューがあり、それらが新しく、そしてもちろん好意的であることを確認しましょう。ただし、一般的に開発者は無料のアセットにはコメントを付けたがらないので、無料のアセットについてレビューがないことは問題になりません。それ以外のアセットではこれは重要です。アセットについて何か問題が起きそうな内容のレビューがあれば、多くの場合そのアセットの利用は避けたほうがいいでしょう。

- **Unityフォーラムにアセットのスレッドがある**——これは多くの場合、開発者がコメントやバグフィックスに責任をもっていることの現れです。投稿に目を通して、質問の日付やタイプを確認しましょう。投稿の内容がアセットがどのように動作するか、そしてプロジェクトに本当に適しているかどうかを判断する根拠になることがよくあります。

- **アセットに無料のドキュメントがある**——有料で購入したものであろうとなかろうと、今では当然のようにほとんどのアセットに直接ドキュメントへのリンクがあります。簡単に目を通してドキュメントに従って進められるか、そしてプロジェクトに適したアセットかどうかを確かめましょう。

アセットのパッケージ内容を確認しましょう

- **アセットにpluginフォルダーが含まれている**——これは一般的にはゲームをデプロイするときに特別な設定が必要となるコンパイル済みのライブラリがアセットに含まれ

ていることを意味します。もちろん場合によっては問題になることがあり注意が必要です。ソースコードすべてを確認できるアセットしか試さないという開発者もいます。とはいえ、コンパイルされたプラグインを含むアセットのほうが圧倒的に良い性能を出す場合があるので、この点についてはトレードオフです。

- **アセットに追加のコンテンツが含まれている** —— 追加のデモファイルが含まれているアセットはすばらしい学習用のリソースとなる可能性があります。Unity Standard Assetsパッケージや他のコンテンツを追加しているアセットもあり、その場合は既存のアセットと衝突することがあります。このこと自体はアセットの利用を避けるべき理由にはならないかもしれませんが、アセットをプロジェクトに取り込む前に気をつけておいたほうがよいでしょう。もっとも本質的なところだけをアセットから抜き出してプロジェクトに取り込めるように、テストプロジェクトを用意して多くのデモを含んだアセットを取り込んでおくと役に立つことも多いでしょう。

- **アセットのコンテンツの構成がよく整理されている** —— 複数のルートフォルダーからコンテンツを読み込むアセットは避けるようにしましょう。アセット管理の邪魔になることがあるだけでなく、読み込む必要のないものが読み込まれていることの兆候である場合がよくあります。

- **アセットのコンテンツがデプロイするプラットフォーム用に設計されている** —— これは重要です。デスクトップ用に設計されたコンテンツがモバイルデバイスで利用できるとは考えないようにしましょう。アセットに期待するプラットフォーム向けコンテンツがなければ、よく探してみましょう。

- **Assetスクリプトが好みの言語で記述されている** —— これはいつも当たり前だとはかぎりません。こんなことで驚きたくはないでしょう。例えばC#が好きなら、コンテンツスクリプトファイルのファイル名がすべて.csで終わっていることを確認しておきましょう。

競合と比較しましょう

- **アセットにたくさんの競合がある** —— これは結果として提供されている機能に比べてアセットの値段が妥当なものになることが多いので、一般的には開発者にとっていいことです。また多くの場合、アセットを自分で構築するのに時間を使うことはあまり賢明ではないということにもなるでしょう。しかし市場に競争が多すぎるせいで特徴や機能がさまざまに重なり合い、どのアセットが自分のプロジェクトに適しているかを検討するのに疲れてしまうこともあります。

- **アセットに競合がない** —— ストアには非常によくできたものが数個しかないことがあります。その作成にはUnityやゲーム開発についての深い知識が必要で、誰もそれらと競おうと考えないようなものです。もしくはそのアセットが新しい開発コンセプトに基づいたもので、リリースされたばかりという場合もあります。紹介したガイドラインに従えば、そのアセットを採用していいかどうかを決定できるでしょう。

その他の検討事項

- **アセットがターゲットプラットフォームに対応している** —— アセットがデプロイ対象のプラットフォームで動作することは絶対に確認しておきましょう。多くの場合、アセットが役に立たなくなります。
- **アセットに無料版がある** —— アセットの無料版があれば、間違いなく決定を気軽に行えるようになるでしょう。もちろんそれでもアセットをダウンロードしてプロジェクトのための設定と準備をすべて行う必要はあります。その後でアセットがうまく動かないことがわかれば、そのコンテンツを削除して問題を取り除きましょう。最終的に単なる時間の無駄だったということになることもあるので、無料版には注意しましょう。
- **アセットがゲームスターターパックまたは巨大なフレームワークである** —— スターターパックやフレームワークはすばらしく役に立つこともありますが、その選択をするときには特に注意が必要です。もちろん本書自体がロケーションベースARゲームのスターターを開発するものです。しかし本書を読んでいくうちに、プロジェクトの思想のすべてにしっかりとなじめるはずです。まったくなじみのないスターターキットをダウンロードした場合はおそらく話が異なります。スターターから開始して独自のゲームを構築しようと考えているのなら、自分で学習してキットの思想をしっかりと理解しましょう。

これでプロジェクトに必要なアセットを集めるための詳細なガイドラインの紹介が終わりました。合わせて次にプロジェクトで必要がなくなった追加のアセットコンテンツをどのように整理して削除するかについても取り上げておきたいと思います。以下にまずアセットを管理する方法の選択肢を挙げ、その後で基本的なプロジェクトの整理を簡単に行う方法について実践的なヒントを紹介します。

- **不必要なコンテンツのインポートをブロックしましょう** —— しっかりと下調べを行えば、アセットをインポートしたいと思っているすべてのアイテムについてしっかり理解できているはずです。常に空のプロジェクトもしくはテストプロジェクトにプロジェクトをインポートするというのもいい考えです。これによりどのコンテンツが必要で、どのコンテンツが単にデモのためだけに使用されていたのかがわかるようになるはずです。そうすると実際に作業しているプロジェクトにインポートするときに、必要のないコンテンツのチェックを外すことができます。
- **A+ Assets Explorerを活用しましょう** —— このツールの有料版は妥当な値段で、大量のアセットを含むプロジェクト、つまりほとんどのプロジェクトにとって便利なツール群を提供してくれます。とはいえ、このツールはアセットを実際に整理してくれるものではありません。単にどこに問題があるのかを教えてくれるものです。
- **インポートされたアセットコンテンツの位置を変えないようにしましょう** —— アセットコンテンツの場所を変えると後でアセット開発者が一切更新できなくなります。コンテンツ

を移動しても問題を引き起こすだけです。アップグレードするときにファイルが二重に取得されるかもしれませんし、間違ったフォルダーにダウンロードされるかもしれません。とはいえ、コンテンツがアップグレードされないとわかっているときはアセットを移動しても問題は発生しません。また、もちろんこのルールは手動でインポートしたコンテンツについても適用されません。

- **フルプロジェクトアセットエクスポートを実行しましょう** —— プロジェクトを整理したほうがいいと感じられるような段階に到達したか、もしくは単に不要なアセットを削除したいと思ったときには、次のようにしてフルアセットエクスポートして整理しましょう。

1. Unityエディターでゲームを開き、現在のシーンとプロジェクトが保存されていることを確認します。
2. すべての独自ゲームコンテンツ（スクリプト、プレハブ、シーン、マテリアル、画像）がルートプロジェクトフォルダーにあることを確認します。

　　例としてFoodyGoプロジェクトを使用しているなら、FoodyGoフォルダーの下に新しくScenesフォルダーを作成して、すべてのシーンをAssetフォルダーから新しいAssets/FoodyGo/Scenesフォルダーにドラッグしましょう。すると、すべての独自コンテンツがAssets/FoodyGoフォルダー以下にあることになります。

3. ある独自コンテンツフォルダーを選択して、メニューから［Assets］→［Export Package...］を選択すると［Exporting package］ダイアログが開きます。**図9-3**のように、フォームの一番下にある［Include dependencies］チェックボックスにチェックが付いていることを確認してください。

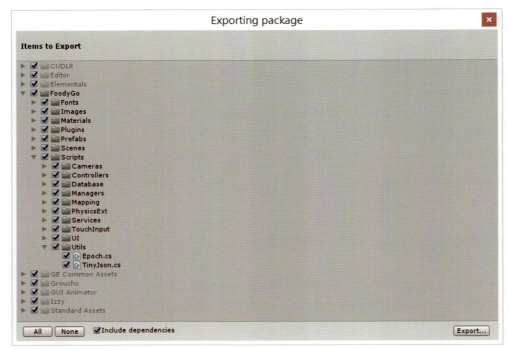

図9-3 独自コンテンツと依存コンテンツをエクスポート

4. ダイアログの[Export...]ボタンをクリックして[Export package...]ダイアログを開きます。パッケージを保存するのに都合のいい場所を選び、覚えやすい名前を付けてSaveをクリックします。

5. Unityを新しく立ち上げて、真っさらなプロジェクトを開きます。そしてメニューから[Assets]→[Import Package]→[Custom Package...]を選択するとダイアログが開くので、そこで先ほど保存したばかりのファイルを選択します。その後で、[開く]をクリックして、パッケージのインポートを開始します。

6. [Import package]ダイアログが開いた後で、独自コンテンツのすべてといくつかの依存コンテンツがあることを確認します。事前にプロジェクトを整理していなければ、コンテンツがある程度まで削減されているはずです。[Import]ボタンをクリックしてパッケージをインポートしてください。

ゲーム全体が期待どおりに動作していることを忘れずに確認してください。この段階で5の手順を繰返し試すことができますので、不要と判断したアイテムは削除して再び動作確認を行い、問題があれば5の手順から繰り返してください。

アセットの増大を減らすツールや方法はもちろん他にもあります。しかしここで紹介した方法を使用すると独立して依存関係を確認することができ、同時にゲームのバックアップも作成できます。

単なるコンセプトの枠を超えて開発しているゲームであれば、プロジェクト内のアセットの効率的な管理は欠かせません。次の節ではゲームのリリースについて説明しますが、不要なアセットの整理と削除は必ずその前に実行しておきたい作業です。

9.4　ゲームのリリース

単なる趣味でゲームを開発していたとしても、楽しみや学びのためにゲームはどこかの時点で他の人にもリリースすべきです。ゲームに対してフィードバックが得られたときには、嬉しい気持ちになることもあれば、屈辱的な気持ちになったりがっかりすることさえあります。批判があったとしてもやる気をなくさず、テスターのコメントにはいいものでも悪いものでも注意を払うようにしましょう。ゲームを評価してもらうためにスクリーンショットやムービークリップを誰かに送るだけでは十分ではありません。

以下はたとえ友人向けだったとしても、ゲームのリリースを成功に導くために役に立つもうひとつのガイドラインです。

- **ターゲットプラットフォームにゲームをデプロイして確認しましょう**── これはデバイスのバージョンが大量にあるAndroidのようなプラットフォームでは難しいこともあります。しかしたったひとつでも実際にAndroidデバイス上でテストすれば、プレイヤーが直面する可能性のあった問題をいくつも見つけられることがあります。

- **少数のターゲットとしているユーザー群にテストプレイしてもらいましょう**── ゲームをリリースする対象とテスターの属性が一致していることが重要です。そのようなテスターがいなければ、外に出て探す必要があります。幸い、ゲーム開発に関係するWebサイトやフォーラムはたくさんあり、そこで非常に率直なテスターの候補を見つけることができるでしょう。

- **バグを修正しましょう**── 初期のテスターのフィードバックがゲームの完成度をさらに高めるモチベーションとなるか、プロジェクトのことを完全になかったことにするか、ここが典型的な分岐点です。ただ、批判はよいもので、提案を検討することを恐れる必要はないということを忘れないでください。プロジェクトを素直に評価して、重大なバグや致命的なバグを修正するために開発に戻る必要があるかどうかを検討しましょう。

一般的に致命的なバグとは予想外のタイミングでゲームがクラッシュしたりデータが失われたりすることを表します。重大なバグとはゲームプレイを妨げたり、おかしな形でプレイヤーの邪魔をする動作のことを言います。

- **さらに大きな対象ユーザー群に対してリリースしましょう**── 可能であればもっと大きな対象ユーザー群に対してさらにもう一度リリースをしましょう。これはいつも実行できるとはかぎらず、場合によってはストアに実際にリリースしてしまったほうがいいこともあります。

- **App Storeにリリースしましょう** —— ターゲットプラットフォームによってリリースには大きなハードルがあったり、そうでもなかったりするでしょう。エントリレベルの価格帯や無料でゲームをリリースしたとしても、これはすばらしい体験になるはずです。
- **プロセスを自動化しましょう** —— アプリストアにデプロイするという経験に満足したなら、いつか新機能を追加したりバグ修正をしてゲームを更新したくなるでしょう。そうすればさらに更新のミスや遅延を最小化するためにリリースプロセスを自動化したいと思うはずです。リリースを自動化すると変更に対してより積極的になれるだけでなく、空いた時間をバグ修正や新機能の開発に使うこともできます。

これでスキルとアセット、リリースに関するガイドラインについての説明を終わり、ついにロケーションベースのゲームのドロドロとした部分に取り組むときが来ました。次の節ではロケーションベースのゲームを構築する難しさについて説明します。

9.5 ロケーションベースのゲーム開発に伴う問題

ロケーションベースのゲームはモバイルデバイスでGPSが潤沢に利用できるようになったことで実現が可能になった比較的新しいジャンルのゲームです。さまざまな意味で、このジャンルはまだ最先端であり、開発者はプレイヤーとうまくやっていくにはどのような方法があるのかを自分自身で見つけ出さなければいけません。ロケーションベースのゲームに伴う主な問題と、それに対応するためにどのような選択を行うべきなのか、行うべきではないのかを見てみましょう。

GISマッピングサービス

おそらく地図上にプレイスを表示するという要件がゲームの核でしょう。以下はそれをどのように実現するかについてのリストです。

独自のGISサービスを利用

これも選択肢のひとつで、オープンソースのGISプラットフォームでよくできているものもいくつかありますが、いずれにしてもサーバーのサポートが必要で、さらにGISプラットフォームはCPU消費が激しいということに注意してください。

Google Static Mapsを利用

本書で使用して成功した方法です。とはいえ、Google Maps Static APIには制限があることには注意が必要です。1日に2,5000回というリクエスト数の制限があります。

Google Maps APIを利用

Google Maps APIは現在のところAndroidプラットフォームとiOSプラットフォーム用のSDKが無料で提供されています。おそらく将来的にはそのままUnityでの開発で利用できるものも選択できるようになるでしょう。

それ以外のサービスを利用

他にも利用できる無料のGISサービスはたくさんあります。マップの見た目に納得できるのであればそれらも妥当な選択肢になりえるでしょう。見た目が気に入らないとしても、シェーダーを使用すればスタイルをよりゲームに合うように変更することもできます。

位置データ

ロケーションベースのゲームは根本的に現実世界または仮想世界の位置データと紐付いています。次のリストは位置データにアクセスするための選択肢をいくつか紹介するものです。

- **独自のGISサービスを利用** ── もう一度書きますが、この選択肢は手間がかかりますが、確かに利点もあります。例えばモンスターやクリーチャーを高度なGISルールに従って発生させることができます。実際にこの手段を採用するには、本書のスコープからは外れますが、GISに関する高度な知識が必要です。
- **Google Places APIを利用** ── これは本書で使用した選択肢で、今回のような小さなサンプルではうまくいきましたが、残念ながら規模が大きくなるとうまくスケールしないかもしれません。このAPIの利用には制限があり、非常に限定されていることを思い出してください。しかしGoogleからライセンスを購入して料金に応じて制限を増やすこともできます。もしゲームが利益を生み出しているのならこれは有効な選択肢です。
- **他のサービスを利用** ── 同様のデータを提供している（例えばFoursquareなどの）他のロケーションベースのサービスも利用でき、要求や地域によってはそちらのほうがいいこともあるでしょう。これは選択肢のひとつです。本書で取り上げたスキルのいくつかはこれらの別のサービスに接続するために利用できるでしょう。

マルチプレイヤーのサポート

他のジャンルとは異なり、ロケーションベースのゲームはマルチプレイヤーサービスを簡単に利用できるとはかぎりません。ロケーションベースのゲームには区切りがなく、プレイヤーは長期間にわたってゲームをプレイすることがよくあります。その上、特定の物理的な範囲内のプレイヤーだけがお互いにやりとりできなければいけないという制限もあります。次の節でマルチプレイヤーネットワーキングについて少し詳しく説明しますが、ここではひとまずマルチプレイヤーをサポートする場合の選択肢を紹介します。

- **Photon PUN** ── Photonはセットアップが容易ですぐに始められるすばらしいマルチプレイヤーサービスです。しかし他のマルチプレイヤーネットワーキングサービスと同様に、状態遷移の拡張のサポートは限定的です。つまりしばらく離れていて再接続したプレイヤーは更新メッセージに圧倒されるかもしれません。
- **Unity UNET** ── UnityのマルチプレイヤーネットワーキングシステムであるUNETは、安定していて使いやすいP2Pゲームのためのフレームワークです。状態のカスタマイズや地域フィルターが必要となるゲームには、UNETはまったく向いていません。

- 他のマルチプレイヤープラットフォーム —— 選択肢は他にもたくさんあります。一番に検討するべきなのはセッションをまたいだ状態管理と地理的な範囲によるプレイヤーインタラクションの制限が可能かどうかです。もっともいい選択肢は必要に応じてカスタマイズできるサーバーを提供しているプラットフォームです。
- 独自サーバー開発 —— 独自のGISデータサービスを提供するという大きなハードルをすでに超えているなら、これは確実に選択肢に登ります。このコンセプトについては次の節で少しだけ詳しく説明します。
- オンラインリアルタイムクラウドデータベースを利用 —— これは常識では考えられない頭のおかしい選択のように聞こえるかもしれませんが、現実的な選択です。次の節でマルチプレイヤーネットワーキングについて説明する際に合わせて真剣に説明します。

　ロケーションベースのゲーム開発に伴う問題について正直な議論を行いましたが、読者が怖がって、もうやめてしまおうと考えることのないよう願っています。とはいえ本書で始めから説明しているとおり、ロケーションベースのゲームには多くの独特で難しい問題を伴い、中でもマルチプレイヤーのサポートはもっとも難しい問題のひとつです。次の節ではロケーションベースでそのマルチプレイヤーゲームを開発する戦略についていくつか説明します。

9.6　ロケーションベースのマルチプレイヤーゲーム

　ロケーションベースのゲームにマルチプレイヤーのサポートを追加するのは、先ほどの節で説明したとおり簡単ではありません。実際のところデモゲームとしては複雑になりすぎてしまうため、これまではマルチプレイヤーのサポートを避けてきました。もちろんバックエンドのサーバーやマルチプレイヤーを使用しなくても、実用的なロケーションベースのゲームを構築できることを示すことも重要でした。しかし最後まで来て、ついにゲームにマルチプレイヤーのサポートを追加する方法について考えてみることにします。

　先ほどの節で、マルチプレイヤーをサポートするための現実的な選択肢をいくつか挙げました。独自サーバーの開発と既存プラットフォームの拡張、オンラインリアルタイムクラウドデータベースの利用です。いずれも魅力的な選択肢ですが、個別の内容の説明に進む前に、ロケーションベースのマルチプレイヤーゲームに生じる基本的な問題についてリストの形で復習しておきましょう。

ゲームが継続的である

　ゲームは地球規模に分散した全プレイヤーの状態を継続的に保存する必要があります。この文が意味することの強烈さが理解できなければ、少しそれについて考える時間をとってください。プレイヤーが再接続すると彼らが最後にどこにいたかにかかわらず、彼らを覆う全世界の情報がほとんど即座に更新されなければいけません。保存した状態の量にもよりますが、これは難しい問題になることがあります。ゲーム内での位置を管理する

バックエンドとしてGoogleサービスに頼ったのはそのためです。

プレイヤー同士のやりとりは、もし可能だったとしても、局所的なものに限定されるべきである

ロケーションベースのゲームはプレイヤーたちがお互いにやりとりできることについて、特に若い人たちをターゲットとしているときに、多くの批判や懸念が示されます。そのため一般的にはプレイスやストア、もしくはそれ以外の仮想の構造物を通して限定的にプレイヤーがやりとりできるようにすることが望まれます。場所を通したやりとりの例としてはロケーションにルアーを設置することが考えられます。すべてのプレイヤーはそのルアーから利益を得ることができますが、お互いに直接インタラクションすることはありません。

ゲームの状態は座標でフィルタリングされている必要がある

プレイヤーが見えたりやりとりできるものは彼らのマップの範囲内の世界に限定されていなければいけません。Google Placesサービスは位置と半径でしか検索できませんが、そこからさらにフィルターする必要があります。理想的にはプレイヤーが取得すべきゲームの状態は何らかの形で領域指定の検索をサポートしていないければいけません。これはGISの経験の乏しい開発者にとっては特に難しい問題です。幸い、この問題については解決策をすぐ後で紹介します。

これで、それぞれの実現手法が直面することになる問題が何かを理解できました。もう一度、機能のリストを確認しましょう。それぞれの手法がどのような問題に対応する必要があるのかを**表9-1**に示します。

表9-1 手法と問題

機能／要求	独自サーバー開発	既存のマルチプレイヤーサーバーを拡張	リアルタイムクラウドデータベース
セキュリティ（アクセス権）	独自のアクセス権とユーザーデータベースを開発する必要がある	既存のアクセス権を利用するかカスタマイズする	ユーザーのアクセス権についてさまざまなオプションがある頑強でセキュアなプラットフォームを提供している
セキュリティ（データ）	独自のセキュリティ機構を開発する必要がある	データ保護とプレイヤーの不正行為対策はおそらくサポートされている	おそらくデータセキュリティをサポートするようにデータベース構造をカスタマイズする必要がある
ゲームの状態	状態を永続化するためにバックエンドのデータベースが必要となる	おそらくデータベースはすでに実装されている	データベースそのもの
連続的なゲーム状態	データベース全体を完全に制御する	MMOまたはMMORPGゲームをサポートしているサーバーが必要になる	データベース全体を完全に制御する

機能／要求	独自サーバー開発	既存のマルチプレイヤーサーバーを拡張	リアルタイムクラウドデータベース
区画ごとにプレイヤーのインタラクションを分離する	geohash*を使用して区画ごとにプレイヤーを分離する	おそらく区画またはgeohash*を使用するためにワールドをカスタマイズする必要がある	geohash*を使用して区画ごとにプレイヤーを分離する
ゲームの状態の更新を区画内に限定する	geohash*で管理する	独自のgeohash*で管理する	geohash*で管理する
スケーラビリティ：プレイヤーの追加	追加のサーバーとインフラストラクチャを管理する必要がある	追加のサーバーとインフラストラクチャ、そしておそらく追加のライセンスフィーを管理する必要がある	クラウドソリューションは自動で拡張される
拡張性：ゲーム機能の追加	開発後に、サーバーとクライアントに更新を公開する	開発後に、サーバーとクライアントに機能を公開する	データベースのバージョンを簡単に追加でき、その後、必要に応じてクライアントを更新できる
データバックアップ	自分でサポートする必要がある	おそらく自分でサポートする必要がある	おそらくデータベースのバックアップはサポートされているが、限定された範囲に留まる
インフラストラクチャ（サーバー）	常に実行中のサーバーが最低ひとつは必要になる	常に実行中のサーバーが最低ひとつは必要になる	クラウドがサポートする
価格	利用できるインフラストラクチャ（サーバー）によるが、それほど高価ではないか無料	マルチプレイヤーソフトウェアの値段に加えてインフラストラクチャ（サーバー）のコストが必要になる	おそらく開始時は無料

* geohashについては後ほどさらに説明します。Geohashを連続する文字で構成される一意のIDを使用して、グリッド上の空間データを階層的に表す手法です。おそらく例を見なければ理解することは難しでしょう。図9-4を理解の助けにしてください。

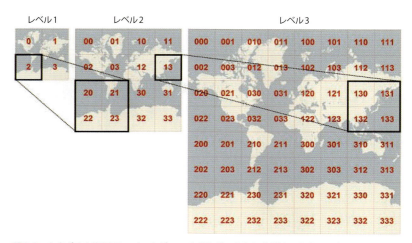

図9-4 さまざまな階層でgeohashがワールドをどのように分割するかを示した図

先ほどの図で示されたグリッドはタイルgeohashをよりわかりやすく示したものですが、おそらく実際に使用する場合は各レベルで36区画に再分割する、より標準的なGeohash-36

を採用するでしょう。もし自分の住所や街のgeohashが知りたければ、http://geohash.gofreerange.com/を確認してください。

ロケーションや地域をそのgoehash表現で分割することができれば、地域に合わせてメッセージを高速で効果的に順序づけることができます。例えば、プレイヤーがgeohash **9p8y**（カリフォルニア州のサンフランシスコエリア）にいることがわかっていれば、そのgoehashで始まっているすべてのメッセージを取り出すことができます。そうすればアルカトラズ島にいる他のプレイヤーは **9q8znn** というgeohashを持っているので、最初の4文字が異なるため、そのプレイヤーのアクティビティーは先ほどのプレイヤーからは見えません。**図9-5**はこれを視覚的に表したhttp://geohash.gofreerange.com/のスクリーンショットです。

図9-5　サンフランシスコエリアのgeohashレベル

地図を近くでよく見ると、geohashグリッドがどのようにアルカトラズを再分割しているかを見ることができます。実際にほとんどある一点の座標（geohashレベル12）まで近寄ってみることができますが、そこまでのレベルが必要になることはほとんどないでしょう。例では、geohashレベル4を使用していますが、地域メッセージを制御するためにこのgeohashレベルを基準にして増やしたり減らしたりするという意図はありません。

　ダウンロードしたリソースフォルダーに含まれる Chapter_9_Assets フォルダーには geohash-36 ライブラリが含まれています。

9.6　ロケーションベースのマルチプレイヤーゲーム　263

先ほどの比較からわかるように、さまざまな観点を考慮すると一般的にはリアルタイムクラウドデータベースを使用するのが妥当です。もちろん特定のソリューションに対するある種の先入観を持っている人もまだいるかもしれませんが、幸い今ではそれぞれの選択肢ごとの落とし穴もある程度理解できています。先ほどの表は高レベルの要件を示すことを目的としていましたが、ソフトウェア開発で重要になるのはいつでも詳細についてです。

商用のリアルタイムクラウドデータベースはたくさんありますが、Unityと直接統合されているものはほんの少ししかありません。まず初めにGoogleが提供する**Firebase**があります。これはリアルタイムデータベースをサポートしたアプリケーションプラットフォームで、他にも解析、広告、クラッシュレポート、ホスティング、ストレージなどさまざまな機能があります。

2つめの選択肢として、執筆時点でFirebaseとほぼ同様の機能をサポートしているリアルタイムデータベースをUnityが開発中ですが、残念なことにUnityはいつでも競合から一歩遅れる傾向があります。この選択肢は現在のところクローズドアルファなので、次の節ではマルチプレイヤープラットフォームとしてどのようにFirebaseを使うことができるかについて説明します。

9.7　マルチプレイヤープラットフォームとしてのFirebase

多くの開発者にとって、クラウドベースのリアルタイムデータベースを使用することは選択肢に登らず、検討の余地すらないと思われています。もちろんこれはどのようなタイプのゲームを開発中なのかによって大いに異なります。FPSのためにリアルタイムデータベースを使用したいとはまず考えないでしょう。それであれば幸いUnityにはすばらしい選択肢があります。しかし、ロケーションベースのゲームであれば、先ほど指摘したような多くの理由から、リアルタイムデータベースは理想的だと思われます。

ロケーションベースのゲームを作成しているのではなかったとしても、極端にハイパフォーマンスな更新が必要とされていないのであれば、Firebaseは検討に値します。Firebaseリアルタイムデータベースは無料版で同時接続ユーザー数100人まで可能で、直接の購読者へのメッセージ配信に関して同時ユーザー数は無制限です。Firebase以外のマルチプレイヤープラットフォームは一般的に同時接続ユーザー数が20人を超えると料金が発生します。

本書を通して作成してきたサンプルゲームにFirebaseをマルチプレイヤープラットフォームとして追加したくはありません。それにはおそらくいくつかの章が追加で必要ですし、詳細な内容まで含めようとするとそのために一冊の本が必要になります。その代わりに今回はFirebaseのサンプルのひとつをセットアップして試してみましょう。まず次の指示に従ってFirebase SDKデータベースプロジェクトのサンプルをダウンロードしてください。

1. Webブラウザを開き、https://github.com/firebase/quickstart-unityを表示します。
2. GitHubページにある指示に従ってSDKサンプルをZIPファイルとしてダウンロードするか、もしくは`git clone`コマンドで開発機にリポジトリを取得します。ZIPファイルとしてサンプルをダウンロードした場合は、後でフォルダーを指定できるように解凍しておきます。
3. Unityの新しいインスタンスを開始して、プロジェクト選択ウィンドウの上側にある[OPEN]ボタンをクリックします。ZIPを解凍したフォルダーまたはSDKサンプルをクローンしたフォルダーを表示します。次に`database`フォルダーを開き、`testapp`フォルダーをUnityプロジェクトとして読み込みます。
4. プロジェクトが開くと、いくつかコンパイルエラーが発生していることに気づくでしょう。これはよくあることなので、心配する必要はありません。後ですぐにこれらを修正します。
5. [Project]ウィンドウの`Assets/TestApp`フォルダーにある`MainScene`シーンをダブルクリックして`MainScene`を開きます。
6. Firebase機能のプラグインをインポートします。メニューから[Assets]→[Import Package]→[Custom Package]の順に選択して、先にダウンロードしたFirebase Unity SDKから`FirebaseDatabase.unitypackage`をインポートします。
7. [Import Unity Package]ウィンドウが表示されたら[Import]をクリックします。これでコンパイルエラーは消えるはずです。

> Unityがモバイルレイアウトを使用するように設定されているままかもしれません。その場合はこの課題を進めるに当たってDefaultレイアウトに戻したいと思うでしょう。それにはメニューから[Window]→[Layouts]→[Default]の順に選択してください。

databaseサンプルプロジェクトをセットアップして実行する準備ができました。次にFirebaseアカウントを作成して、いくつか設定を行う必要があります。

1. Webブラウザを使用してhttps://firebase.google.com/にあるFirebaseのサイトを開きます。
2. このページの一番上付近に「コンソールへ移動」と大きな字で書いてあるボタンがあります。このボタンをクリックするとプロンプトが表示されるので、自分のGoogleアカウントでログインします。以前Google Places APIキーを作成したときに使用したアカウントを使うといいでしょう。
3. ログインの後、Consoleが開き、プロジェクトをインポートするか、新しく作成するように促されます。今回は新しくプロジェクトを作成しましょう。
4. プロジェクトの名前と地域を選択するように促されます。**図9-6**のようにプロジェクト

名をTestAppとして、リストから自分の場所に合う地域を選択します。

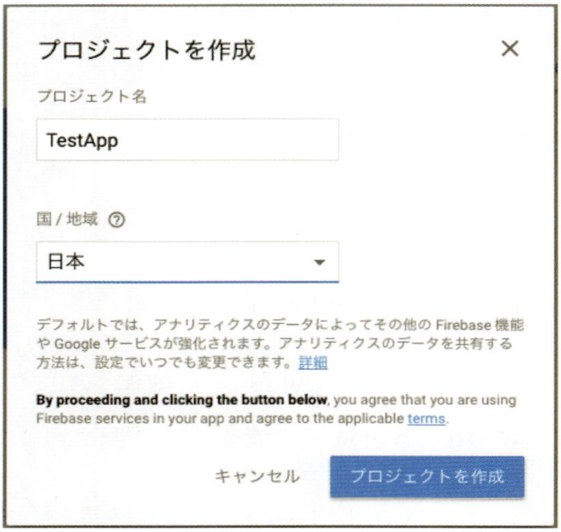

図9-6　Firebaseのプロジェクト作成ウィンドウ

5. それから［プロジェクトを作成］ボタンをクリックしてプロジェクトを新しく作成します。プロジェクトが作成されたら、そのプロジェクトのFirebase Consoleが開きます。
6. 左側のサイドパネルで、［Database］を選択してRealtime Databaseパネルを開きます。次に、そのパネルで一番上にある［ルール］タブを選択します。**図9-7**のような画面が表示されているはずです。

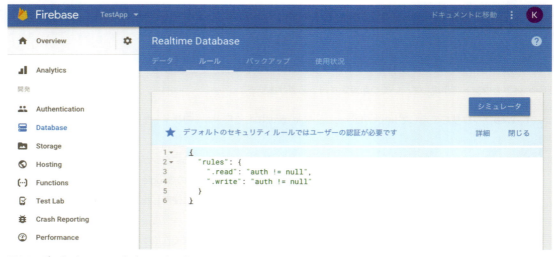

図9-7　データベースのread／writeルール

7. もちろんリアルタイムアプリもしくはゲームではセキュリティはもっとも重要視すべきですが、今回の目的を考えると、セキュリティ設定について面倒なことは一切考えたくありません。図9-8のようにread/writeのそれぞれの値をtrueに設定すると、それらに関するデータベースセキュリティを無効にできます。

図9-8 データベースからread／writeセキュリティを削除

8. 変更した値を反映するには、パネル上部の［公開］ボタンをクリックする必要があります。

データベースのすべてがJSONのようだと気づきましたか？ これはリアルタイムデータベースのすべてがJSONに保存されているからです。

9. ［データ］タブに戻ると、デフォルトセキュリティルールに関するコメントが表示されています。繰り返しますが、このサンプルを確認するために意図的にセキュリティを無効にしているので、通知の横にあるDismissリンクをクリックします。これで一次認証が無効になります。

10. ［データ］タブの一番上にプロジェクトのURLがあり、そこにはプロジェクトの名前として設定した値（`testapp`）が含まれているはずです。テキストを選択してCtrl＋C（Macではcommand＋C）を押下してURL全体をクリップボードにコピーしましょう。Firebaseコンソールはブラウザウィンドウに表示したままにしておいてください。

Firebaseは標準OAuth、カスタムOAuth、Google、Facebook、Twitter、その他ID連携をサポートしています。またさまざまなデータベースルールをノード単位で適用できます。

Firebaseリアルタイムデータベースの設定が終わったので、Unityに戻り、プロジェクトを設定しましょう。

1. ［Project］ウィンドウの`Assets/TestApp`フォルダーにある`UIHandler`スクリプトをダブルクリックして、好きなエディターでスクリプトを開きます。
2. ファイルをスクロールし、次のコードを参考に`InitializeFirebase`メソッドを

見つけます。

```
void InitializeFirebase() {
    FirebaseApp app = FirebaseApp.DefaultInstance;
    app.SetEditorDatabaseUrl("https://YOUR-FIREBASE-APP.firebaseio.com/");
```

3. ハイライトされているURLテキストを選択して、Ctrl＋V（Macではcommand＋V）を押下して先ほどクリップボードにコピーしたURLをペーストします。もう一度クリップボードにURLをコピーする必要がある場合は、以前の手順を参照してください。
4. ファイルを保存してUnityに戻ります。スクリプトが再コンパイルされるのを待ってPlayをクリックし、エディターでテストアプリを実行します。
5. ［Game］ウィンドウにUIが表示されます。e-mailアドレスとスコアを入力してEnter Scoreボタンをクリックしてください。これを2-3回実行してスコアを複数登録します。図9-9を見ると、リストにスコアがどのように保存されているかがわかります。

図9-9　リアルタイムデータベースにスコアを追加するテストのためのTestAppインタフェース

6. 停止して、再びゲームを開始してください。スコアが自動的に元どおり追加されていることがわかります。確認が終わればエディターでのゲームの実行を終了します。

これでこのシンプルなアプリはスコアをデータベースに保存しているだろうということがわかりました。次にデータが実際にクラウドデータベースに保存され、リアルタイムにクライアントが更新されることを確認したいと思います。次の指示に従ってデータベースのリアルタイム機能を確認してください。

1. ブラウザウィンドウのFirebaseコンソールに戻ります。まず注目するのはLeadersという子要素がデータベースに追加されていることです。図9-10のように子ノードを展開して、Unityから入力したサンプルデータと内容が一致していることを確認しましょう。
2. 今度は逆にFirebaseコンソールで値を直接編集して、実行中のUnityセッションに戻ってください。ほぼ即座にスコアリストの値が変更されていることがわかるでしょう。
3. FirebaseコンソールでLeadersリストに値を追加したり、値を削除したりしてみましょう。Unityクライアントでも自動的にそれらの値が更新されることがわかります。これがリアルタイムデータベースとクライアント自動更新の力です。

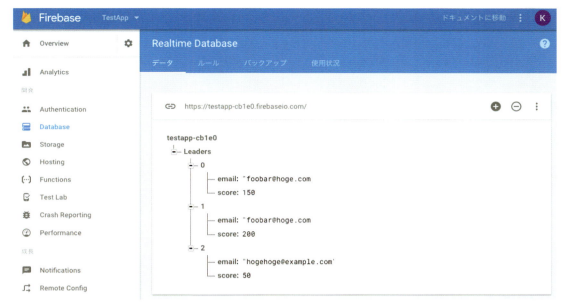

図9-10 UnityからDatabaseに追加されたLeadersノード

　現在のところ、もし他のネットワークソリューションを使ったことがあれば、少なくともある程度は衝撃を受けるのではないでしょうか。最終的にはPhoton PUNとUNETも同じような機能をそのままサポートし、さらにオブジェクトや他のUnityコンポーネントの移動を自動的に更新する機能も提供されるでしょう。しかし先ほど指摘して説明したようにそのような表示位置の自動的な移動はプレイヤーが常にゲームワールドの中心にいるようなロケーションベースのゲームではさほど重要ではありません

実際にプレイヤーをメートル単位で現実世界の座標と一致させて、プレイヤー中心の世界を実現する新しい方法を思いつく読者がいるかもしれません。範囲が狭い（0,0座標に対して100,000メートル以下）場合にはうまくいくかもしれませんが、それ以外の世界の大部分の場所ではものすごい量のエラーが発生するでしょう。

もちろんリアルタイムクラウドデータベースに向いているゲームはロケーションベースのゲームだけではありません。他に向いているゲームジャンルにはボードゲーム、帝国建国ゲーム、戦略ゲーム、パズルゲーム、カードゲーム等があります。他のタイプのゲームということで、次の節ではロケーションベースとは違った別の形のゲームにどのようなものが考えられるかを見てみましょう。

9.8 その他のロケーションベースゲームのアイデア

おそらく「1章 はじめに」からすでに予想はできているかもしれませんが、Foody GOは2016年に衝撃的なローンチを果たした非常に有名なゲームフランチャイズのクローンです。デモゲームはこの有名なゲームがどのように作成されているかを示すことを目的としていましたが、読者が興味を持って独自のゲームを作りたいと思ってくれていれば嬉しく思います。とはいえ、我々が行ったように有名なゲームをただコピーしたいとはもちろん思わないでしょう。そこで以下ではロケーションベースのゲームの他の可能性を探ってみることにします。

戦略ゲーム（帝国建国ゲーム）

おそらくプレイヤーの役割は建設もしくは周囲の資源を保護しようとしている王様や支配者、ビジネス上の権力者などです。例としてParallel Kingdom、Parallel Mafia、Resources、Turf Warsなどがあります。

超常現象（サバイバル）

おそらくプレイヤーはゴーストハンターやゾンビハンターになり、超常的な生物を狩るか、そうでなければ単に逃げ回って食べられないようする必要があります。例としてZombies、Run、Spec Trekなどがあります。

トレジャーハンティング

おそらくプレイヤーはトレジャーハンターで、ヒントを求めて周囲を探り周り、隠された宝の場所（現実世界の場合もあれば仮想世界の場合もある）を見つけ出す必要があります。例としてGeocachingやZaplootなどがあります。

スパイ（諜報）

プレイヤーは秘密の組織のために働いていて、発見や探索、他の派閥の成功の妨害などのミッションのために周囲のエリアに送り込まれます。例としてIngressやCodeRunnerなどがあります。

タワーディフェンス

プレイヤーは外側の仮想的な攻撃から近隣のエリアを守ることができます。このタワーディフェンスゲームを現実世界に持ち込んだ例としてGeoglyphなどがあります。

ハンティング（追跡）

これは若いプレイヤー向けのゲームではありません。プレイヤーはハンターと獲物の役を演じます。ハンターは獲物役のプレイヤーを捕まえるために物理的に一定の距離以内に近づかなければいけません。例としてShiftなどがあります。

ロールプレイ（RPG）

プレイヤーはキャラクターの役を演じ、現実世界をキャラクターとして動き回り仮想的な

行動をしたり、グループに参加してプレイヤー同士でインタラクションすることができます。例として Kingpin: Life of Crime などがあります。

コレクター

トレジャーハンティングと似ていますが、通常は集めたアイテムを後で利用して何かを行うという点が異なります。例としては、もちろん Pokémon GO があります。

ロケーションベースというジャンルの革新について、上のリストにいくつかすばらしいアイデアがありますし、もちろんそれ以外にもすばらしいアイデアはあるでしょう。ジャンルの未来は本章の次の節で話をするにふさわしいテーマです。

9.9　このジャンルの未来

Pokémon GO の流行とそれによって引き起こされた文化的な変化によって、ロケーションベースゲームと AR ゲームというジャンルは今やゲームプラットフォームのメインストリームになったとみなしてもいいかのもしれません。これまで GPS の機能はモバイルデバイスのゲームではほとんど使われてきませんでしたが、今ではメインストリームになりました。

この変革はモバイルデバイスでの GPS の性能向上を促すだけでなく、その結果としてアプリとゲームがさらに正確な位置データを利用できるようになることを意味します。また GPS の電力消費はおそらく少なくなり、これら 2 つの要素が合わさることはロケーションベースのアプリやゲームの開発にさらにいい影響を与えるでしょう。

Google などが提供するサービスを通してアプリやゲームが GPS と GIS データをより多く消費するようになるに連れて、その価格は下がりデータの制限が緩和されると考えられます。これは少し理屈に反しているように感じるかもしれませんが、Google は利用状況を追跡するためにそれらのサービスを安価に提供する可能性があります。Google は例によってその追跡した利用状況を交通量の解析や他のサービスをサポートするために使用するでしょう。Google にとっては、追跡できるユーザーが増えればそれだけデータのメトリクスが改善されます。Android アプリや iOS アプリで Google マップが完全に無料で提供されているのはこれが理由です[*1]。

これらの要素を考え合わせると、ロケーションベースというジャンルはゲーマーと開発者にとってより一般的になるに違いないと断言できます。このジャンルで次にどのようなビッグタイトルが登場するかは非常に興味深いことです。

9.10　まとめ

この章は本書の大部分を通して学んできた開発の取り組みの仕上げでした。初めに Foody GO ゲームをリリースするためにまだどのような作業を完了させる必要があるのかを説明しま

---

*1　訳注：著者はそう言っていますが、公式に表明されているわけではないので真偽のほどはわかりません。

した。次に時間をかけて学習する価値がある重要なスキルを紹介しました。その後で、足りないスキルセットを補うことができるUnityアセットを取得するにあたってのガイドラインを詳しく見ていきました。この手順に従えばプロジェクトに残り続ける不要なアセットを管理して整理する方法も簡単に学べます。それから、ゲームをリリースするためのガイドラインも紹介しました。次に頭を切り替えてロケーションベースのゲームを開発するときに開発者が直面する問題をすべて明らかにすることを試みました。その結果、ゲームに複数プレイヤーのサポートを追加するという方向に話が進みました。しかし見てきたとおり、ロケーションベースのゲームには簡単には解決できない特殊な問題が数多くありました。その代わりに独自のマルチプレイヤーソリューションを実装できるかどうかを検討してから、**Firebase Realtime Database**というGoogleのリアルタイムクラウドベースデータベースを詳しく説明しました。FirebaseをUnityでマルチプレイヤープラットフォームとして使用するため、準備と設定の確認をする簡単なサンプルを試しました。そして、ひらめきを得るために他のロケーションベースのゲームのアイデアを簡単に検討しました。最後に将来ロケーションベースのゲームというジャンルに何が起きるかを予想しました。

　次の章ではデモゲームを開発しているときに遭遇する可能性がある問題のトラブルシューティングに焦点を当てます。これはUnityでのデバッグや、コンソールの使い方、それ以外のトラブルシューティングに関するヒントなどの実践的な知識が得られるでしょう。

10章
トラブルシューティング

　開発者は皆、時として予期せぬ課題や問題に直面して開発が思うように進まなくなることがあります。その原因はわかりにくい構文エラーかもしれませんし、それよりもはるかに深刻でタチの悪いものかもしれません。いずれにしても、開発者はツールを駆使して問題を乗り越えていく必要があります。本章では、Unityのモバイル開発者が利用できるさまざまなトラブルシューティングツールを紹介し、これらの使い方を学びます。その後に、とりわけ難しい問題に直面した際に利用できるいくつかの特別なツールに絞って、さらに詳しく見ていきます。もちろん、問題をトラッキングしたり、問題の発生を未然に防止したりする方法もカバーします。そして本章の最後には、本書のすべての章を通して遭遇する可能性がある問題の解決に役立つリファレンスを用意しました。本章で扱う主なトピックは次のとおりです。

- ［Console］ウィンドウ
- コンパイラエラーと警告
- デバッグ
- リモートデバッグ
- 高度なデバッグ
- ロギング
- CUDLR
- Unity Analytics
- 章別の問題と解決方法

　本書のいずれかの節を読み飛ばしていて、何らかの問題が原因で先に進むことができない場合は、本章の最後にある「10.9 章別の問題と解決方法」をご覧ください。

10.1　［Console］ウィンドウ

　何らかの問題が発生したときは、まず［Console］ウィンドウを開くところから始めることになります。メニューから［Window］→［Console］を選択すると、エディター内にドッキングされた［Console］ウィンドウが表示されます。好みや経験によっては、常に［Console］を表示させたままにしておく人もいますが、いずれにせよ、何かうまくいかないことがあるときにまず

初めにチェックする場所になるはずです。

　[Console] ウィンドウは本章の他の部分を説明する上でもとても重要なものであるため、ここで概要を確認していきます。

- Unityエディターを開いてください。[Console] ウィンドウを開いていない場合は、メニューから [Window] → [Console] を選択して開きます。
- [Console] ウィンドウを眺めてボタンやコンテキストメニューに慣れるようにしましょう。図 10-1 は、一般的な設定の [Console] ウィンドウです。

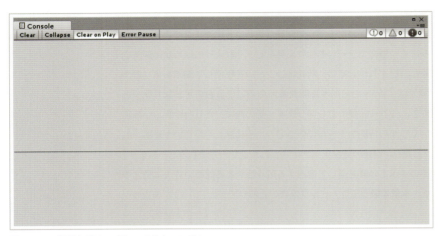

図 10-1　一般的な設定の [Console] ウィンドウ

それぞれのボタンで何ができるのか見ていきましょう。これらについての役に立つヒントはUnityの公式ドキュメントに載っていないかもしれません。

Clear

現在のウィンドウに表示されているすべてのメッセージをクリアします。続けてテストをする際には一旦ログをクリアしておくと便利です。

Collapse

重複する内容のログメッセージをすべて折りたたみ、その数をラベルで示します。何度も繰り返されるメッセージがあり、ウィンドウがそのメッセージで埋め尽くされないようにする場合に特に便利です。

Clear on Play

エディターで新しいセッションを実行するたびにログをクリアします。これは非常に便利ですので、常に有効にしておいたほうがよいでしょう。

Error Pause

実行中にエラーが発生したときにエディターが一時停止するようにします。これはエラー発生時にそのエラーを確認できる優れた機能です。しかし残念なことにトラッキングするエラーの種類を区別することはできません。

［Console］ウィンドウの右上部にあるアイコンの説明を以下に示します。

Info Filter（ ）

右上部の一番左側にあるボタンです。このボタンを押すと［Console］ウィンドウに送信された情報の中から一般的なデバッグメッセージのオン・オフをフィルタリングできます。余分な情報をブロックするのに役に立ちます。

Warning Filter（ ）

真ん中の三角のボタンです。警告のオン・オフを使ってウィンドウ内の不要な情報を削減することができるフィルターです。警告をオフにしたくなる衝動に駆られるかもしれませんが、それはやめておきましょう。警告が表示されていれば、その数を減らしたくなる気持ちを高めてくれます。

Error Filter（ ）

これはもっとも右端にあるボタンで、エラーメッセージをオン・オフするフィルターです。通常は、このフィルターは常にオンにすることをお勧めします。しかし場合によっては、見落としたデバッグ用のメッセージを探す際などにウィンドウから大量の邪魔なエラーを消すことが役に立つことがあります。

コンテキストメニューについて説明します。

1. ［Console］ウィンドウの右上隅にあるコンテキストメニューアイコンをクリックしてください。**図10-2**のようなコンテキストメニューが開きます。

図10-2　コンテキストメニューが表示された状態

2. ログに関するメニュー項目について説明します。正しく理解しましょう。
   - **Open Editor Log** —— エディターの詳細ログを開きます。後ほど「10.6 ロギング」で

さらに詳しく説明します。
- **Stack Trace Logging** —— コンソールログに表示されるスタックトレースの量を設定します。一般的には、**図10-2**のように`ScriptOnly`に設定します。このオプションについても「10.3 デバッグ」と「10.6 ロギング」で詳しく説明します。

今後もし何かうまくいかなくなったときは、必ず［Console］ウィンドウを開くところから始めるようにしましょう。次の節では、［Console］ウィンドウに表示される一連のコンパイラメッセージを見ていきます。

10.2 コンパイラエラーと警告

プロジェクト内のゲームスクリプトが再コンパイルされると、アセットのインポートやスクリプトの変更が発生する可能性がありますので、そのたびに、コンパイラメッセージが［Console］ウィンドウに表示されます。深刻なコンパイラエラーが発生すると、エディター上でプロジェクトを実行する機能がブロックされます。それに対して警告はより軽微であまり致命的なものではありませんが、どのようなときに発生するかを把握しておくことが併せて重要です。主要なエラーと警告を以下に示します。

コンパイラエラー

ステータスバーに赤い文字で表示されるか、またはコンソールにエラーアイコンが表示されます。

- **構文エラー** —— これは頻繁に見られるもっとも一般的なエラーです。問題をダブルクリックすると、エラーの発生箇所のスクリプトがエディターで開かれます。スクリプトを変更して構文の問題を修正すればよいでしょう。
- **スクリプトの欠如** —— これは、アセットのインポート時に発生し得る厄介な問題です。スクリプトの場所が変わったか、スクリプト名の競合が発生している可能性があります。欠落したスクリプトや壊れたスクリプトは、そのコンポーネントがゲームオブジェクトから削除されてしまいますので、壊れたアセットを再インポートするか、名前の競合に対処して問題を解消しましょう。
- **内部コンパイラエラー** —— これも原因の特定が困難な厄介なエラーです。プラグインを使用している場合によく発生しますが、メソッドのシグネチャを変更した場合にも発生することがあります。問題が発生している箇所を特定し、メソッドやパラメーターの使い方に間違いがないかよく確認しましょう。

コンパイラの警告

ステータスバーに黄色い文字で表示されるか、または［Console］ウィンドウに警告アイコンが表示されます。表示されたいずれかの警告をダブルクリックすると、関連するエディターで問題のコードを開きます。

- **廃止されたコード** —— Unityは、非推奨となったプロパティやメソッドを使用しているコードに印を付けます。この問題は、新しいUnityのバージョンでまだリリースされていない古いアセットを使用する場合によく見られます。この警告を削除するには、新しいメソッドを使用するようにコードを修正する必要があります。
- **改行コードの不一致** —— これは別のエディターを使った場合や、他者のコードをインポートしたことによって発生する可能性のある悩ましい警告です。MonoDevelopでは［Project］→［Solution Options］→［Source Code］→［Code Formatting］から、Visual Studioでは［File］→［Advanced Save Options...］から、統一した改行コードを設定し、コードエディターのこの問題を修正しましょう。
- **一般的な警告** —— これには使用されていないフィールドや変数などが該当します。致命的なものではありませんが、ゲームやスクリプトをリリースする準備が整った段階で整理すべきものです。

コンパイラの警告をエラーに変換して、すべての警告を必ず修正しなければならないようにすることもできます。開発者の中にはこの方法を好む人がいるかもしれませんが、ベストプラクティスとしては推奨されません。

スクリプトを編集したりアセットをインポートしたりする前に［Console］ウィンドウをクリアする癖をつけておくことをお勧めします。そうすることで、コンパイラが示す問題を修正し、実行時のエラーや警告を追跡することが簡単に行えるようになります。この点について次の節で説明します。

10.3　デバッグ

　Unityは優れたインタフェースを提供しており、ゲームの実行中もエディターでゲームオブジェクトやコンポーネントの状態の確認や編集ができます。ほとんどのケースではこの方法だけでゲームをデバッグできると思いますが、スクリプト内の処理をより詳しく確認したいこともあるでしょう。幸い、Unityは優れたツールセットを提供しており、ゲームの実行中にエディター上でスクリプトをデバッグすることができます。デバッグの作業をどのように始めるのか見ていきましょう。

1. Unityで空のプロジェクトを開いてください。

Visual Studioをお使いの場合、ここで示す作業は拡張ツールがすでにインストールされており、Unityと関連づけるためのエディターの設定が完了していることを前提としています。

2. メニューから、［Assets］→［Import Package］→［Custom Package...］を選択し、ダウン

ロードした本書のリソースフォルダーを開いてください。その中にある`Chapter10_debugging.unitypackage`を選択し、[開く] をクリックします。

3. 小さなパッケージですので、インポートはすぐに済むはずです。続けて [Import Unity Package] ダイアログの [Import] ボタンをクリックします。

4. [Project] ウィンドウから、`Assets/Chapter10/Scenes`フォルダーの中にある`Main`シーンを探し、ダブルクリックして開きます。

5. [Project] ウィンドウから、`Assets/Chapter10/Scripts`フォルダーの中の`RotateObject`スクリプトを探してください。そのスクリプトをダブルクリックし、お使いのエディターで開きます。

ここではMonoDevelopとVisual Studioでのデバッガーの使用方法を示しています。別のコードエディターを使用している場合は、操作手順が異なるかもしれません。

6. 図10-3のように、`Update`メソッド内のコードにブレークポイントを設定します。

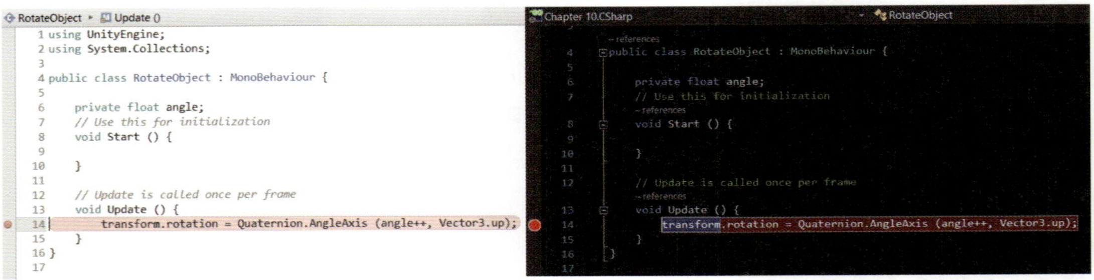

図10-3 ブレークポイントの設定

7. 次の手順は、使っているエディターによって異なります。お使いのエディターの指示に従ってデバッグを始めましょう。

- **MonoDevelop** —— ツールバーから [Play] ボタンを押してデバッグを開始します。多くの場合、対象のUnityプロセスに対して自動でアタッチされるはずですが、もしここで [Attach to Process] ダイアログが表示されたら、プロジェクトがロードされているUnityのプロセスを選択し、[Attach] をクリックしてください。

Unityエディターのインスタンスを複数起動している場合は、アタッチしたいプロセスを見つけるのに苦労することがあります。正しいプロセスにアタッチできたら、特にプロセスIDに気をつけてください。もちろん、ひとつのUnityインスタンスだけを起動するようにしておけばこの問題を回避できます。

- **Visual Studio** —— ツールバーから、[Play (Attach to Unity)] ボタンを押してデバッ

グを開始します。Visual Studioはとてもスマートなツールで、Unityエディターに自動でアタッチします。
8. Unityに戻って［Play］ボタンを押し、プロジェクトを実行します。
9. すぐにスクリプトエディターに戻ってみると、先ほど設定したブレークポイントの箇所が強調表示されていることがわかります。この状態で、マウスカーソルを文字列の上に重ねると、図10-4のように任意の変数のプロパティを見ることができます。

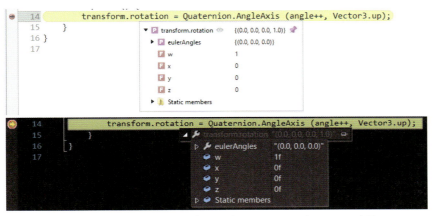

図10-4 MonoDevelopとVisual Studioでのブレークポイントやインスペクションの確認

他にも［Watch］などのさまざまなデバッグオプションがありますが、これまでに学んだ内容で使い始めることができるでしょう。もちろん、モバイルプラットフォームにデプロイしてデバイス上で直接デバッグしたいこともあります。次の節でその方法について説明します。

10.4　リモートデバッグ

エディター上でプロジェクトのスクリプトをデバッグできることはすばらしい機能です。対象のプラットフォームにデプロイしてスクリプトをデバッグするといった、開発者にとっては究極と言えるような機能もあります。リモートデバッグを使用してコードを実際に実行しているときに、もはやスクリプトやコードがデバイス上でどのように実行されているかを気にする必要はありません。

リモートデバッグは最近よく使われる強力な機能ですが、制限もあり、リモートデバッグならではの接続に関する問題が発生することがあります。アプリケーションをリモートデバッグする前に、アプリケーションが問題なくモバイルデバイスにデプロイできることを確認しておいてください。プロジェクトをデバイスにデプロイする時点で問題が発生してしまった場合は、この節の内容は役に立ちません。代わりに、本章の末尾にある「10.9 章別の問題と解決方法」を参照してください。

エディターでリモートデバッグを設定する手順は次のとおりです。

1. 先ほどの「10.3 デバッグ」のプロジェクトを使用して始めます。ここまで読み飛ばしてきた場合は、前節の手順1から手順4を行ってプロジェクトを開き、シーンを設定してください。
2. メニューから [File]→[Build Settings] を選択します。[Build Settings] ダイアログが開いたら [Add Open Scenes] ボタンをクリックしMainシーンをビルド対象に追加します。次に、デプロイしたい対象のプラットフォームを開き、図10-5のように[Development Build] チェックボックスにチェックを付けます。

図10-5 シーンを追加しプラットフォームを選択した状態の [Build Settings] ダイアログ

3. ここで、特定のプラットフォームに合わせて追加で [PlayerSettings] を設定する必要があります。[Player Settings ...] ボタンをクリックすると、[Inspector] ウィンドウに [PlayerSettings] パネルが開きます。次に、選択したプラットフォーム（iOSまたはAndroid）に必要な設定を行います。
4. 次のステップは、ゲームのデプロイ対象のプラットフォームによって異なります。

    iOS

    モバイルデバイスが開発にお使いのコンピューターと同じネットワーク（Wi-Fi）に接続されていることを確認してください。

    ゲームをデプロイしたらUSBケーブルを抜いてください。

    Android

    ターミナルかコマンドプロンプトを開き、Android SDKをインストールしたフォル

ダーの中の`platform-tools`フォルダーに移動します。

次のコマンドを実行します。

```
$ adb tcpip 5555
```

すると次のメッセージが出力されます。

```
restarting in TCP mode port: 5555
```

デバイスの［設定］→［端末情報］→［端末の状態］を開き、IPアドレスを確認します。

デバイスのIPアドレスをメモしておきましょう。お使いのデバイスのIPアドレスに書き換えて次のコマンドを実行してください。

```
$ adb connect DEVICEIPADDRESS
```

次のようなメッセージが表示されるはずです。お使いのIPアドレスで読み替えてください。

```
connected to DEVICEIPADDRESS:5555
```

次のコマンドを実行し、接続されているデバイスを確認します。

```
$ adb devices
```

ると、次のような結果が出力されるはずです（エントリがデバイス名で表示される場合があります）。

```
List of devices attached
DEVICEIPADDRESS:5555 device
```

5. ダイアログから［Build and Run］ボタンをクリックし、パッケージIDに設定した名前を付けてファイルを保存します。
6. 簡単なデモアプリがデバイスにロードされます。実行されたらUSBケーブルを取り外しましょう。それからスクリプトエディターに戻り、お使いのエディターに該当する手順を実行します。

   MonoDevelop
   - ［Play］ボタンまたはF5キーを押してデバッグを開始します。
   - 該当するプラットフォームとデバイスのエントリを選択し［Attach］ボタンをクリックします。

ブレークポイントに到達するとデバイス上のゲームが一時停止し、ローカルで試したときと同じようにゲームをデバッグできます。

   Visual Studio (2015)
   - メニューから［Debug］→［Attach Unity Debugger］を選択します。
   - ［Select Unity Instance］ダイアログが表示され、**図10-6**のように接続可能なインスタンスがリスト表示されます。

- お使いのデバイス（TypeがPlayer）のインスタンスを選択し、[OK]をクリックします。
- ローカルで試したときと同じようにデバッガーを使用できるようになりました。

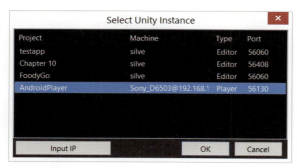

図10-6　接続可能なUnityインスタンスを表示するダイアログ

7. リモートデバッグの最中は、変数の中身のインスペクションなどの特定の操作に時間がかかることがありますので注意してください。これはエディターがローカルではなくリモートデバイスから状態を検索する必要があるためです。
8. デバッグを終えたら、MonoDevelopやVisual Studioの停止ボタンをクリックしましょう。そうするとデバッガーが取り除かれゲームが引き続き実行されます。ときどきエディター（大抵はMonoDevelopです）がロックされることがありますが、この場合はエディターを閉じる必要があります。

　リモートデバッグは、開発中にコードをデバッグできる優れた手段ですが、場合によっては必要に応じてさらに高度なツールを使用できます。次の節では、モバイルアプリケーションのデバッグに使用できる高度なツールをいくつか紹介します。

10.5　高度なデバッグ

　Unityエディターにどれほどの時間を費やしたとしても、さらに高度なデバッグの手段、特に開発中のマシンから完全に切り離して実行できる手段を常に用意しておくと便利です。皆さんが使いたくなると思われる高度なデバッグツールの説明を**表10-1**に示します。

表10-1　主要なデバッグツール

名前	使いやすさ	説明	入手方法・リンク
HUDDebug	やさしい（アセットストアからダウンロード可能）	プラットフォーム上に優れた統合デバッグツールを構築する。このツールは、コンソール、FPS、メモリ、ヒープ、および拡張機能をサポートしている	

名前	使いやすさ	説明	入手方法・リンク
Unity Remote 5	やさしい〜難しい（接続の不具合が生じる点）	うまく動作しているときはとてもすばらしいツール。モバイルデバイス上でゲームを実行しながら、UIや入力をエディターで追跡することができる。ただし、接続の不具合が原因で実行できなくなることがある。この不具合は今後のリリースで修正される見込み	お使いのデバイスのアプリケーションストアで「Unity Remote」を検索
Charles Proxy	普通〜難しい	`Charles Proxy`を使用すると、モバイルデバイスからのネットワークトラフィックを開発マシン経由で監視することができる。このツールは、モバイルデバイスからのWebサービスの呼び出しや高度なネットワークを利用する中で何らかの問題を抱えている場合に役立つ。このツールは有料だが、ネットワークに関連する問題を理解するためには必要不可欠	http://www.charlesproxy.com 「Charles Proxy」で検索し、お使いのデバイスにセットアップ

デバッグすることで確かに問題を解決することができますが、四六時中デバッグしたいわけはありません。ゲームがどのように動作しているかを理解するためのより優れたアプローチは、次の節で説明するロギングを追加することです。

10.6 ロギング

本書のいくつかの章をすでに読み進めていれば、ゲームが意図どおり動作しているかどうかを確認する上でロギングがとても役に立つということをおそらく理解できていることでしょう。Unityでは、カスタムロガーを作成してログをファイルやサービスに出力するようにしないかぎり、すべてのログメッセージが[Console]ウィンドウに出力されます。この節の後半ではカスタムロガーを作成しますが、まず初めにUnityが提供するロギングのオプションを見ていくことにしましょう。

print
これは`Debug.log`を省略した書き方です。

Debug.Log、Debug.LogFormat
標準の情報メッセージを未フォーマットのテキスト、またはフォーマット済みのテキストで出力します。メッセージは[Console]ウィンドウに情報アイコンとともに表示されます。

Debug.LogError、Debug.LogErrorFormat
未フォーマットまたはフォーマット済みのエラーメッセージを出力します。メッセージは[Console]ウィンドウにエラーアイコンとともに表示されます。

Debug.LogException
例外の内容がエラーアイコンとともに[Console]ウィンドウに出力されます。

Debug.LogWarning、Debug.LogWarningFormat

未フォーマットまたはフォーマット済みの警告メッセージを出力します。メッセージは［Console］ウィンドウに警告アイコンとともに表示されます。

Debug.LogAssertion、Debug.LogFormatAssertion

未フォーマットまたはフォーマット済みのテストアサーションメッセージを出力します。

ロギングの機能を使用するには、これらのステートメントをスクリプトの冒頭や末尾、またはそれ以外の場所に追加します。使用する可能性が高いと思われる種類のロギングの使い方を示したUnityスクリプトを以下に例示します。

```
using UnityEngine;
using System.Collections;
using System;

public class LoggingExample : MonoBehaviour {

    public GameObject target;
    public float iterations = 1000;
    private float start;
    // 初期化のために利用
    void Start () {
        Debug.Log("Start");

        if (target == null)
        {
            Debug.LogWarning("target object not set");
        }

        if (iterations < 1)
        {
            Debug.LogWarningFormat("interations: {0} < 1", iterations);
        }

        Debug.LogFormat("{0} iterations set", iterations);
        start = iterations;
}

    // Updateは毎フレーム呼び出される
    void Update () {
        // デモとしてtry/catchを使用
        // updateメソッド内では決して利用しないこと
        try
        {
            iterations--;
            Debug.LogFormat("Progress {0}%", (100 - iterations / start * 100));
        }
        catch (Exception ex)
        {
            Debug.LogError("Error encountered " + ex.Message);
            Debug.LogErrorFormat("Error at {0} iterations, msg = {1}",
```

```
                iterations, ex.Message);
            Debug.LogException(ex);
        }
    }
}
```

LoggingExampleクラスは、Unityで利用可能なさまざまな種類のログの使用方法を示したサンプルです。

LoggingExampleクラスの中で、もしiterationsの初期値が0に設定されていたら何が起きるでしょうか？例外をスローするようにこのサンプルを修正するには、どのように変更すればよいでしょうか？

言うまでもないことですが、ほとんどのケースでは［Console］ウィンドウにログメッセージを出力する方法で問題ありません。特に開発中であればなおさらです。しかしながら、テスト用や商用にゲームをデプロイしてからも、これらのメッセージを追跡したい場合があります。幸いなことに、これはカスタムログ出力を使えばとても簡単に実現することができます。次に示すクラスを見てみましょう。

```
using System;
using System.IO;
using UnityEngine;

public class CustomLogHandler : MonoBehaviour
{
    public string logFile = "log.txt";
    private string rootDirectory = @"Assets/StreamingAssets";
    private string filepath;
    void Awake()
    {
        Application.logMessageReceived += Application_logMessageReceived;

#if UNITY_EDITOR
        filepath = string.Format(rootDirectory + @"/{0}", logFile);
        if(Directory.Exists(rootDirectory)==false)
        {
            Directory.CreateDirectory(rootDirectory);
        }
#else
        // Application.persistentDataPathにファイルがあるかどうかをチェック
        filepath = string.Format("{0}/{1}",
            Application.persistentDataPath, logFile);
#endif
    }

    private void Application_logMessageReceived(string condition,
        string stackTrace, LogType type)
    {
        var level = type.ToString();
        var time = DateTime.Now.ToShortTimeString();
        var newLine = Environment.NewLine;
```

```
            var log = string.Format("{0}:[{1}]:{2}{3}",
                level, time, condition, newLine);

            try
            {
                File.AppendAllText(filepath, log);
            }
            catch (Exception ex)
            {
                var msg = ex.Message;
            }
        }
    }
```

　CustomLogHandlerは、Awakeメソッド内でログ出力イベントで呼び出されるメソッドをApplication.logMessageReceivedに追加するクラスです。このイベントはUnityが何らかの内容をログ出力するたびに呼び出されます。このクラスの他の処理では、正しいファイルパスを求め、必要に応じてフォルダーを作成します。そして実際のロギングが行われた際にApplication_logMessageReceivedメソッドで出力をフォーマットしています。このクラスはもしかするとモバイルプラットフォームで利用するには適していない可能性がありますが、エディター上やデスクトッププラットフォームへのデプロイ時にログの実行メッセージを追跡する用途では最適です。以降では、デバッグやリリースの成果物に対して、ログのハンドリング機能をどのように使用するかを説明していきます。

10.7　CUDLR

　本書のいくつかの章をもう読み進めているのであれば、すでにCUDLRになじみがあるかもしれません。CUDLRは優れたリモートロギング、デバッグ、インスペクションツールです。「2章 プレイヤーの位置のマッピング」で触れたCUDLRのセットアップがまだできていない方のために、ここで再度セットアップ手順を振り返りますので心配する必要はありません。もしCUDLRに関する何らか問題を抱えてここを読んでいるなら、本章の最後の「10.9 章別の問題と解決方法」を参照してください。

　CUDLRは、ゲーム内に内部的に生成されたWebサーバーを介して実行するリモートコンソールです。CUDLRは、ログ出力の際に用いたテクニックと同様のものを使用しますが、加えて、オブジェクトのインスペクション（診断、調査）やカスタマイズの機能さえも提供します。CUDLRをセットアップする手順を以下に示します（もうすでに済ませているなら、この節はざっと眺める程度でよいでしょう）。

1. まだChapter10プロジェクトをセットアップしていない場合は、新しくUnityプロジェクトを開きます。プロジェクトをすでにセットアップしていた場合も、ここで新しくセットアップした場合でも、ダウンロードした本書のリソースフォルダーから

Chapter10.unitypackageをインポートしてください。
2. Assets/Chapter 10/ScenesフォルダーからMainシーンを開いてください。

 CUDLRはChapter10パッケージの構成要素にすでに含まれています。

3. メニューから、[GameObject]→[Create Empty]を選択します。オブジェクトの名前をCUDLRに変更し、トランスフォームをリセットしてゼロにします。
4. [Project]ウィンドウのAssets/CUDLR/Scriptsフォルダーの中にあるServerスクリプトを、先ほど新たに作成したCUDLRゲームオブジェクトにドラッグします。
5. デフォルトでは、CUDLRはポート55055上で動作するように設定されています。CUDLRゲームオブジェクトの[Inspector]ウィンドウからこの設定を変更することもできます。今のところはデフォルトの値のままにしておきましょう。
6. エディターの[Play]ボタンを押してシーンを実行してください。このシーンが実行中になります。
7. お使いのWebブラウザを開き、http://localhost:55055にアクセスします。
8. 図10-7のように、CUDLRのウィンドウがWebブラウザで開かれます。

図10-7　Webブラウザで開いたCUDLRウィンドウ（Chrome）

9. このウィンドウの下部から次のコマンドを入力してください。

    help
10. そうすると次のように出力されます。

```
Commands:
object list : lists all the game objects in the scene
object print : lists properties of the object
clear : clears console output
help : prints commands
```

11. 次のコマンドを入力してください。

    `object list`

12. このように出力されます。

    ```
    CUDLR
    Directional Light
    Cube
    Main Camera
    ```

13. 次のコマンドを入力してください。

    `object print Cube`

14. このように出力されます。

    ```
    Game Object : Cube
      Component : UnityEngine.Transform
      Component : UnityEngine.MeshFilter
      Component : UnityEngine.BoxCollider
      Component : UnityEngine.MeshRenderer
      Component : RotateObject
    ```

　本書ですでに説明しましたが、CUDLRはモバイルデバイス上で実行されているゲームのロギング処理をキャプチャーする際にも役立ちます。CUDLRを使用すれば、複数のデバイスのロギングを同時にまとめて追跡することができます。なお、当然ですが、CUDLRは実際にはデバッグ時やテスト時にログをキャプチャーすることを想定したツールです。CUDLRが生成する内部Webサーバーは、さまざまな理由で我々の製品版のゲームには同梱したくはありません。

　ではゲームのリリース後に重大なエラーや例外のログを追跡したい場合はどうすればよいでしょうか。幸いにもUnityにはこれを実現するいくつかの選択肢があります。これらの選択肢の中のひとつを次の節で見ていきます。

10.8　Unity Analytics

　ゲームをリリースする際には先入観にとらわれずUnity Analyticsを必ず準備しておくべきです。プレイヤー、ゲームの配布、その他のさまざまなメトリクスに関するフィードバックを提供することはきわめて重要です。この節では、Unity Analyticsの基本的な事柄に触れ、致命的なエラーや例外を追跡できるツールの使い方について簡単に見ていきます。この情報にアクセスできるようになると、オフサイトでのテストやリリース後のゲームに対して、よりよいサポートを提供できるようになります。

原書執筆時点から翻訳版執筆までの間にUnityのプロジェクトダッシュボードのUIが大きく変更されているため、本節は最新のUIに合うように内容を書き換えている箇所があります。

プロジェクトでUnity Analyticsを有効にする手順を以下に示します。

1. メニューから、[Window] → [Services]を選択してください。[Services]ウィンドウが、通常は[Inspector]ウィンドウの上に重ねて表示されます。

Performance Reportingでもエラーのレポートが可能ですが、Unityアカウントのアップグレードが必要になります。

2. このリストから[Analytics]グループを探し、図10-8のように、右側にあるトグルボタンをONに設定してください。

図10-8 Unity Analyticsの有効化

3. ［Services］ウィンドウから ［Analytics］パネルをクリックします。ここでゲームの年齢ガイドラインの確認を求められるかもしれません。その場合は13歳以上を選択して続行してください。

4. Analyticsのページが ［Services］ウィンドウに表示されます。説明文のすぐ下にある ［Go to Dashboard］ボタンをクリックしましょう。デフォルトのWebブラウザが開き、Unityのプロジェクトダッシュボードのウェブサイトに遷移します。お使いのUnityアカウントでログインする必要があるかもしれません。ログインを求められた場合はログインしてください。

5. ページの読み込みが完了したら、画面中央にある ［Go to Analytics］ボタンをクリックするか、左のメニューから ［Analytics］を選択してください。そうすると、図10-9のような画面が表示されるはずです。

図10-9　Unity Analyticsのページ

現時点ではおそらく、プレイヤーアクティビティーやセッションなどのメトリクスが共に0の状態でしょう。たった今プロジェクトでAnalyticsを有効にしたばかりなので、これは想定どおりです。現状、Unity Analytics単独ではロギングのメッセージを追跡できませんが、カスタムイベントの仕組みを利用することでエラーや例外のログを追跡することができるようになります。幸いにも、これに関連するすべての作業が`AnalyticsLogHandler`というスクリプトにカプセル化されています。

Unity Analyticsはリアルタイムでは実行されませんので、通常は結果が反映されるまでに10時間から12時間程度待たなければなりません。よってデバッグには基本的に役に立ちませんが、多くのプレイヤーにデプロイされている場合には役に立つ指標となります。

このスクリプトをセットアップする手順は次のとおりです。

1. メニューから、[GameObject]→[Create Empty]を選択してください。オブジェクトの名前を`AnalyticsLogHandler`に変更し、トランスフォームをゼロにリセットします。
2. [Project]ウィンドウのAssets/Chapter 10/Scriptsフォルダーの中にある`AnalyticsLogHandler`スクリプトを、先ほど作成した`AnalyticsLogHandler`オブジェクトにドラッグします。
3. サンプルのMainシーンのCubeオブジェクトにアタッチされている`RotateObject`スクリプトは、オブジェクトが一回転するたびにエラーメッセージをログ出力するようになっています。
4. [Play]を押し、エディターでこのシーンを実行しましょう。一回転した際に出力されるエラーメッセージが、ステータスバー、[Console]ウィンドウや[CUDLR]ウィンドウなどにいくつか出力されるまでしばらく待ちます。残念ですが、このメッセージがUnity Analyticsのダッシュボードページに反映されるには、さらに10時間から12時間待つ必要があります。
5. 12時間後、再びUnity Analyticsのページを開き、[イベント管理]タブを選択して、カスタムイベントのメッセージを確認しましょう。図10-10のようになります。

図10-10 Unity Analyticsのイベント管理タブ画面の例

AnalyticsLogHandlerスクリプトを見てみましょう。

```
using UnityEngine;
using UnityEngine.Analytics;

public class AnlyticsLogHandler : MonoBehaviour
{
    public LogType logLevel = LogType.Error;
    void Awake()
    {
        Application.logMessageReceived += Application_logMessageReceived;
    }

    private void Application_logMessageReceived(string condition,
        string stackTrace, LogType type)
    {
        if (type == logLevel)
        {
            Analytics.CustomEvent("LOG", new Dictionary<string, object>
            {
                { "msg", condition },
```

```
                    { "type", type.ToString() }
                });
        }
    }
}
```

このスクリプトの実装は先ほど見たCustomLogHandlerスクリプトとよく似ていますが、それよりもさらに簡単です。大きな違いがひとつあり、それはAnalyticsオブジェクトを使ってCustomEventを作成し、それを自動的にUnity Analyticsに送信している点です。今回は、このメソッドを使用してロギングメッセージやその他のエラーの状況を追跡しています。ゲーム内でカスタムイベントを追跡したい任意の場所にこのコードのスニペットを追加することができます。

以前のバージョンのカスタムイベントは、追跡できるイベントの数や実行できる他のアナリティクスの数によってポイントが消費されるポイントシステムを採用していましたが、現在は「イベント名・パラメーター・値」の組み合わせでもっとも発生頻度の高い5,000件のイベントを表示するように変更されています。このことにより、開発者が必要なポイントの心配をせずに重要なデータの分析のみに専念できるようになっています。

カスタムイベントの収集が開始されると、[データエクスプローラー] タブを使ってこれらのカスタムイベントのメトリクス（エラーやその他の通常のゲーム内アクティビティーから構成されます）を他のメトリクスと合わせてプロットすることができます。例えば、ユーザーあたりのエラー数やゲームセッション数あたりのエラー数でプロットすると、重大なエラーなのか、それとも些細なものなのか、どれくらい迅速に対応しなければならないものなのかがわかるようになります。これらのプロットの設定方法は本書の範囲外ですが、時間があるときにUnityのWebサイトを参照して調査することをお勧めします。

Unity Analyticsは、プレイヤーのアクティビティーを追跡するだけでなく、エラーやその他のカスタムイベントのようなアクティビティーを追跡することもできる優れたツールであるということがわかりました。次の節、つまり本書の最後の節では、本書を読み進める中で直面する可能性がある問題とその解決方法を見ていきます。

10.9 章別の問題と解決方法

表10-2は、遭遇する可能性があるエラーおよびそれぞれの問題に対する解決策を章別に示したものです。

表10-2　問題と解決方法

章・節	問題	解決方法
1.2.2 Android開発用の設定	adbコマンドでデバイスを見つけることができない	● デバイスがUSBで接続されていることを確認する ● 他のデバイスでそのケーブルが動作することを確認する ● USBポートが正しく動作していることを確認する。USBメモリなど、別のUSBデバイスを試す ● デバイスでUSBデバッグが有効になっていることを確認する ● デバイスドライバーがインストールされていることを確認する ● 一旦USBケーブルを抜き、数秒待ってから差し直す
1.3.2 ゲームのビルドとデプロイ	プロジェクトがビルドできない（Android）	● SDKとJDKのパスが正しく設定されていることを確認する ● バンドル識別子がビルドされるapkの名前と一致することを確認する ● SDKプラットフォームが正しくインストールされていることを確認する。問題がある場合は、Android Studioを開き、別のプラットフォームバージョンをインストールする
1.3.2 ゲームのビルドとデプロイ	ビルドが途中で止まる、フリーズする	● これはデバイスを接続した直後によく発生する一般的な問題。そのまま待つか、ビルドをキャンセルしてみる ● この現象が継続して発生する場合は、Unityを再起動する
2.2.3.1 CUDLRの設定	CUDLRに接続できない	● CUDLRが使用するポートを55055から別のもの（1024～65535）に変更する ● デバイスのIPアドレスが正しいことを確認する ● URL構文（http://IPADDRESS:PORT）が正しいことを確認する ● 使用しているコンピューターやデバイスで接続を遮断するようなファイアウォールを実行していないか確認する。その場合は、必要に応じて例外ポートの設定を追加する ● ゲームがデバイス上で実行されていることを確認する ● Unityエディターでゲームを実行し、localhost（http://localhost:55055）に接続できるかどうか試す
2.2.2.1 地図タイルの作成	地図タイルにクエスチョンマークが描画される	● 緯度経度の座標が正しく入力されていることを確認する ● モバイルデバイスで動作させている場合は、位置情報サービスが有効になっていることを確認する
2.2.4 GPSサービスを設定する		● モバイルデバイスで動作させている場合は、テストアプリをインストールするかGoogleマップを使用してGPSサービスが動作していることを確認する ● タイルの取得のために送信しているURLを[Console]ウィンドウや[CUDLR]ウィンドウ上で確認して、WebブラウザにそのURLをコピーし正しく画像を返すかどうかを確認する ● 数時間待つ。IPごとの利用制限を超えている可能性があるため
6章 捕まえた物の保管	デバイスにデプロイするとデータベースが動作しない	● ターゲットプラットフォームのプラグイン設定に問題がないことを確認する ● データベースのバージョンが#.#.#の形式（デフォルトは1.0.0）になっていることを確認する ● iOSにデプロイする場合は、IL2CPPを使用していることを確認する ● ゲームを終了してデバイスからアンインストールし、デプロイし直す
7.5 Google Places APIサービスの設定	場所が地図上に表示されない、または表示される位置がおかしい	● GPSサービスが正しく動作していること、および必要に応じてシミュレーションモードの無効化・有効化ができていることを確認する ● 使用しているデバイスで位置情報サービスの設定が有効になっていることを確認する
8.6 データベースの更新	モンスターを売却できない	● Unityエディターを終了し、Assets/StreamingAssetsフォルダーからデータベースファイルを削除する ● SQLiteツールを使用してデータベースの内容を直接編集・確認する。お勧めのツールは **DB Browser for SQLite**（http://sqlitebrowser.org/） ● ゲームを一旦アンインストールしてから再インストールし、データベースをリセットする ● より低いレベルのモンスターを捕まえる

章・節	問題	解決方法
1.3.2 ゲームのビルドとデプロイ	ゲームのモバイルデバイスへのデプロイについて	● 「1章 はじめに」を参照

10.10　まとめ

　本章では、本書を読んでいる最中や一般的な開発の中で直面する可能性がある問題とその解決方法について見てきました。まず初めに、Unityで何かうまくいかないことがあるときは、Consoleを見るところから始めるようにしました。それから、開発を中断させてしまうおそれのある代表的なエラーや警告について説明しました。そして、デバッグやコードエディターからのスクリプトのリモートデバッグについてさらに見ていきました。その後、カスタムログの例を交えながらUnityのロギング機能を詳しく確認しました。さらに、リモートコンソールのCUDLRについて振り返り、さまざまなプラットフォームに接続してログメッセージの追跡やオブジェクトのインスペクションができることを確認しました。時間をかけてロギングに関する開発ツールについて確認し、さらにUnity Analyticsを使用すればゲームのリリース後もエラーや例外メッセージをキャプチャーできることを確認しました。最後に、本書のデモゲームを開発する中で直面する可能性がある問題と解決方法の一覧を確認しました。

　ロケーションベースのARゲーム開発の旅はこれで終了です。Unityを使ったゲーム開発について幅広い知見を得ることができたのではないでしょうか。これからも拡張現実やGIS、およびUnityでの開発で使えるその他の高度な機能について調査を続けてください。そして思い切ってオリジナルのARゲームの開発にチャレンジしてほしく思います。

付録A
TangoによるARビューの実装法

高橋 憲一 ● 株式会社カブク

本付録は日本語版オリジナルの記事です。本稿では、5章で作成したモンスター捕獲のARビューをTangoに対応したデバイスを用いて、現実空間と絡み合うものにする方法について解説します（図A-1）。

図A-1 Tango対応デバイス（ASUS Zenfone AR）

A.1 Tangoについて

TangoはGoogleが開発したプラットフォームで、コンピュータービジョンやSLAM（Simultaneous Localization and Mapping）と呼ばれる、自分の位置情報と地図構築を同時に行い、互いに関連づけるための技術を用いて、周囲の環境を認識して自分の位置を取得する機能をデバイスに与えます。Tango対応デバイスは、OSとしてAndroidを搭載したタブレット

もしくはスマートフォンで、通常の色情報を取得するカメラに加えて、ワイドアングル（魚眼）カメラ、深度取得用のセンサーが搭載されています。さらに加速度やジャイロのモーションセンサーも含めた各センサーは高精度のタイムスタンプで同期が取られ、正確な計測が可能になっています。**図A-1**の写真を見ると、通常のスマートフォンより多くのセンサー（通常のカメラ、ワイドアングルカメラ、深度取得用センサー）が搭載されているのがわかると思います。Tangoは人間が空間を認識するのと同じ性能をモバイルデバイスで実現しようと始まったプロジェクトで、Lenovoのphab 2 Pro、ASUSのZenfone ARの2つの機種が発売されており、日本国内でも購入することができます（2017年7月現在）。

Tangoにはモーショントラッキング（Motion Tracking）、深度認識（Depth Perception）、空間記憶（Area Learning）の3つの機能があり、それにより単なるオーバーレイにとどまらない、現実の物体と絡み合うARビューを実現することができます。また、それらの機能を使用するためのSDKはC、Java、Unityの各環境用に提供されています。

A.1.1　モーショントラッキング（Motion Tracking）

3D空間の中でのデバイスの位置と向きを得ることができます。デバイスを持って歩き回ったときの前後左右上下の移動、そしてその際にどちらを向いているかを追跡できます。デバイスの向きについては、Tango対応ではない通常のAndroidデバイスでもジャイロスコープや加速度センサーの値から取得することはできますが、Tangoではモーショントラッキング用のワイドアングルカメラからの映像情報を追加することでより精度の高い追従性を得ることができます。

この機能はVisual Inertial Odometry（VIO）を使って実装されています。Visualは標準カメラからの画像、InertialはInertial Measurement Unit（IMU）すなわちジャイロや加速度等のモーションセンサー、Odometryは走行距離計測のことを意味しており、加速度、ジャイロなどのモーションセンサーと、カメラからの画像を処理するコンピュータービジョンの技術を組み合せることで、自分が空間の中でどれだけ動いたのかを高い精度で認識することができます。具体的には、カメラから取得した画像の特徴点を認識して、その各特徴点のフレーム間での差分をトラッキングし、モーションセンサーから取得した動きと比較します。GPSと異なり、VIOは主に室内での使用が目的です。

A.1.2　深度認識（Depth Perception）

深度認識の機能ではデバイスから現実空間の物体までの距離を取得したり、周囲の物の形状を認識したりすることができます。これにより、現実空間の壁にAR空間のバーチャルな物体が隠れるといったようなことを実現できます。現時点でリリースされているデバイスでは主に室内での使用が想定されており、有効な距離は0.5～4メートルの範囲です。これはデバイスの電源使用量や処理性能を鑑みて調整されたものです。また、TangoのAPIでは深度認識の結果をポイントクラウド（X, Y, Zの座標を持つ点群データ）として取得することができます。

A.1.3 空間記憶（Area Learning）

人間は周囲の特徴を認識することで、今どこにいるのかを把握することができます。Tangoの空間記憶はその機能をモバイルデバイスで実現します。前述のモーショントラッキングだけでは、一度認識した位置に後で戻ってきたときに同じ場所だと認識させることはできませんが、この空間記憶を使うとそれが可能となります。

また、この空間記憶の結果をArea Description File（ADF）として保存することができるようになっており、そのデータをロードすることでさまざまな場所での認識結果を再現し、さらにデータを共有することで複数人で同じAR空間を共有することもできます。例えば、博物館や店舗などの広い空間で場所に合わせた案内を表示したり、教室内で複数人が複数の端末で同じAR空間を覗き込んだりといったようなことも実現可能です。

A.2 Tangoを使ったARシーンの構築

本書で開発しているFoody GOの`Catch`シーンをTangoの機能を使って拡張します。具体的には地面もしくは床を認識して、モンスターはその上に立ち、アイスボールが落ちた際には衝突するようにします。

必要な機能の要素を挙げてみます。

- シーンの背景としてカメラ映像の取得
- デバイスの位置と向きの取得
- 床面の平面認識
- 現実空間の物体とのオクルージョン（前後を判定して隠れる部分は描画しないようにする）

次の手順に沿って進めていきましょう。

A.2.1 Tangoの機能を使用するための前準備

Tangoの機能をUnityから使用するためのSDKをダウンロードします。https://developers.google.com/tango/downloadsにあるTango SDK for Unityをクリックしてダウンロードします[1]。

完成した状態のFoodyGOプロジェクト、もしくは`Chapter_8_End`のプロジェクトをUnityで読み込みます。

1. ［File］→［Build Settings...］の順に選択して［Build Settings］ダイアログを開き、［Platform］が［Android］になっていなければ［Android］を選択して［Switch Platform］を押します。
2. ダウンロードしたTango SDKをインポートします。［Assets］メニューから［Import

---

[1] Unityのバージョンは5.6.2f1、Tango SDKのバージョンは1.54を使用しています。Unityの次期バージョンではTango SDKの機能をネイティブにサポートすることが発表されており、手順が変更される可能性があります。その場合は本書のサポートサイトで変更情報を追記していく予定です。

Package]→[Custom Package...]を選択します。

3. [Import Package]ダイアログが開いたら、ダウンロードSDKのパッケージファイル`TangoSDK_Ikariotikos_Unity5.unitypackage`[*1]を選択して[開く]をクリックします。

4. [Import Unity Package]ダイアログが開きインポート対象のファイルが表示されます。すべての項目が選択されていることを確認し、[Import]ボタンをクリックしてください。

A.2.2　Tangoの機能の組込み

Catchシーンに Tangoによる機能を追加していきます。

1. `Catch`シーンが開かれていなければ開きます。
2. [Project]ウィンドウの`Assets/TangoPrefabs/`の下にある`Tango Manager`を選択して、[Hierarchy]ウィンドウの`CatchScene`の子要素となるようにドラッグ＆ドロップします。以降の手順は[Hierarchy]ウィンドウで`Tango Manager`が選択された状態で、[Inspector]ウィンドウの中で行います。
3. [Auto Connect to Service]、[Enable Motion Trancking]、[Auto Reset]、[Enable Depth]のチェックボックスをONにします。
4. [Enable Video Overlay]のチェックボックスをONにして、[Method]を[Texture (ITangoCameraTexture)]に設定します。

ここまでで、[Inspector]ウィンドウの`Tango Manager`の設定内容は**図A-2**のようになっているはずです。

[*1] SDKのパッケージファイルの名前の`Ikariotikos`の部分はSDKのバージョンごとに異なります。

図A-2 Tango Managerのプロパティ

カメラからの画像を背景として表示する機能をTangoが提供するものに切り換えます。

1. [Hierarchy]ウィンドウで`CatchScene`の下にある[Canvas]を選択して削除します。
2. 同様に[Main Camera]を選択して削除します。
3. [Project]ウィンドウの`Assets/TangoPrefabs/`の下にある`Tango Camera`を選択して、[Hierarchy]ウィンドウの`CatchScene`の子要素となるようにドラッグ＆ドロップします。以降の手順は[Hierarchy]ウィンドウで`Tango Camera`が選択された状態で、[Inspector]ウィンドウの中で行います。
4. [Transform]コンポーネントの[Position]を`0, 0, 0`に設定します。
5. [Camera]コンポーネントの[Clear Flags]を[Solid Color]に設定します。
6. [Camera]コンポーネントの[Clipping Plane]の[Far]の値を15に設定します。
7. [Tango AR Screen (Script)]コンポーネントの左側にあるチェックボックスをONにし

ます。

ここでTango Cameraの中身を見てみましょう。[Hierarchy] ウィンドウでTango Cameraを選択して、[Inspector]ウィンドウを見ると図A-3のようになっているはずです。

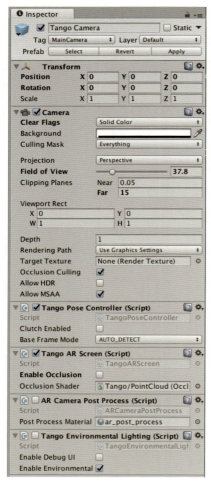

図A-3 Tango Cameraのプロパティ

通常のMain Cameraと同様に [Transform]、[Camera] の各コンポーネントが並びます。Tango Cameraではそれらに加えて、いくつか追加のスクリプトコンポーネントがあります。ここでは、以下の2つについて解説します。

- [Tango Pose Controller]
- [Tango AR Screen]

まず [Tango Pose Controller] のほうは、Pose Controllerの名前のとおり、Tangoの機能で

Cameraオブジェクトの位置と向きを制御するものです。実際にスクリプトを開いてみると、`Update()`メソッドの中で`transform`の`position`（位置）と`rotation`（回転）を設定していることがわかります。続いて［Tango AR Screen］のほうは、カメラからの映像を背景として表示するための各種設定を担っています。スクリプトを開いてみると、開始時、Tango Serviceへの接続時（アプリケーションはTangoデバイスで動作しているTango Serviceに接続することでその機能を使うことができます）、端末の縦横回転を検出したときなどの場合に必要な設定を行っていることがわかります。カメラの映像とグラフィックスとして描画されるオブジェクトの合成もこのスクリプトで制御されており、［Occulusion］のチェックボックスをONにすることにより、この章の後で使用するオクルージョン機能を有効にすることができます。

Tangoによる床面の認識機能を組み込んで、モンスターがその上に配置されるようにします。

1. ［Project］ウィンドウの`Assets/TangoPrefabs/`の下にある`Tango Point Cloud`を選択して、［Hierarchy］ウィンドウの`CatchScene`の子要素となるようにドラッグ＆ドロップします。
2. ［Catch Scene］を選択して右クリックして［Create Empty］の順に操作して空の`GameObject`を作成して、`Floor`と名前を変えます。
3. `Plane`オブジェクトを`Floor`オブジェクトの上にドラッグ＆ドロップし、`Floor`オブジェクトの子要素となるようにします。
4. `Floor`オブジェクトを選択し、［Inspector］ウィンドウで［Add Component］→［Scripts］の順に操作し、検索フィールドに`tango point`と入力し、［Tango Point Cloud Floor］を選択して追加します。
5. `CatchMonster`の［Transform］を［Position］を`0, 0, 0`、［Scale］を`0.2, 0.2, 0.2`に設定します。
6. ［Hierarchy］ウィンドウで`CatchScene`を選択して右クリックして開いたメニューから［Create Empty］を選択し、`CatchScene`の子要素として空のゲームオブジェクトを作成します。名前は`FindPlane`に変更します。
7. ［Hierarchy］ウィンドウで`FindPlane`を選択し、［Inspector］ウィンドウの［Add Component］を押します。検索フィールドに`tango floor finding`と入力すると［Tango Floor Finding UI Controller］が表示されるので選択します。
8. ［Hierarchy］ウィンドウで`FindPlane`が選択された状態で、［Inspector］ウィンドウの［Tango Floor Finding UI Controller］コンポーネントの［Marker］フィールドに［Hierarchy］ウィンドウの`CatchMonster`をドラッグ＆ドロップします。
9. `TangoFloorFindUIController.cs`スクリプトをエディターで開き、`OnGUI()`メソッドの1行を次のように修正します（太字の行のみを修正します）。

```
public void OnGUI()
{
```

```csharp
        GUI.color = Color.white;

        if (!m_findingFloor)
        {
            if (GUI.Button(new Rect(20, 20, 200, 80), "<size=30>Find Floor</size>"))
            {
                if (m_pointCloud == null)
                {
                    Debug.LogError("TangoPointCloud required to find floor.");
                    return;
                }

                m_findingFloor = true;
                m_marker.SetActive(false);
                m_tangoApplication.SetDepthCameraRate(
                    TangoEnums.TangoDepthCameraRate.MAXIMUM);
                m_pointCloud.FindFloor();
            }
        }
        else
        {
            GUI.Label(new Rect(0, Screen.height - 50, Screen.width, 50),
                "<size=30>Searching for floor position. \
                Make sure the floor is visible.</size>");
        }
    }
```

ここで、このコードで何が行われているか見ていきます。

今修正した GUI.Button() は画面上にボタンを表示し、それが押されると true を返します。すなわち、ボタンが押されると、この if ブロックの中にある内容が実行されることになります。変数 m_pointCloud には TangoPointCloud オブジェクトが入っており、FindFloor() を呼び出すことで床面検出の機能が実行されます。実際に床面が検出された際に行う処理は、次のコードで示す Update() メソッドを見る必要があります（修正は不要です。解説用にここでは日本語でコメントを入れていますが、エディターで開いた際のコードは英語のコメントになっています）。

```csharp
    public void Update()
    {
        if (Input.GetKey(KeyCode.Escape))
        {
            // This is a fix for a lifecycle issue where calling
            // Application.Quit() here, and restarting the application
            // immediately results in a deadlocked app.
            AndroidHelper.AndroidQuit();
        }

        if (!m_findingFloor)
        {
            return;
        }
```

```csharp
        // 床面を検出した際、検出した床面のY座標の値で目標物を配置する
        if (m_pointCloudFloor.m_floorFound && m_pointCloud.m_floorFound)
        {
            m_findingFloor = false;

            // 目標物を床面の高さで画面の中心となるよう配置する
            m_marker.SetActive(true);
            Vector3 target;
            RaycastHit hitInfo;
            if (Physics.Raycast(Camera.main.ScreenPointToRay(
                new Vector3(Screen.width / 2.0f, Screen.height / 2.0f)),
                out hitInfo))
            {
                // 床面を検出した場合、カメラのfar面より遠くにならないよう距離を制限して、
                // 目標物を配置する座標を求める
                Vector3 cameraBase = new Vector3(Camera.main.transform.position.x,
                    hitInfo.point.y, Camera.main.transform.position.z);
                target = cameraBase + Vector3.ClampMagnitude(hitInfo.point -
                    cameraBase, Camera.main.farClipPlane * 0.9f);
            }
            else
            {
                // 飛ばしたレイが床面にヒットしなかった場合、カメラの前方に目標物を配置する
                Vector3 dir = new Vector3(Camera.main.transform.forward.x, 0.0f,
                    Camera.main.transform.forward.z);
                target = dir.normalized * (Camera.main.farClipPlane * 0.9f);
                target.y = m_pointCloudFloor.transform.position.y;
            }

            m_marker.transform.position = target;
            AndroidHelper.ShowAndroidToastMessage(string.Format(
                "Floor found. Unity world height = {0}",
                m_pointCloudFloor.transform.position.y.ToString()));
        }
    }
```

　この時点で［Hierarchy］ウィンドウにあるオブジェクトの構成は**図A-4**のようになっているはずです。

図A-4　Hierarchyウィンドウのオブジェクト構成

ここまで完了したらTango対応デバイスで実行してみましょう。［File］メニューから［Build & Run］を選択して実行して端末にデプロイします。

Catchシーンに入ったら、左上にあるボタンを押すと床面を検出して図A-5のようにモンスターが床面の上に現れるはずです。

図A-5　現実空間の床の上に立つモンスター

A.2.3　オクルージョン機能の設定

壁などの現実空間の物体にAR空間上に配置されたモンスターが隠れるようにするには、以下の手順で設定します。

1. ［Hierarchy］ウィンドウでTango Cameraを選択し、［Inspector］ウィンドウの［Tango AR Screen (Script)］コンポーネントの［Enalbe Occlusion］のチェックボックスをONにします。
2. ［Hierarchy］ウィンドウでTango Point Cloudを選択し、［Inspector］ウィンドウの［Tango Point Cloud (Script)］コンポーネントの［Update Points Mesh］のチェックボックスをONにします。

Tango対応デバイスで実行すると、図A-6のように現実空間と絡み合うARビューを見ることができます。

図A-6　現実空間にある物体に隠れるモンスター

A.2.4　アイスボールの調整

　モーショントラッキングによりカメラの位置と向きが変わっても、モンスターを捕獲するためのアイスボールが手元に見えるように調整します。

1. ［Hierarchy］ウィンドウで`CatchBall`を選択し、［Inspector］ウィンドウの［Transform］の［Scale］の値を`0.1,0.1,0.1`に設定します。
2. ［Project］ウィンドウの`Assets/FoodyGo/Scripts/TouchInput`の下にある`ThrowTouchPad.cs`スクリプトの`Update()`メソッドを次のように修正します（太字の行のみを追加します）。

```
void Update()
{
    if (!m_Dragging)
    {
```

```
        if (!thrown)
        {
            Vector3 currentPosition = Camera.main.transform.position
                + Camera.main.transform.up * -0.1f
                + Camera.main.transform.forward * 0.4f;
            target.transform.position = currentPosition;
        }
        return;
    }
```

　いかがでしょうか。Tangoの機能を利用することで、ARゲームとしての体験性をより高めることができたのではないかと思います。さらに空間記憶（Area Learning）の機能を利用すれば、特定の場所の空間認識結果を共有し、その場所に行くと事前に仕込んだ隠れモンスターを出現するようなサービスも提供可能になります。AR、空間認識、位置情報を活用してさまざまなアイデアを広げていっていただければと思います。

付録B ARKitによるARビューの実装法

高橋 憲一●株式会社カブク

本付録は日本語版オリジナルの記事です。本稿では、5章で作成したモンスター捕獲のARビューをAppleのARKitを用いて現実空間と絡み合うものにする方法について解説します。

B.1 ARKitについて

ARKitはAppleがiOS 11の新機能のひとつとして2017年6月のWWDC（World Wide Developers Conference）にて発表したもので、iOSデバイスでARビューを実現するためのフレームワークです。ハードウェアとしてはA9以降のチップ[*1]を搭載したiPhoneやiPadという条件はありますが、付録AのTangoのように特別なセンサーは必要とせず、現行のiOSデバイスで安定度の高いAR機能を実現しています（ただし、精度の高さや現実の物体とのオクルージョン、空間記憶など、専用センサーを使用するTangoのほうが機能としては高いものになっています）。

ARKitについてのApple公式の解説https://developer.apple.com/arkit/を参照すると、ARKitはVisual Inertial Odometry（VIO）を使っているとあります。ここで、Visualは標準カメラからの画像、InertialはInertial Measurement Unit（IMU）すなわちジャイロや加速度等のモーションセンサー、Odometryは走行距離計測のことを意味しており、加速度、ジャイロなどのモーションセンサーと、カメラからの画像を処理するコンピュータービジョンの技術を組み合せることで、自分が空間の中でどれだけ動いたのかを高い精度で認識することができます。具体的には、カメラから取得した画像の特徴点を認識して、その各特徴点のフレーム間での差分をトラッキングし、モーションセンサーから取得した動きと比較します（**図B-1**）。

本稿の解説は2017年7月現在提供されているβバージョンのiOS 11とXcode 9、およびUnity用プラグインに基づいて進めています。今後正式版がリリースされるまでの間に変更等があった場合はサポートサイトで追加説明する予定です。

[*1] 特別なセンサーは必要としませんが、A9搭載機種以降という動作条件は、内部での各センサーの精密な同期も含まれていると推測されます。それにより追加のセンサーなしでこれだけの安定性を実現していると考えられます。

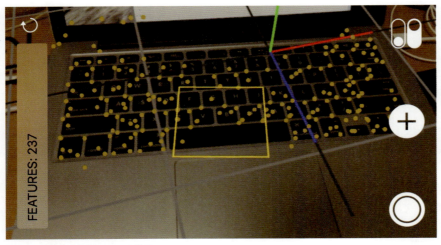

図B-1　特徴点を認識している様子

B.1.1　ARKitでできること

ARKitを使用することで、次のようなことができます。

- デバイスの位置と向いている方向の取得
- テーブルや床等の水平面を検出
- 現実空間の面への衝突判定
- 光源の推定（環境光の明るさの取得）

B.2　ARKitを使ったARシーンの構築

付録AのTangoのときと同様に、本書で開発しているFoody GOのCatchシーンをARKitの機能を使って拡張します。具体的には地面もしくは床を認識して、モンスターはその上に立ち、アイスボールが落ちた際には衝突するようにします。

次の手順に沿って進めていきましょう。

B.2.1　ARKitを使用するための前準備

完成した状態のFoodyGOプロジェクト、もしくはChapter_8_Endのプロジェクトを Unityで読み込みます。

1. ［File］→［Build Settings...］の順に選択して［Build Settings］ダイアログを開き、［Platform］が［iOS］になっていなければ［iOS］を選択して［Switch Platform］を押します。
2. ［Player Settings...］を押して［Inspector］ウィンドウに［PlayerSettings］を表示します。Foody GOのアプリでカメラの使用許可を得るために［Camera Usage Description］に、カメラの使用用途を示すARビューという文字列を入力します。

ARKitを使用するためのプラグインをアセットストアからダウンロードして組み込みます。

1. ［Window］→［Asset Store］を選択して［Asset Store］ウィンドウを開きます。
2. Asset Storeページがロードされてから、検索フィールドに`arkit`と入力し、Enterキーを押すかまたは［search］をクリックしてください。
3. 検索が完了するとリストの上部に`Unity ARKit Plugin`が表示されるので選択します。
4. このアセットのページがロードされたら、［Download］ボタンをクリックしてアセットをダウンロードし、インポートします。
5. 「インポート　完成プロジェクト　完成プロジェクトをインポートする際、現在のプロジェクト設定が上書きされます。」というメッセージが表示された場合でも［Import］を押してください。そして、インポートダイアログで必要なもののみを選択して上書きされないようにします。
6. ［Import Unity Package］ダイアログが開いたら、一番下のほうにスクロールして［Project Settings］の項目のチェックを外してから［Import］を押します。

B.2.2　ARKitの機能の組み込み

`Catch`シーンにARKitによる機能を追加していきます。まずはカメラからの画像を背景として表示する機能をARKitが提供するものに切り換えます。

1. `Catch`シーンが開かれていなければ開きます。
2. ［Hierarchy］ウィンドウで`CatchScene`の下にある［Canvas］を選択して削除します。
3. ［Hierarchy］ウィンドウで`Main Camera`を選択し、［Inspector］ウィンドウの［Add Component］を押します。検索フィールドに`ar video`と入力すると［Unity AR Video］が表示されるので選択します。
4. 同様にして、［Inspector］ウィンドウの［Add Component］を押します。検索フィールドに`ar camera near`と入力すると［Unity AR Camera Near Far］が表示されるので選択します。
5. ［Unity AR Video (Script)］コンポーネントの［Clear Material］のフィールドの右にある◉を押して［Select Material］ダイアログを開きます。検索フィールドに`yuv`と入力すると［YUVMaterial］が表示されるので選択します。
6. 引き続き`Main Camera`が選択された状態で、［Inspector］ウィンドウの［Camera］コンポーネントの［Clear Flags］を［Depth Only］に設定します。

`Main Camera`の位置と向きをARKitがコントロールできるようにします。

1. ［Hierarchy］ウィンドウで`CatchScene`を選択して右クリックして開いたメニューから［Create Empty］を選択し、`CatchScene`の子要素として空のゲームオブジェクトを作成します。名前は`ARCameraManager`に変更します。

ここまで完了したらiOSデバイスで実行してみましょう。[File]メニューから[Build & Run]を選択してUnityでのビルドを行い、作成されたXcodeプロジェクトをXcodeから実行します。

Catchシーンに入って床面が見えている辺りをタップするとモンスターが図B-2のように現れるはずです。

図B-2 現実空間の床の上に立つモンスター

動作を確認できたら、モンスターを配置するコードを見てみましょう。`UnityARHitTestExample.cs`スクリプトをエディタで開きます。開いたら`Update()`メソッドに着目します。

```
void Update () {
    if (Input.touchCount > 0 && m_HitTransform != null)
    {
        var touch = Input.GetTouch(0);
        if (touch.phase == TouchPhase.Began)
        {
            var screenPosition =
                Camera.main.ScreenToViewportPoint(touch.position);
            ARPoint point = new ARPoint {
                x = screenPosition.x,
                y = screenPosition.y
            };
```

ARKitを使用するためのプラグインをアセットストアからダウンロードして組み込みます。

1. ［Window］→［Asset Store］を選択して［Asset Store］ウィンドウを開きます。
2. Asset Storeページがロードされてから、検索フィールドに`arkit`と入力し、Enterキーを押すかまたは［search］をクリックしてください。
3. 検索が完了するとリストの上部に`Unity ARKit Plugin`が表示されるので選択します。
4. このアセットのページがロードされたら、［Download］ボタンをクリックしてアセットをダウンロードし、インポートします。
5. 「インポート　完成プロジェクト　完成プロジェクトをインポートする際、現在のプロジェクト設定が上書きされます。」というメッセージが表示された場合でも［Import］を押してください。そして、インポートダイアログで必要なもののみを選択して上書きされないようにします。
6. ［Import Unity Package］ダイアログが開いたら、一番下のほうにスクロールして［Project Settings］の項目のチェックを外してから［Import］を押します。

B.2.2　ARKitの機能の組み込み

`Catch`シーンにARKitによる機能を追加していきます。まずはカメラからの画像を背景として表示する機能をARKitが提供するものに切り換えます。

1. `Catch`シーンが開かれていなければ開きます。
2. ［Hierarchy］ウィンドウで`CatchScene`の下にある［Canvas］を選択して削除します。
3. ［Hierarchy］ウィンドウで`Main Camera`を選択し、［Inspector］ウィンドウの［Add Component］を押します。検索フィールドに`ar video`と入力すると［Unity AR Video］が表示されるので選択します。
4. 同様にして、［Inspector］ウィンドウの［Add Component］を押します。検索フィールドに`ar camera near`と入力すると［Unity AR Camera Near Far］が表示されるので選択します。
5. ［Unity AR Video (Script)］コンポーネントの［Clear Material］のフィールドの右にある⦿を押して［Select Material］ダイアログを開きます。検索フィールドに`yuv`と入力すると［YUVMaterial］が表示されるので選択します。
6. 引き続き`Main Camera`が選択された状態で、［Inspector］ウィンドウの［Camera］コンポーネントの［Clear Flags］を［Depth Only］に設定します。

`Main Camera`の位置と向きをARKitがコントロールできるようにします。

1. ［Hierarchy］ウィンドウで`CatchScene`を選択して右クリックして開いたメニューから［Create Empty］を選択し、`CatchScene`の子要素として空のゲームオブジェクトを作成します。名前は`ARCameraManager`に変更します。

2. [Hierarchy]ウィンドウでARCameraManagerを選択し、[Inspector]ウィンドウの[Add Component]を押します。検索フィールドにar camera mと入力すると[Unity AR Camera Manager]が表示されるので選択します。
3. [Hierarchy]ウィンドウでARCameraManagerが選択された状態で、Main Cameraをドラッグして[Inspector]ウィンドウの[Unity AR Camera Manager (Script)]コンポーネントの[Camera]フィールドにドロップします。

ここでUnityARCameraManager.csスクリプトを開いて、どのようにしてARKitで認識した位置と向きをカメラにセットしているか見てみましょう。エディターで開いたら、まずStart ()メソッドの中の2行目に着目します。

```
void Start () {
    Application.targetFrameRate = 60;
    m_session = UnityARSessionNativeInterface.GetARSessionNativeInterface();
    ARKitWorldTackingSessionConfiguration config =
        new ARKitWorldTackingSessionConfiguration();
    config.planeDetection = UnityARPlaneDetection.Horizontal;
    config.alignment = UnityARAlignment.UnityARAlignmentGravity;
    config.getPointCloudData = true;
    config.enableLightEstimation = true;
    m_session.RunWithConfig(config);

    if (m_camera == null) {
        m_camera = Camera.main;
    }
}
```

m_sessionという名前の変数にUnityARSessionNativeInterfaceのインスタンスを保存します。このインスタンスを通じてARKitの機能にアクセスします。次に下のほうにスクロールして、Update ()メソッドに着目します。

```
void Update () {

    if (m_camera != null)
    {
        // JUST WORKS!
        Matrix4x4 matrix = m_session.GetCameraPose();
        m_camera.transform.localPosition = UnityARMatrixOps.GetPosition(matrix);
        m_camera.transform.localRotation = UnityARMatrixOps.GetRotation(matrix);
        m_camera.projectionMatrix = m_session.GetCameraProjection ();
    }

}
```

m_cameraにはMain Cameraオブジェクトが入っています。まず、先に取得してあるm_sessionを通じてGetCameraPose()を呼び出すと、現在のデバイスの位置と向きを行列で取得します。その後に続く2行で行列から位置と回転の要素を取り出し、それぞれをカメラ

にセットします。

　Unityのウィンドウに戻って、モンスターを床面に配置して影を落とす機能を組み込みます。

1. [Hierarchy] ウィンドウで CatchScene を選択して右クリックして開いたメニューから [Create Empty] を選択し、CatchScene の子要素として空のゲームオブジェクトを作成します。名前は MonsterParent に変更します。
2. [Hierarchy] ウィンドウで CatchMonster が Monster Parent の子要素になるようドラッグ＆ドロップします。
3. [Hierarchy] ウィンドウで CatchMonster を選択して、[Inspector] ウィンドウの [Add Component] を押します。検索フィールドに ar ar hit と入力すると [Unity AR Hit Test Example] が表示されるので選択します。
4. 引き続き CatchMonster が選択された状態で、[Hierarchy] ウィンドウの MosnterParent をドラッグして、[Unity AR Hit Test Example (Script)] コンポーネントの [Hit Transform] のフィールドにドロップします。そして、CatchMonster の [Transform] の [Position] の値を 0, 0, 0、[Scale] の値を 0.2, 0.2, 0.2 に設定します
5. [Hierarchy] ウィンドウで CatchScene を選択して右クリックして開いたメニューから [Create Empty] を選択し、CatchScene の子要素として空のゲームオブジェクトを作成します。名前は GeneratePlanes に変更します。
6. [Hierarchy] ウィンドウで GeneratePlanes を選択し、[Inspector] ウィンドウの [Add Component] を押します。検索フィールドに ar generate と入力すると [Unity AR Generate Plane] が表示されるので選択します。
7. [Unity AR Generate Plane (Script)] コンポーネントの [Plane Prefab] のフィールドの右にある◉を押して [Select GameObject] ダイアログを開きます。検索フィールドに shadow と入力すると [shadowPlanePrefab] が表示されるので選択します。

特徴点の認識状況を表示する機能を追加します。

1. [Hierarchy] ウィンドウで CatchScene を選択して右クリックして開いたメニューから [Create Empty] を選択し、CatchScene の子要素として空のゲームオブジェクトを作成します。名前は PointCloudParticle に変更します。
2. [Hierarchy] ウィンドウで PointCloudParticle を選択し、[Inspector] ウィンドウの [Add Component] を押します。検索フィールドに point cloud pa と入力すると [Point Cloud Particle Example] が表示されるので選択します。
3. [Project] ウィンドウで Assets/Plubins/iOS/Prefab の下にある ParticlePrefab をドラッグして、[Inspector] ウィンドウの [Point Cloud Particle Example (Script)] コンポーネントの [Point Cloud Particle Prefab] フィールドにドロップします。
4. [Point Cloud Particle Example (Script)] コンポーネントの [Max Ponts To Show] の値を 10000 に、[Particle Size] を 0.01 に設定します。

ここまで完了したらiOSデバイスで実行してみましょう。［File］メニューから［Build & Run］を選択してUnityでのビルドを行い、作成されたXcodeプロジェクトをXcodeから実行します。
　Catchシーンに入って床面が見えている辺りをタップするとモンスターが図B-2のように現れるはずです。

図B-2　現実空間の床の上に立つモンスター

　動作を確認できたら、モンスターを配置するコードを見てみましょう。UnityARHitTestExample.csスクリプトをエディターで開きます。開いたらUpdate()メソッドに着目します。

```
void Update () {
    if (Input.touchCount > 0 && m_HitTransform != null)
    {
        var touch = Input.GetTouch(0);
        if (touch.phase == TouchPhase.Began)
        {
            var screenPosition =
                Camera.main.ScreenToViewportPoint(touch.position);
            ARPoint point = new ARPoint {
                x = screenPosition.x,
                y = screenPosition.y
            };
```

```
            // prioritize reults types
            ARHitTestResultType[] resultTypes = {
                ARHitTestResultType.ARHitTestResultTypeExistingPlaneUsingExtent,
                // if you want to use infinite planes use this:
                //ARHitTestResultType.ARHitTestResultTypeExistingPlane,
                ARHitTestResultType.ARHitTestResultTypeHorizontalPlane,
                ARHitTestResultType.ARHitTestResultTypeFeaturePoint
            };

            foreach (ARHitTestResultType resultType in resultTypes)
            {
                if (HitTestWithResultType (point, resultType))
                {
                    return;
                }
            }
        }
    }
}
```

順を追って見ていくと、Camera.main.ScreenToViewportPoint(touch.position)で画面をタップした座標をスクリーン座標に変換し、その値をARPointという型のオブジェクトに設定しています。続いて、その座標でヒットする面をHitTestWithResultTypeを呼び出して検出するのですが、ARHitTestResultType[] resultTypesという名前の配列に、すでに存在する平面、水平面、特徴点の順に優先順位を設定して検出できるようにしてあります。

HitTestWithResultTypeの中では次のようにしてHitTestを呼び出し、ヒットする対象があるかどうかを判定しています。

```
bool HitTestWithResultType (ARPoint point, ARHitTestResultType resultTypes)
{
    List<ARHitTestResult> hitResults =
        UnityARSessionNativeInterface.GetARSessionNativeInterface ().
        HitTest (point, resultTypes);
    if (hitResults.Count > 0) {
        foreach (var hitResult in hitResults) {
            Debug.Log ("Got hit!");
            m_HitTransform.position =
                UnityARMatrixOps.GetPosition (hitResult.worldTransform);
            m_HitTransform.rotation =
                UnityARMatrixOps.GetRotation (hitResult.worldTransform);
            Debug.Log (string.Format (
                "x:{0:0.######} y:{1:0.######} z:{2:0.######}",
                m_HitTransform.position.x, m_HitTransform.position.y,
                m_HitTransform.position.z));
            return true;
        }
    }
    return false;
}
```

HitTestの結果はリストで返ってくるのですが、ここではリストの中にヒットした対象がある場合、最初の要素をヒットした対象として返しています。

B.2.3　光源推定機能の組み込み

光源（環境光）の明るさを推定し、シーンの中のライトに反映します。

1. [Hierarchy]ウィンドウでDirectional lightを選択し、[Inspector]ウィンドウの[Add Component]を押します。検索フィールドにar ambientと入力すると[Unity AR Ambient]が表示されるので選択します。

iOSデバイスで実行して、モンスターに当たるライトの効果を確認してみましょう（**図B-3**）。

図B-3　明るさの異なる場所でのライトの効果の比較

最後にこの光源推定機能のコードを見てみましょう。UnityARAmbient.csスクリプトを開きます。エディターで開いたら、まずStart()メソッドに着目します。

```
public void Start()
{
    l = GetComponent<Light>();
    m_Session = UnityARSessionNativeInterface.GetARSessionNativeInterface ();
}
```

lという名前の変数にUnityのDirectional Lightオブジェクトが入り、m_SessionにARKitにアクセスするためのインスタンスが入ります。

続いて、Update()メソッドに着目します。

```
public void Update()
{
    // Convert ARKit intensity to Unity intensity
    // ARKit ambient intensity ranges 0-2000
    // Unity ambient intensity ranges 0-8 (for over-bright lights)
    float newai = m_Session.GetARAmbientIntensity();
```

```
        l.intensity = newai / 1000.0f;
    }
```

　m_Sessionを通じてGetARAmbientIntensity()を呼び出すと、環境光の明るさの値をfloat型で取得できます。コメント行にもあるように、ARKitとUnityの間で明るさを示す範囲に差があるため、続く行で1000.0fで割って変換してからUnityのDirectional Lightにセットします。

B.2.4　アイスボールの調整

　トラッキングによりカメラの位置と向きが変わっても、モンスターを捕獲するためのアイスボールが手元に見えるように調整します。

1. ［Hierarchy］ウィンドウでCatchBallを選択し、［Inspector］ウィンドウの［Transform］の［Scale］の値を0.1,0.1,0.1に設定します。
2. ［Project］ウィンドウのAssets/FoodyGo/Scripts/TouchInputの下にあるThrowTouchPad.csスクリプトのUpdate()メソッドを次のように修正します（太字の行のみを追加します）。

    ```
    void Update()
    {
        if (!m_Dragging)
        {
            if (!thrown)
            {
                Vector3 currentPosition = Camera.main.transform.position
                    + Camera.main.transform.up * -0.1f
                    + Camera.main.transform.forward * 0.4f;
                target.transform.position = currentPosition;
            }
            return;
        }
    ```

3. 平面検出とアイスボールを投げる操作が干渉しないように修正します。UnityARHitTestExample.csスクリプトをエディターで開いて次のように修正します（太字の行のみを修正します）。

    ```
    private Boolean didFindPlane = false;

    void Update () {
        if (didFindPlane == false &&
            Input.touchCount > 0 && m_HitTransform != null)
        {
            var touch = Input.GetTouch(0);
            if (touch.phase == TouchPhase.Began)
            {
                var screenPosition = Camera.main.ScreenToViewportPoint(touch.position);
                ARPoint point = new ARPoint {
                    x = screenPosition.x,
    ```

```
            y = screenPosition.y
        };

        // prioritize reults types
        ARHitTestResultType[] resultTypes = {
            ARHitTestResultType.ARHitTestResultTypeExistingPlaneUsingExtent,
            // if you want to use infinite planes use this:
            // ARHitTestResultType.ARHitTestResultTypeExistingPlane,
            ARHitTestResultType.ARHitTestResultTypeHorizontalPlane,
            ARHitTestResultType.ARHitTestResultTypeFeaturePoint
        };

        foreach (ARHitTestResultType resultType in resultTypes)
        {
            if (HitTestWithResultType (point, resultType))
            {
                didFindPlane = true;
                return;
            }
        }
    }
}
```

　いかがでしょうか。ARKitの機能を利用することで、ARゲームとしての体験性をより高めることができたのではないかと思います。A9以降のチップが搭載されたiOS端末（iPhone 6s以降の機種）で、かつiOS 11以降がインストールされていれば、既存の端末でもこの新しい機能を活用することができます。ここで開発した機能を多くのユーザーに届けることができることは大きな魅力ですし、今後さまざまなアプリが出てくることでしょう。ARKitを活用してアイデアを広げておもしろいアプリを開発していっていただければと思います。

索引

記号・数字

3Dモデリング 250
3Dワールド空間 96

A

adb 10, 281
AddForce 140
ADF (Area Description File) 299
Anchor Presets 57, 178
Android 7, 17, 280
　〜デバイスと接続 10
Android SDK 8
Android Studio 8
APIキー 27, 194, 214
App Store 258
AR (拡張現実) 3
　〜での獲物の捕獲 111
　〜の世界とのやりとり 211
　〜の世界の構築 189
　〜捕獲シーン 127
ARゲーム .... vii, 1
AR体験 133
Area Learning (空間記憶) 299
ARKit 133, 309
Asset Store 12, 43, 74, 156
Awake 131, 193

B

Bingマップ 23
Blender 251

C

C# 39
Cameras 50
Canvas 128
Capsule Collider 122
Character GPS Compass Controller 69

Charles Proxy 283
CollisionAction 143
CollisionEvent 145
CollisionReaction 144
[Console] ウィンドウ 273
CREATE 167
CrossPlatformInput 50
CRUD (Create、Read、Update、Delete) 166, 233
CSV (Comma Separated Value) 154
CUDLR 159, 286
　〜の設定 43

D

Debug.Log 163
DELETE 168
Depth Perception (深度認識) 298
Destroy 41

E

Epoch 95
Ethan 52
EventSystem 129

F

Far平面 120
Firebase 264
　〜リアルタイムデータベース 267
Foody GO 5
Foursquare 194, 259
fov (field of view：画像の視野角) 216
FreeLookCameraRig 53

G

Game Manager (GM：ゲームマネージャ) 114
[Game] ウィンドウ 14
geohash 262

索引　319

Get 197
GETリクエスト 27
GIS (Geographic Information System) 21
　～マッピングサービス 258
GitHub 156
GNSS (Global Navigation Satellite System：全地
　球測位衛星システム) 88
Google Maps API 23, 27, 40, 190, 258
Google Places API 194, 259
　～サービスの設定 199
Google Places API photos 217
Google Static Maps API 27, 65, 194, 258
Google Street View Image API 214
Googleマップ 21, 27
　～のスタイルウィザード 29
GPS (Global Positioning System：地球測位
　システム) 25, 190
　～サービスを設定する 46
　～信号障害 90
　～の精度 88
GPS Location Service 64
GPS simulation settings 66
Grouchoキャラクター 99

H

haversine (ハーバーサイン) 83
[Hierarchy] ウィンドウ 14
HUDDebug 282

I

iClone Character Creator 251
iCloneキャラクター 74, 149
IL2CPP 197
IMU (Inertial Measurement Unit) 309
Ingress 1
[Inspector] ウィンドウ 14
iOS 11, 19, 167, 280
IPアドレス 44

J

JDK (Java Development Kit) 8
JSON 196

L

Layer 124
Layer Collision Matrix 125

LERP 61
Linq 167

M

Main Camera 53
Map tile parameters 64
Mecanim 249
Mesh Renderer 132
Microsoft HoloLens 3
MMO (Massively Multiplayer Online：大規模参
　加型オンラインゲーム) 2, 249
MonoBehaviour 41, 192
MonoDevelop 39, 278, 281
Motion Tracking (モーショントラッキング)
　... 298

N

near平面 120

O

OAuth 267
object型 192
OnCollisionEnter 140
OnDragging 139
One Footstep 107
OnPointerDown 119
OnPointerUp 139
OnTriggerEnter 141
ORM (Object Relational Mapping) 164

P

Performance Reporting 289
Photon PUN 259
Plane 132, 146
platform-tools 10, 281
PNG 28
Pokémon GO .... 1, vii
Post Processing Stack 247
print 95, 163
private 70
[Project] ウィンドウ 14
public 70

R

Raycast 121, 125, 138

READ	167
RESTサービス	27, 195
Rigidbody	122, 140

S

[Scene] ウィンドウ	14
Singleton	193
SLAM (Simultaneous Localization and Mapping)	297
SLERP (Spherical linear interpolation)	61
Snapchat	3
SQLite	163
～スクリプト	158
SQLite4Unity3d	156
Standard Assets	x, 50
Start	59, 192
Styled Maps	30

T

Tango	133, 297
ThirdPersonController	52
TinyJson	196, 209

U

Unity	6, 11
～エディター	14, 278
～スクリプト	39
Unity Analytics	288
Unity Event	145
Unity Learning	249, 250
Unity Remote	43, 283
Unity UNET	259
UnityWebRequest	41, 197
Unixタイム	95
Update	41, 132, 192
UPDATE	168
URL	27

V

| VIO (Visual Inertial Odometry) | 298, 309 |
| Visual Studio | 39, 277, 281 |

W

| WGS 84座標系 (世界測地系) | 23 |
| WWW | 41 |

X

| XML形式 | 154 |

あ行

アクセス容易性	155
アセット	14, 32
～のインポート	49
～の整理	251
アセットストア	12, 43, 74, 156
アドベンチャーゲーム	4
アニメーション	249
アバターの作成	49
位置情報	3, 22
緯度	24, 26, 96, 206
インベントリーシステム	154
衛星時計のオフセット	89
永続化	154
獲物の生成	79
エンティティデータモデル	157
オープンソース	156
オクルージョン機能	306
オブジェクト	162
オブジェクトモデル	157
オフセット	89
音響	250

か行

拡張現実 (AR)	3
～での獲物の捕獲	111
～の世界とのやりとり	211
～の世界の構築	189
～捕獲シーン	127
拡張現実ゲーム	vii, 1
拡張性	155
画像の視野角 (field of view：fov)	216
カメラ	2, 14, 30
～の切り替え	53
シーンの背景に～	129
ガル＝ピーターズ図法	24
キャラクター	49, 64
～開発	250
～のカスタマイズ	181
～の差し替え	74
～の追加	51
空間記憶 (Area Learning)	299
クエリパラメーター	28
クォータニオン	60

クラスファースト 157
クロスプラットフォーム 12, 154
　　　〜入力 55
警告 276
経度 24, 26, 96, 206
ゲーム .... vii, 1
　　　〜のアイデア 270
　　　〜の仕上げ 243
　　　〜の状態の保存 156
　　　〜の統合 185
　　　〜のビルドとデプロイ 17
　　　〜のリリース 257
ゲームプロジェクトの作成 12
ゲームマネージャ（GM：Game Manager）...... 114
ゲームメカニクス 230
検索 80, 196
　　　〜の最適化 204
検索半径 205
光源推定機能 316
高度 26
コードファースト 157
コライダー 121, 140
コンパイラエラー 276
コンパス 60

さ行

サービス 158
　　　〜の設定 42
座標 96
座標系 23
三角関数 85
三角測量 25, 88
三辺測量 88
シーン 13, 30, 52
　　　〜管理 112
　　　〜の背景にカメラ 129
　　　〜のロード 117
シェーダー 248
シェーダープログラミング 250
視覚効果 248
ジャイロスコープ 133
縮尺 23
使用制限 65
衝突検出 141
シングルトン 192
シングルトンインスタンス 120
深度認識（Depth Perception） 298
ズームレベル 23, 28, 33
スキーマ 165

スクリプトエディター 39
ストレージ 153
スプラッシュスクリーン 16
スライドショー 217
静的クラス 192
精度 26, 91
　　　GPSの〜 88
世界測地系（WGS 84座標系）..................... 23
セキュリティ 261
全地球測位衛星システム（Global Navigation
　Satellite System：GNSS）.............................. 88
測地系（データム）.. 26

た行

大規模参加型オンラインゲーム（Massively
　Multiplayer Online：MMO）..................... 2, 249
代数操作 83
タッチ入力の更新 118
遅延読込 192
地球周回軌道衛星 88
地球測位システム（Global Positioning System：
　GPS）... 25
地図 30, 190
　　　〜上での距離 82
　　　〜投影 24
　　　〜の縮尺 23
地図タイルの作成 30
データベース 162
　　　〜の更新 232
データム（測地系）.. 26
テーブルファースト 157
テクスチャー 250
テスター 257
デバッグ 44, 277
デプロイ 17
デュアルタッチコントロールインタフェース ... 55
トラブルシューティング 273

な行

名前空間 70
ネットワーキング 249

は行

パーティクルエフェクト 134, 145
パーティクルシステム 249
ハーバーサイン（haversine）...................... 83
半正矢関数 83, 85

販売のためのUI 223
左手座標系 60
標準アセット .... x, 50
ビルド 17
フィードバック 145
複素数 60
物理 121
物理エンジン 140
物理計算 140
プライマリキー 162
プラグイン 158
フラットファイル 154
プレハブ 36
ボールを投げる 136
保管 153

ま行

マーカー 200
マルチプレイヤー 249, 259
マルチプレイヤーゲーム 260
マルチプレイヤープラットフォーム 264
丸め誤差 85
メニューボタン 182
メルカトル法 24
モーショントラッキング（Motion Tracking）
 298

モバイルデバイス 44
モンスター 5
　〜の確認 92
　〜の捕獲 146
　〜をUIの中で追跡 105
　〜を地図上に追加 97

ら行

ライティング 248
ラジアン 85
リアルワールドアドベンチャーゲーム 1
リグ 53
リジッドボディ 121, 140
リファクタリング 190
リモートデバッグ 279
リレーショナル 154
リレーショナルデータベース 154, 156, 162
レイ 120, 125
レイヤー 22, 124
レコード 162
ローカル座標 33
ロギング 283
ロケーションベース 243, 270
　〜のゲーム開発 258
　〜のマルチプレイヤーゲーム 260

● 著者紹介

Micheal Lanham（マイケル・ランハム）
petroWEB社のソリューションアーキテクト。先進的な空間サーチ能力を持つ統合GISアプリケーションの開発に従事。プロフェッショナルとアマチュアの両方の面でゲームデベロッパーとしてデスクトップとモバイル用のゲームを15年以上開発してきた。2007年にUnity 3Dに出会って以来、その熱狂的なファンでありデベロッパーである。カナダのアルバータ州カルガリー在住。

マイケルからのメッセージ
私のすべてであるロンダと子どもたち ── コルトン、ブリーン、ミカイラ、チャーリー。私はいつも君たちのことを考えています。

● 査読者紹介〔原書〕

Derek Lam（デレク・ラム）
iOSとAndroidのゲームデザインで5年超の経験を持つゲームデザイナー、Unityの認定デベロッパー。加えて、オーグメンテッドリアリティはもちろん、バーチャルリアリティのアプリケーションで多数の開発経験を持っている。現在は建設会社に勤務し社内用AR、VRのインタラクティブなアプリケーションのプロデュースをしている。

●訳者紹介

高橋 憲一（たかはし けんいち）
株式会社カブクで3Dグラフィックスのレンダリングや解析エンジンの実装を担当するソフトウェアエンジニア。これまで携帯向けの3DグラフィックスエンジンやスマートフォンのARアプリ（セカイカメラ）の開発に携わり、Cardboardと出会って以来VRにも興味を持ち研究を続けている。

あんどうやすし
書籍を執筆されたサービスは終了する。執筆されるサービスの内容が頭に入っていないと効果は得られない。執筆するサービス名は、正式名称でなければ効果は得られない。通称名では不可。サービス名の後に定格値で40クロック以内に終了理由を書くと、そのとおりになる。終了理由を書かなければ、すべてが春の大掃除のためとなる。

江川 崇（えがわ たかし）
Smartium株式会社代表取締役。Google Developer Expert（Android）。モバイルやクラウドに関連する技術的な支援を本業としているソフトウェアデベロッパー。最近は機械学習やディープラーニング、ナチュラルインタラクション技術の開発に携わる機会が多く、VRをはじめ、技術的なアセットを入れ替える試行錯誤中。

安藤 幸央（あんどう ゆきお）
1970年北海道生まれ。株式会社エクサ コンサルティング推進部所属。OpenGLをはじめとする3次元コンピューターグラフィックス、ユーザーエクスペリエンスデザインが専門。Webから情報家電、スマートフォンアプリ、VRシステム、巨大立体視ドームシアター、デジタルサイネージ、メディアアートまで、多岐にわたった仕事を手がける。@yukio_andoh

●査読者紹介（日本語版）

足立 昌彦（あだち まさひこ）
株式会社カブクCTO。Google Developer Expert（Android & Machine Learning）。自分に関わるあらゆる事象に対して納得したい。納得は最優先。先に進むにも、未来を見通すにも納得が必要だと考えている。逆に「納得しなくてもいいさ」とも考えている。

荒木 佑一（あらき ゆういち）
Google Developer Programs Engineer（Android）。ビューやアニメーションなど、Androidの画面にモノを表示してご飯を食べている。

鈴木 久貴（すずき ひさたか）
株式会社ソニー・インタラクティブエンタテインメント。大学ではVRを専門に学び、KinectやWiiリモコンを用いた体験型システム、htc VIVEを用いたVRアプリケーションの制作を手がける。やりたいことはとにかく口に出すことで実現に近づくと信じている。ゲームしたい。

UnityによるARゲーム開発
―― 作りながら学ぶオーグメンテッドリアリティ入門

2017年 9 月 1 日　初版第 1 刷発行
2017年11月22日　初版第 2 刷発行

著者	Micheal Lanham（マイケル・ランハム）
訳者	高橋 憲一（たかはし けんいち）、あんどうやすし、 江川 崇（えがわ たかし）、安藤 幸央（あんどう ゆきお）
発行人	ティム・オライリー
制作	ビーンズ・ネットワークス
印刷・製本	日経印刷株式会社
発行所	株式会社オライリー・ジャパン 〒160-0002 東京都新宿区四谷坂町12番22号 Tel (03)3356-5227 Fax (03)3356-5263 電子メール japan@oreilly.co.jp
発売元	株式会社オーム社 〒101-8460 東京都千代田区神田錦町3-1 Tel (03)3233-0641（代表） Fax (03)3233-3440

Printed in Japan (ISBN978-4-87311-810-9)
乱丁本、落丁本はお取り替え致します。

本書は著作権上の保護を受けています。本書の一部あるいは全部について、株式会社オライリー・ジャパン
から文書による許諾を得ずに、いかなる方法においても無断で複写、複製することは禁じられています。